材料分析测试实验实训教程

主　编　齐鹏远　赫丽杰
副主编　张全庆　仲婧宇　张　林
　　　　白　晶　耿屹汝

北京理工大学出版社
BEIJING INSTITUTE OF TECHNOLOGY PRESS

内 容 简 介

本书包括两篇：第一篇为基础篇，第二篇为综合应用篇。基础篇详细介绍了常用材料分析表征手段，具体内容包括 X 射线衍射仪、扫描电子显微镜等 9 种材料分析测试设备；X 射线衍射技术与定性相分析、X 射线衍射定量相分析、晶粒大小与晶胞参数的测定等 17 个材料检测基础实验。综合应用篇详细介绍了金属材料分析测试综合实训、高分子材料分析测试综合实训和无机非金属材料分析测试综合实训。本书中的实验既阐明了实验目的、实验原理与实验内容，又介绍了实验设备、实验方法，同时对实验报告提出了要求，旨在为材料现代分析测试的实验教学提供指导。

本书可作为高等学校材料类专业基础实验课程参考用书，也可供相关专业的教师、学生及分析测试工作者使用。

图书在版编目（CIP）数据

材料分析测试实验实训教程／齐鹏远，赫丽杰主编
. -- 北京：北京理工大学出版社，2024.3
ISBN 978-7-5763-3742-6

Ⅰ. ①材… Ⅱ. ①齐… ②赫… Ⅲ. ①工程材料-分析方法-实验-高等学校-教材 Ⅳ. ①TB3-33

中国国家版本馆 CIP 数据核字（2024）第 064140 号

责任编辑：江 立 　　**文案编辑**：李 硕
责任校对：刘亚男 　　**责任印制**：李志强

出版发行 ／ 北京理工大学出版社有限责任公司
社　　址 ／ 北京市丰台区四合庄路 6 号
邮　　编 ／ 100070
电　　话 ／ （010）68914026（教材售后服务热线）
　　　　　　 （010）68944437（课件资源服务热线）
网　　址 ／ http://www.bitpress.com.cn

版 印 次 ／ 2024 年 3 月第 1 版第 1 次印刷
印　　刷 ／ 三河市天利华印刷装订有限公司
开　　本 ／ 787 mm×1092 mm 1/16
印　　张 ／ 15
字　　数 ／ 352 千字
定　　价 ／ 82.00 元

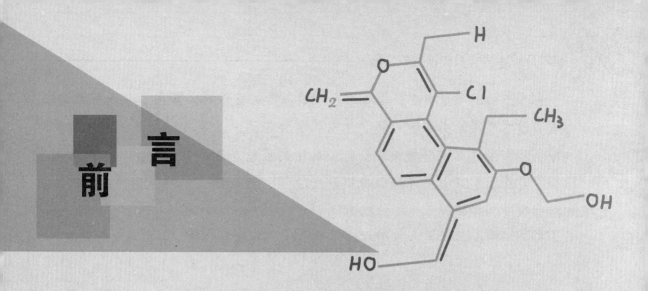

前　言

随着现代科技的不断进步，材料分析表征的方法越来越多样，极大帮助了现代材料研究者获得材料微观结构的信息。如何掌握并利用这些表征手段，并对相关信息进行正确的分析处理，是现代材料研究者必须掌握的能力。因此，在实践教学和人才培养中，迫切需要一本既能与材料现代分析测试方法有关课程基本内容紧密联系，又能具有相对独立性、实用性和综合应用性的实验实训教材。

本书按照应用型高等学校相关要求，重点介绍了材料分析测试的实验方法、技术和手段，内容涵盖了课程基础实验和综合应用实训。通过对基础实验的学习和掌握，让学生对材料科学研究中的测试技术和分析方法有一个初步的认识，使学生能够掌握材料分析测试中所需基本理论、基础知识和基本技能，具备一定的实验操作能力。通过综合应用实训，提高学生对材料分析测试技术在实际应用中的认知，使学生系统全面掌握材料分析测试手段。全书在内容的组织上尽可能达到少而精，繁简结合，基本理论与实际应用相结合，重视对应用能力的培养和训练，为学生日后从事材料科学研究工作和解决材料在工程应用中的实际问题奠定扎实基础。

本书由齐鹏远、赫丽杰任主编，张全庆、仲婧宇、张林、白晶、耿屹汝任副主编。第1、3章由营口理工学院齐鹏远编写，第2章由营口理工学院赫丽杰、张全庆、张林、营口市产品质量检验检测研究有限公司仲婧宇编写，第4章由营口理工学院白晶、齐鹏远、营口市产品质量检验检测研究有限公司耿屹汝、仲婧宇编写，第5章由营口理工学院张林编写，第6章由营口理工学院张全庆编写。营口理工学院丛毓参与全书相关资料的收集和整理工作。

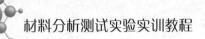

在本书的编写过程中，编写组参阅了多本实验教材，查阅了众多科研论文，力求通过本书实验实训学习使学生对仪器性能达到了解并掌握测试结果的处理和分析，为今后工作中材料表征打下扎实的理论基础和实践能力。本书的顺利出版，得到了营口理工学院领导以及王立强、韩维娜、张丽等老师给予的大力支持和帮助，在此表示衷心的感谢！

由于时间仓促，书中难免存在不妥之处，请读者原谅，并提出宝贵意见。

编　者

目录

第二篇 综合应用篇

第一篇
基础篇

第1章 绪 论

本章介绍材料分析测试实验实训的地位和作用、材料分析测试实验实训的分类，以及材料分析测试实验实训的内容和方法，这是学习后续知识的基础。

1.1 材料分析测试实验实训的地位和作用

材料的设计、制备和表征是材料研究中的三个重要方面。材料设计要根据材料性能的需求来进行；而在材料制备前必须进行材料结构检测和性能检测；材料表征的水平对新材料的研究、发展和应用具有十分重要的作用，因此材料表征在材料研究中占据十分重要的地位。材料分析测试是材料学科中一个重要的组成部分。

材料表征包括材料性能、微观结构和成分的测试，即描述或鉴定材料涉及的化学成分，组成相的结构及其缺陷的组态，组成相的形貌、大小和分布，以及各组成相之间的取向关系和界面状态，所有这些特征都对材料的性能有着重要的影响。随着科学技术的进步，用于材料性能检测、微观结构和化学成分分析的实验方法和检测手段不断丰富，新型仪器设备不断出现，种类极其繁多，这为材料的分析测试工作提供了强有力的物质保障。材料科学工作者必须掌握这些实验方法和检测手段，才能更好地开展材料研究工作。用于材料微观结构和化学成分分析的实验方法主要有衍射法、显微法、谱学法等。衍射法主要使用 X 射线衍射、电子衍射、中子衍射、γ 射线衍射等；显微法主要使用光学显微镜、透射电子显微镜、扫描电子显微镜、扫描隧道显微镜、原子力显微镜、场离子显微镜等；谱学法主要使用电子探针、俄歇电子能谱、光电子能谱、光谱等。使用不同的实验方法和仪器，可以获得不同方面的结构和成分信息。

材料成分和微观结构分析可以分为三个层次：化学成分分析、晶体结构分析和显微结构分析。化学成分是影响材料性能最基本的因素。材料性能不仅受其主要化学成分的影响，而且在许多情况下与少量杂质元素的种类、浓度和分布情况等有很大的关系。研究少量杂质元素在材料组成中的聚散特性、存在状态等，不仅涉及探讨杂质的作用机理，而且开拓了利用少量杂质元素改善材料性能的途径。分析材料化学成分的常规方法有湿化学法和光谱分析法等。在大多数情况下，不仅要检测材料中元素的种类和浓度，而且要确定元素的存在状态和分布特征，这就需要更先进的分析方法，如 X 射线荧光光谱、电子探针、光电子能谱和俄歇电子能谱等，利用这些方法可以得到元素的种类、浓度、价态和分布特征。在化学成分相同的情况下，晶体结构不同或局部点阵常数的改变同样会引起材料性能的变化。晶体结构、点阵常数的测定可采用 X 射线衍射和电子衍射等方法进行。材料的显微结构受到材料的化学成分、晶体结构及工艺过程等因素的影响，它与材料的性能有着密切的关系。从某种意义上来说，材料的显微结构特征对材料性能有决定性的影响。材料的显微结构要通过显微技术来研究。

此外，还可以通过热分析技术来研究材料的物理变化或化学变化过程，从中获得材料显微结构变化的重要信息。材料性能包括材料的物理性能、化学性能，各种性能的测试都需要有一套相应的测试方法和测试装置。每种分析方法或检测技术都是针对特定研究内容的，并有一定的适用范围和局限性。因此，在材料的分析测试中，必须根据具体问题的研究内容和研究目的，选择合适的方法和手段来进行研究，必要时可采用多种手段进行综合分析，来确定影响材料性能的各种因素。在此基础上，才有可能采取相应的措施来改善材料的性能。目前，仪器设备的发展趋势是多种分析功能的组合，这使人们能在同一台仪器上进行形貌、微区成分和晶体结构等多种显微组织结构（简称组织结构）信息的同位分析。本书针对金属材料分析测试、高分子材料分析测试、无机非金属材料分析测试，通过相应的实训教程，培养学生对材料分析测试的综合应用能力。

学生学习本书后，要求具备专业从事材料分析测试工作的基础，具备日后通过自学掌握材料分析新方法、新技术的能力；能够正确选择材料分析测试的方法，遇到相关问题时知道采用哪种方法来解决；能够看懂或分析一般典型且较简单的测试结果，如图谱、图像等；可以与分析测试专业的人员共同商讨有关材料分析研究的实验方案并分析较复杂的测试结果。

1.2　材料分析测试实验实训的分类

材料分析测试是关于材料成分、结构、微观形貌与缺陷等的分析、测试技术及其有关理论基础。基于运动电子束和物质相互作用的各种性质建立的各种分析方法已经成为材料分析测试的重要组成部分，大体可分为衍射分析、电子显微分析、光谱分析和能谱分析四大类。

衍射分析是以材料结构分析为基本目的的分析方法，主要用于晶体的相结构分析，包括 X 射线衍射分析、电子衍射分析和中子衍射分析等。电子显微分析以材料微观形貌、结构与成分分析为基本目的，其中的一些分析方法也可归于光谱分析（如电子探针）、能谱分析（如电子激发俄歇能谱）和衍射分析（如电子衍射）的范畴。透射电子显微镜（Transmission Electron Microscope，TEM）分析和扫描电子显微镜（Scanning Electron Microscope，SEM）分析及电子探针分析（Electron Probe Analysis，EPA）是基本的电子显微分析方法。光谱分析是以材料成分分析为基本目的的分析方法，主要用于有机物的分子结构分析，包括各种吸收光谱分析方法、发射光谱分析方法和散射光谱（拉曼散射谱）分析方法。能谱分析是以材料成分分析为基本目的的分析方法，主要用于化学成分和价键（电子）结构分析，包括光电子能谱、俄歇电子能谱、离子中和谱和电子能量损失谱。

1.3　材料分析测试实验实训的内容和方法

材料分析测试实验实训是一门实验方法及实训课，主要介绍采用 X 射线衍射、电子显微镜等来分析材料的组织结构与成分的方法，通过金属材料分析测试实训、高分子材料分析测试实训、无机非金属材料分析测试实训，来锻炼学生综合运用基础实验独立完成材料分析测试的能力。

1.3.1　材料的组织结构与性能

1. 组织结构与性能的关系

结构决定性能是自然界永恒的规律。材料的性能是由其内部的组织结构所决定的。不同种类的材料具有不同的性能，即使是同一种材料，经不同工艺处理后得到不同的组织结构时，也具有不同的性能。例如，对于同一种钢材，淬火后得到的马氏体较硬，而退火后得到的珠光体较软。有机化合物中的同分异构体的性能也各不相同。

2. 组织结构控制

在认识了材料的组织结构与性能之间的关系，以及组织结构形成的条件与过程机理的基础上，可以通过一定的方法控制其组织结构的形成条件，使其形成预期的组织结构，从而使材料具有期望的性能。例如，在加工齿轮时，预先将钢材进行退火处理，使其硬度降低，以满足车、铣等加工工艺性能的要求；加工好后进行渗碳淬火处理，使其强度和硬度提高，以满足耐磨损等使用性能的要求。

1.3.2　组织结构的内容

材料的组织结构涉及的内容大致如下：

（1）显微化学成分（不同相的成分、基体与析出相的成分、偏析等）；

（2）晶体结构与晶体缺陷（面心立方、体心立方、位错、层错等）；

（3）晶粒大小与形态（等轴晶、柱状晶、枝晶等）；

（4）相的成分、结构、形态、含量及分布（球、片、棒、沿晶界聚集或均匀分布等）；

（5）界面（表面、相界与晶界）；

（6）位向关系（惯习面、孪晶面、新相与母相）；

（7）夹杂物；

（8）内应力（喷丸表面，焊缝热影响区等）。

第 2 章　主要实验测试设备构造原理及功能

使用不同的材料分析测试技术，其分析原理、具体的检测操作过程，以及相应的分析测试仪器都不同，但各种技术的分析、检测过程均可分为信号发生、信号检测、信号处理和信号读出等几个步骤。相应的分析测试仪器则由信号发生器、信号检测器、信号处理器和信号读出装置等几部分组成。信号发生器使试样产生原始分析信号，信号检测器则将原始分析信号转换为更易于测量的信号并加以检测，被检测的信号经信号处理器放大、运算、比较后，由信号读出装置转换为可被分析者读出的信号，并被记录或者显示出来。依据检测信号与材料的特征关系来分析、处理读出的信号，即可实现材料分析的目的。通过本章的学习，读者可以了解 X 射线衍射仪、扫描电子显微镜、透射电子显微镜等常见实验仪器的原理、结构及功能。

2.1　X 射线衍射仪

2.1.1　原理

X 射线射入晶体后可以发生多种现象，对物相分析及研究晶体结构来说，主要利用的是其衍射现象。

由光学可知，当可见光波长与衍射光栅（一系列等宽狭缝）宽度非常接近时，从每一条狭缝发出的光波为同相位、同频率、同振幅或相位差恒定的相干波，它们干涉的结果为一系列明暗相间的条纹，亮带由干涉加强产生，暗带则由干涉相抵产生。衍射是相干波产生干涉时互相加强的结果，最大程度的加强方向为衍射方向。

晶体是由质点（原子、离子或分子）按周期性排列构成的固体物质。因为原子面间距与入射 X 射线波长（用 λ 表示，单位为 Å）数量级相当，可将其视为衍射光栅。当晶体被 X 射线照射时，各原子中的电子受激而同步振动，振动着的电子作为新的辐射源，向四周发出波长与原入射线相同的次生 X 射线，这个过程就是相干散射的过程。因为原子核质量比电子质量大得多，所以可假设电子都集中在原子的中心，则相干散射可以看成以原子为辐射源。按周期排列的原子所产生的次生 X 射线存在恒定的相位关系，它们之间会发生叠加，干涉加强后就在某些方向上出现衍射线。

若用照相法收集衍射线，则可使胶片感光，留下相应的衍射花样（衍射光斑、衍射光环或衍射线条，采用不同照相法所得的衍射花样不同）；若用衍射仪探测衍射线，则得到的衍射花样为一系列衍射峰，晶体结晶程度越高，衍射峰越明锐；当 X 射线照射非晶体时，由于非晶体结构为长程无序、短程有序，不存在明显的衍射光栅，因此不产生清晰明锐的衍射线条。X 射线衍射现象如图 2-1 所示，由衍射现象可知，衍射现象与晶体的有序结构有关，即衍射花样规律性反映了晶体结构的规律性，衍射必须满足适当的几何条件才能产生。

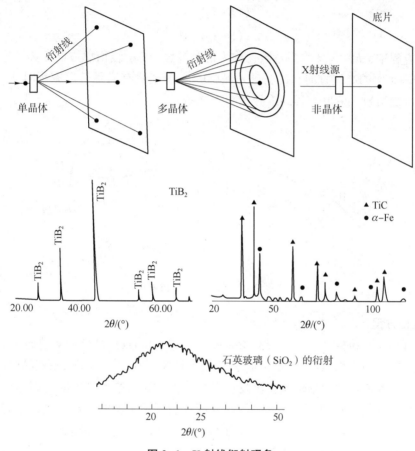

图 2-1　X 射线衍射现象

衍射线的方向与晶胞大小和形状有关。决定晶体衍射方向的基本方程有劳厄（Laue）方程和布拉格（Bragg）方程。前者以直线点阵为出发点，后者以平面点阵为出发点。这两个方程均反映衍射方向、入射线波长、点阵参数和入射角的关系，它们都是规定衍射条件和衍射方向的方程，二者实质上是相同的。但是，劳厄方程需同时考虑三个方程，实际应用不方便，而布拉格方程将衍射现象解释为晶体晶面有选择地反射，使用起来比劳厄方程更直观。为简便起见，两个方程均假设晶体是最简单的单原子结构，对应空间格子为原始格子。

1. 劳厄方程

德国科学家劳厄把空间点阵看作互不平行又相互贯穿的三组直线点阵，从研究直线点阵衍射条件出发，得到了立体点阵结构产生衍射的条件，即劳厄方程。

设一直线点阵与晶胞的单位矢量 a 平行。S_0 和 S 分别代表入射 X 射线和衍射线的单位矢量。如果每个结点所代表的原子之间散射的次生 X 射线互相叠加，则要求相邻原子的光程差（Δ）为波长的整数倍。

当 a 和 S_0 的夹角为 φ_{a0} 时，在和 a 呈 φ_a 角的方向上产生衍射。实际上，以 a 为轴线，以 $2\varphi_a$ 为顶角的圆锥面上的各方向均满足这一条件。同理可得，同时满足三个单位矢量 a、b、c 和 S 关系的劳厄方程包含的三个等式为

$$a(S-S_0) = h\lambda$$
$$b(S-S_0) = k\lambda \qquad (2\text{-}1)$$
$$c(S-S_0) = l\lambda$$

在劳厄方程中，h、k、l 均为整数，称为衍射指数。X 射线衍射方向 S 是三个分别以 a、b、c 为轴的圆锥面的交线方向，说明进入晶胞的 X 射线只有满足劳厄方程时才会在空间的某些方向上出现衍射。劳厄方程的推导如图 2-2 所示。

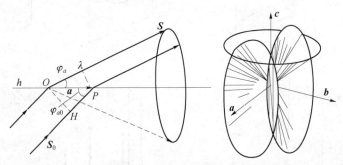

图 2-2 劳厄方程的推导

2. 布拉格方程

英国物理学家布拉格父子（W. H. Bragg 和 W. L. Bragg）把空间点阵理解为互相平行且面间距相等的一组平面点阵（或晶面），将晶体对 X 射线的衍射视为某些晶面对 X 射线的选择性反射。从晶面产生反射的条件出发，得到一组晶面结构发生反射（即衍射）的条件，即布拉格方程。他们用解理面与晶面平行的云母成功地做了实验，证实了该设想的可行性。布拉格方程的导出，奠定了 X 射线晶体学在材料学中广泛应用的基础。

X 射线具有很强的穿透力。透射线在未射出晶体前，可看成对下一晶面的入射线，不仅晶体表面参与反射，晶体内部的晶面也参与反射。当波长为 λ 的 X 射线射到相邻两个晶面对应的原子上，并在反射线方向产生叠加时，入射角和反射角相等，入射线、衍射线和平面法线三者在同一平面内，它们的光程差（Δ）为波长的整数倍，即

$$\Delta = 2d_{(hkl)} \sin \theta_n = n\lambda \qquad (2\text{-}2)$$
$$2d_{(hkl)} \sin \theta_n = n\lambda \qquad (2\text{-}3)$$

式中：$d_{(hkl)}$——晶面间距，Å；

θ_n——布拉格角或掠射角；

n——衍射级数，可取 1、2、3 等整数，对应称为一级、二级、三级等衍射。

式（2-3）就是布拉格方程的一般表达式。布拉格方程的物理意义在于规定了 X 射线在晶体产生衍射时的必要条件，即只有在 d、θ、λ 同时满足布拉格方程时，晶体才能对 X 射

线产生衍射。

　　用特征 X 射线射到多晶粉末（或块状）上来获得衍射谱图或数据的方法称为粉晶法或粉末法。当单色 X 射线以一定的入射角射向粉晶时，无规排列的粉晶中总有许多小晶粒中的某些晶面处于满足布拉格方程的位置，因此会产生衍射。所以，粉晶衍射谱图是无数微小晶粒各衍射面产生衍射叠加的结果。

　　当单色 X 射线照到粉晶试样上时，若其中一个晶粒的一组晶面（hkl）取向和入射 X 射线夹角为 θ，满足衍射条件，则在衍射角 2θ（衍射线与入射 X 射线的延长线的夹角）处产生衍射，如图 2-3（a）所示。由于晶粒的取向随机，因此与入射线夹角为 2θ 的衍射线不只一条，而是顶角为 $2\theta \times 2$ 的衍射圆锥面，如图 2-3（b）所示。晶体中有许多晶面组，其衍射线相应地形成许多以试样为中心、入射线为轴、张角不同的衍射圆锥面，如图 2-4 所示。由图可见，粉晶 X 射线衍射形成中心角不同的系列衍射锥，通常称这种同心圆为德拜环。

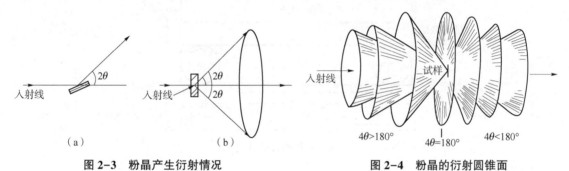

图 2-3　粉晶产生衍射情况　　　　　图 2-4　粉晶的衍射圆锥面

　　如果使粉晶衍射仪的探测器以一定的角度绕试样旋转，则可接收到粉晶中不同晶面、不同取向的全部衍射线，获得相应的衍射谱图。

2.1.2　设备结构

　　粉晶衍射仪（简称衍射仪）是利用辐射探测仪自动测量和记录衍射线的仪器。利用衍射仪获取衍射方向和强度信息，进行 X 射线分析的技术称为衍射仪技术，也称为衍射仪法。在衍射仪法中，辐射探测仪绕试样中心轴旋转，依先后次序测量各衍射线的 2θ 及强度值。由于衍射仪法具有快速、准确、自动化程度高等优点，因此它目前已成为粉晶衍射分析的主要方法。

　　1. 衍射仪的构造及工作过程

　　衍射仪主要由 X 射线发生器、测角仪、探测器、检测记录装置、控制和数据处理系统、附属装置等构成，其构造示意如图 2-5 所示。

　　X 射线发生器中有 X 射线管、高压变压器、管电压/管电流控制器（整流器、调压器）等部件；测角仪是衍射仪的核心组成部位，包括精密的机械测角仪、光缝（指梭拉狭缝、发散狭缝、防散射狭缝、接收狭缝）、试样架和探测器的转动系统等；探测器包括计数器、前置放大器及线性放大器；检测记录装置主要由脉冲高度分析器、计数率计、记录仪、定标器、打印终端、绘图仪、图像显示终端等组成；控制和数据处理系统实现了衍射分析全过程的计算机自动化，包括各种硬件和软件，如操作控制软件，数据采集、处理和分析软件及各

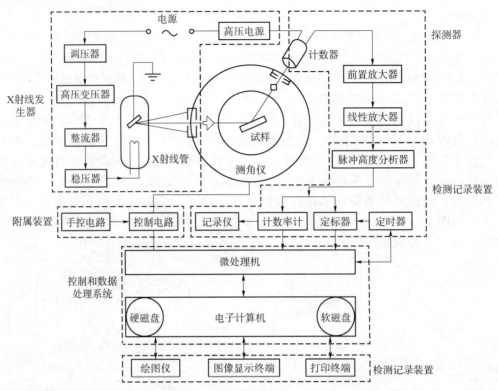

图 2-5　衍射仪构造示意

种应用软件包；附属装置包括手控电路和控制电路。

衍射仪的工作过程大致为：X 射线管发出单色 X 射线照射到试样上，产生的衍射线光子用辐射探测仪接收，经检测电路放大处理后，在检测记录装置上给出精确的衍射数据和谱线，这些衍射信息可作为各种 X 射线衍射分析的原始数据。

2. 测角仪

1）测角仪的光学系统

图 2-6 所示为衍射仪的测角仪中的衍射几何光路及构造，上图轴线平行图面，下图轴线垂直图面。图中，O 为测角仪的轴线（俯视图中为点 O），Y 是片状粉晶试样，它固定在试样台上，试样台中心轴与测角仪中心轴重合，并绕此中心轴旋转。

X 射线管发出线状 X 射线源，从点 A 发出的线状平行光，发散地射向试样 Y。由试样 Y 反射形成的衍射光束，在焦点 B 处聚焦后射入辐射探测仪 J 中。以点 O 为圆心、OA 为半径所作的圆称为测角仪圆，由 A、O、B 三点决定的圆为聚焦圆。

S_1 和 S_2 为梭拉狭缝，是由一组等间距且相互平行的金属薄片组成，分别用来限制入射线和衍射线垂直方向的发散度。

F_1 为发散狭缝（Divergence Slit，DS），用于限制 X 射线水平方向的发散度。

F_2 为防散射狭缝（Anti-scattering Slit，SS），用于防止空气散射等非试样散射 X 射线进入计数管。

F_3 为接收狭缝（Receiving Slit，RS），用于控制进入辐射探测仪的衍射线宽度。

梭拉狭缝、防散射狭缝、接收狭缝及辐射探测仪一同安装在可绕轴旋转的转臂上，其转过的角度可由测角仪上的刻度盘读出。衍射仪中的试样台与转臂上的探测器始终以 1∶2 的

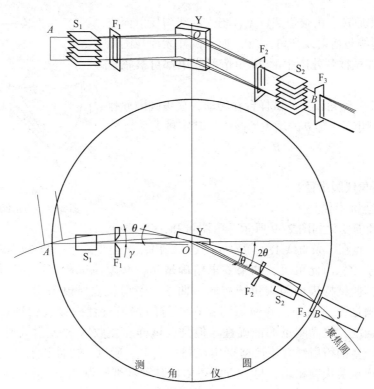

图2-6　衍射仪的测角仪中的衍射几何光路及构造

角速度同步旋转，如果事先调好测角仪，使入射线、试样表面、辐射探测仪成一条直线，则随着试样台的旋转，入射线与试样表面的交角及衍射线与透射线的交角在任何时候都能保持$\theta : 2\theta$的关系。当试样与辐射探测仪按$\theta-2\theta$关系连续转动时，衍射仪就自动描绘出衍射强度随2θ变化的图形，如图2-7所示。

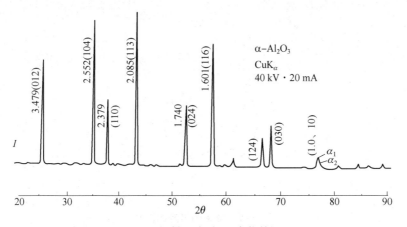

图2-7　衍射强度随2θ变化的图形

2）测角仪的聚焦原理

衍射仪是利用测角仪的聚焦原理工作的，如图2-8所示。根据平面几何知识可知，在一个圆中，同弧所对各圆周角相等，即$\angle AEB = \angle AOB = \angle AFB$。若点$A$为光源，点$O$为反射点，点$B$为聚焦点，则此圆为聚焦圆。在聚焦圆里，光源、反射点、聚焦点均在同一圆上，这就是聚焦原理。由聚焦圆可见，当入射线与反射面交角为 θ，则透射线与衍射线交角为 2θ。如果试样表面与圆弧 EOF 相切，则在试样各处产生的 2θ 角衍射线束都可被辐射探测仪接收。

在衍射仪中，测角仪上的试样台在转动，聚焦圆因此也在变动。聚焦圆半径 r 随 θ 的增大而减少，其定量关系为

$$r = \frac{R}{2\sin\theta} \qquad (2-4)$$

式中：R——测角仪圆半径；

r——聚焦圆半径。

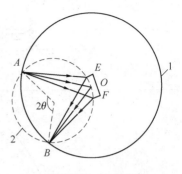

1—测角仪圆；2—聚焦圆。

图 2-8 测角仪的聚集原理

聚焦圆半径的变化如图 2-9 所示。由图可知，当 $\theta = 0°$ 时，A、O、B 三点在一条直线上。随着 θ 的逐步增大，r 逐步减小；当 $\theta = 90°$ 时，r 达到最小值，此时 $r = R/2$。由此可见，如果要求精确聚焦，必须使试样表面在运转过程中始终与聚焦圆相切，使试样表面与聚焦圆有同一曲率。衍射仪之所以采用平板试样，是为了尽可能使试样满足聚焦原理，并使探测器在短暂的扫描行程中接收到更多的衍射线束，增强衍射线的强度，提高测量的准确性。但是，试样在接收入射 X 射线时，试样表面层和内层的晶粒产生的衍射线并不严格聚焦在同一点上。所以，要使衍射线都能精确聚焦，一方面要求试样与聚焦圆相切，另一方面还要用各种狭缝限制入射线和衍射线的发散度，使试样上各处产生的 2θ 衍射线基本上都聚焦于点 B，并具有一定的强度。

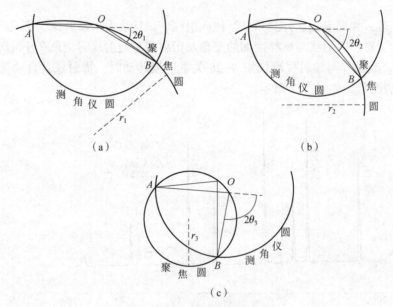

图 2-9 聚焦圆半径的变化

(a) θ_1 角度；(b) θ_2 角度；(c) θ_3 角度

由聚焦圆与测角仪圆关系可见：当 θ 角小时，聚焦效果较好；随着 θ 角的增大，试样与聚焦圆相切程度下降。聚焦效果也下降。所以应重视 2θ 角小（对无机材料来说，一般 $2\theta = 20° \sim 60°$）的衍射线。

3) 晶体单色器

粉晶 X 射线衍射应使用严格的单色光源，特别是进行物相定量分析及薄膜、有机物等试样的小角度散射时更是如此，这样可以尽可能缩小背景。使用滤波片，可把连续谱及峰的强度降低，使用晶体单色器效果更好。

晶体单色器是一种 X 射线单色化装置，主要由一块单晶体构成。把晶体单色器按一定取向位置放在入射 X 射线或衍射线光路中，当它的一组晶面满足布拉格方程时，只有一种波长发生衍射，从而可以得到单色光。目前，广泛使用的晶体单色器是准单晶石墨弯晶单色器，它由大量以六方单胞底面平行排列的小晶体构成。该晶体单色器除反射效率特别高外，衍射线的分布也特别均匀。将该晶体使单色器放在入射线光路中，可使试样产生的入射线单色化；将该晶体单色器放在探测器前的衍射线束中，则可使试样产生的衍射线单色化。

晶体单色器前置可提高入射线波长的可分辨性，但从消除来自 X 射线管的杂波及消除来自试样的各种荧光 X 射线的角度来看，晶体单色器后置的效果比前置好，因为可大大降低因连续谱引起的背底，使衍射线清晰，以便进行弱峰的分析及衍射绝对强度的测量。晶体单色器的优点是明显的，它在微量相分析、晶体缺陷的研究及小角散射测量中都广泛使用。但加入晶体单色器会使 X 射线的强度降低，可通过使用高功率旋转阳极 X 射线发生器来弥补这一不足。

3. 计数器及脉冲高度分析器

辐射探测仪中使用的计数器主要有气体电离计数器（如正比计数器、盖革计数器）及闪烁计数器。其中，气体电离计数器是利用 X 射线光子使计数器内惰性气体电离，形成的电子流在外电路中产生一个电脉冲。闪烁计数器由加入约 0.5% 铊作为活化剂的碘化钠单晶体及光电倍增管组成，其构造及探测原理如图 2-10 所示。

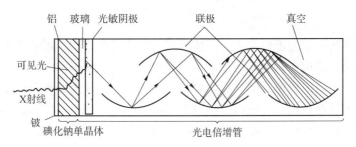

图 2-10 闪烁计数器的构造及探测原理

闪烁计数器的工作原理是利用 X 射线的荧光效应产生电脉冲，先将 X 射线光子转变为可见光光子，再转变为电子，然后形成电脉冲而进行计数。闪烁计数窗口用一薄层铝和铍片密封，可见光不能穿透铍片，但 X 射线可以。闪烁单晶体经 X 射线照射后，可发射蓝紫色光。铝能将晶体发射的光发射到光敏阴极上，并撞出许多光电子，光电子经光电倍增管得到数目巨大的电子，从而产生电压高达数伏的脉冲。由于电脉冲的大小正比于入射线强度，从而实现对 X 射线强度的测量。闪烁计数器作用迅速，其分辨时间仅为 10^{-8} s，计数率在 10^{6} 次/s 以下时，不至于有计数损失，由于输出脉冲幅度正比于 X 射线光子的能量，因此也可与脉冲高度分析器联用，从而准确地反映衍射强度，提高测试精度。

脉冲高度分析器是一种特殊的脉冲高度鉴别器，它只允许一定幅度内的脉冲通过。只要适当调节这个脉冲高度及范围，与闪烁计数器联用，就可将除 K_{α} 辐射产生的衍射线之外的其他输出脉冲去除。例如，可去除 K_β 辐射或闪烁器的无照电流（没有 X 射线照射，但光敏阴极因热离子发射而产生的电子流）所引起的输出脉冲。

4. 试样制备

在衍射仪中，试样的差异对衍射结果影响很大。因此，通常要求试样无择优取向，即晶粒不沿某一特定的晶向规则地排列，而且在任何方向中都应有足够数量的可供测量的结晶颗粒。

1）粉末试样的制备

在衍射仪中，试样可是多晶的块、片或粉末，以粉末最为适宜。因为只有晶粒中的晶面（hkl）平行于试样表面时，才对 hkl 衍射起作用。如果晶粒度不够小，就不能保证有足够的晶粒参与衍射，所以粉末试样可增加参与衍射的晶粒数目。

脆性物质宜用玛瑙研钵研细，粉末粒度一般要求为 $1\sim5\ \mu m$，定量相分析为 $0.1\sim2\ \mu m$，用手搓无颗粒感即可。对于延展性好的金属及合金，可将其锉成细粉。有内应力时，宜采用真空退火来消除。将粉末装填在铝或玻璃制的特定试样板的窗孔或凹槽内，用量一般为 $1\sim2\ g$，根据粉粒密度不同，用量稍有变化，以填满试样窗孔或凹槽为准。衍射仪法试样板及粉末试样制样示意如图 2-11 所示。

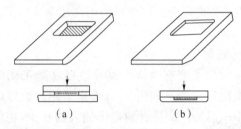

图 2-11　衍射仪法试样板及粉末试样制样示意

(a) 穿孔的；(b) 开槽的

装填粉末试样时，用力不可太大，以免形成粉粒的定向排列。用平整光滑的玻璃板适当压紧粉末，然后将高出试样板表面的多余粉末刮去，如此重复一两次，使试样表面平整。若使用窗式试样板，则应先使窗式试样板正面朝下，放置在一块表面平滑的厚玻璃板上，再填粉、压平。在取出试样板时，应使试样板沿所垫玻璃板的水平方向移动，而不能沿垂直方向拿起，否则会因垫置的玻璃板与粉末试样表面间的吸引力而使粉末剥落。测量时，应使试样表面对着入射 X 射线。

制作粉末试样时，一般不需和胶，只要试样粉末足够细，并适当压紧，粉末就不会掉下。如确实需要，也可在第一次装入粉末刮平后，滴数滴含 5% 虫胶的乙醇溶液，再撒上一层粉末，适当压紧，过几分钟再刮平。

2）特殊试样的制备

对于一些不宜研碎的试样，可先将其锯成与窗孔大小一致，磨平一面，再用橡皮泥或石蜡将其固定在窗孔内。对于片状、纤维状或薄膜试样，也可类似地直接固定在窗孔内，应注意使固定在窗孔内的试样表面与试样板平齐。

3）试样的择优取向

试样的择优取向也称粉粒的定向排列，是指在一定的条件下，试样粉末倾向于形成其特有的结晶形态的现象。具有片状或柱状完全解理的试样粉末，一般都呈细片状或细棒状，在试样制作过程中易于形成择优取向，从而引起各衍射峰之间的相对强度发生明显变化，有的其至是成倍的变化。

5. 测角仪定位读数校正

在使用衍射仪前，必须对测角仪进行一系列的光路调节、零位和角度读数的校准，这对能否获得良好的聚焦、正确的角度读数、最佳的分辨率和在此情况下最大的衍射强度是极为重要的。

测角仪定位读数（2θ）的精确度除与光学方面的影响有关之外，还与传动机械的精度有关。2θ值可用标准物质的已知峰进行校准，低角区常用云母，高角区常用高纯硅。

1）简便的角度校正法

用已知其精确点阵参数的标样作为试样进行扫描，将实测的2θ读数与计算的精确2θ值对比，进行角度校正。常用的标样除云母、高纯硅外，还有钨、石英等。

2）内标角度校正法

把适量已精确测量点阵参数的标样（如高纯硅）与待测样混合，并测量其衍射图。在同一衍射图中测出两者峰位（标样与待测物的衍射峰不能重叠，而且两者的衍射峰越接近，精确度越高），混合物的平均质量吸收系数μ_m将决定产生衍射的平均深度，所以试样2θ值偏离误差对所有的衍射线都是相同的。列出各个硅衍射线位置的实测值与计算值之差$\Delta 2\theta$，就可绘制一条$\Delta 2\theta$对2θ的校正曲线。利用这条曲线，便可修正混合物中待测物质的2θ实测值。

如果标样有一个衍射峰与待测峰非常接近，而又能分辨，则只需测量标样 s 和待测物 i 两个衍射峰的角度差$\Delta(2\theta)_{i-s}$，而不必作定标曲线，就能得到待测峰真实的峰位$2\theta_i$值：

$$\Delta(2\theta)_{i-s} = 2\theta_i - 2\theta_s \tag{2-5}$$

若采用硅标样，则利用实验所用入射 X 射线波长、布拉格方程及立方晶系面间距公式，可求出硅标样任一衍射峰的2θ理论值。如衍射峰（533）的$2\theta = 136.896°$。

6. 衍射仪测量方法

衍射仪的测量是通过探测器对衍射线进行扫描实现的。探测器扫描方式有连续扫描和步进扫描（阶梯扫描）两种，因此衍射仪测量方法也有连续扫描法和步进扫描（阶梯扫描）法两种。

1）连续扫描法

连续扫描法是指探测器以匀速移动的方式进行扫描测量的方法。为了防止原射线直接进入计数器而损坏仪器，工作前必须先将2θ从零位转过一个小角度（3°～4°），然后才能开始进行扫描。这一角度范围是测角仪的扫描禁区，广角连续扫描范围通常约为150°。对于薄膜、有机物、生命大分子、纳米材料等的测量，由于有些衍射线会在禁区中，故可使用小角散射仪来测量，所测得的2θ小至0.5′～0.6′。连续扫描时，可进行正反向扫描，所得 X 射线衍射图是衍射绝对强度与衍射角（I-2θ）关系曲线。衍射绝对强度以计数率 CPS（Counts Per Second，指计数管在单位时间内产生的脉冲数，它与衍射强度成正比）表示。

通过连续扫描可以快速给出全部衍射线条，但由于机械设备及计数率等的滞后效应和平滑效应，使记录纸上描出的衍射信息总是落后于探测器接收到的信息，从而影响测量的精确度，由于物相定性分析对衍射线的位置及强度测量精度的要求不高，所以连续扫描法适用于物相的预检，常用于物相的鉴定或定性分析。

2）步进扫描法

步进扫描法是指探测器以一定的时间间隔、一定的角度间隔（如0.01°）对某一个或某几个已知衍射峰逐点进行精确测量的方法，所得步进扫描衍射图如图2-12所示。当需要准确测定峰形、峰位和累积强度时（如定量分析、晶粒大小测定、微观应力测定、未知结构分析及点阵参数精确测定），应使用步进扫描。由所得半峰宽可定出峰对应的2θ值，由曲线包括的面积定出强度，如图2-13所示。步进扫描测量准确，但所花费的时间较多。

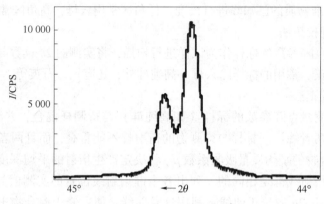

图2-12　步进扫描衍射图

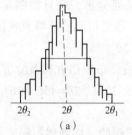 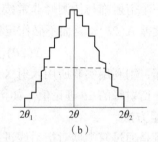

图2-13　步进扫描衍射图峰位确定
（a）步进速度慢；（b）步进速度快

3）小角散射法

一般的衍射分析属广角X射线衍射分析。对于10~1 000 Å的微细颗粒或与此尺寸相当的不均匀微小区域，可用小角散射法进行分析。所谓小角，通常指X射线的入射角在0°~5°的范围内。当一束极细的X射线穿过一超细粉末层时，经晶粒内电子的散射，就在原光束附近的极小角域内分散开，这种现象称X射线小角散射。小角散射的散射强度分布与粉末的粒度分布密切相关。用X射线小角散射法进行超细粉末粒度分布的测定方法可参见国家标准GB/T 13221—2004。对于厚度只有100 Å的晶态薄膜，可用X射线的入射角在1°~5°范围内的小角衍射进行分析，可测膜表面和内层不同结构的结晶度。

7. 衍射仪测量参数的选择

为获得较准确的衍射数据，应尽可能提高其衍射强度，降低衍射峰的宽化、位移、畸变程度以及背底的影响。事实上，影响衍射数据准确性的因素是多方面的，一些因素（如测角仪本身的精度、X射线物理方面的因素等）只能通过对实测结果进行适当的校正来减少其影响，另一些影响因素（主要是一系列的测量参数）则可人为地加以控制和选择。

1) 狭缝宽度

测角仪中，除梭拉狭缝固定外，发散狭缝、防散射狭缝和接收狭缝均有若干规格可供选择。狭缝宽度影响强度、峰位及峰形。宽狭缝可得到较大的衍射强度，但降低了分辨率；窄狭缝可提高分辨率，但降低了衍射强度。在实际工作中，应据实际情况兼顾两者，选用合适的狭缝宽度。

(1) 发散狭缝宽度。

发散狭缝的作用是控制入射 X 射线束的水平发散角 γ。γ 越大，衍射线强度越大，入射线束照到试样的宽度越大，平板试样两侧的衍射线聚焦程度越差，产生的衍射峰宽化也越明显，且移向低角一侧，一般 $\gamma \leq 4°$。试样受照宽度（A）、测角仪圆半径（R）、水平发散角（γ），布拉格角（θ）这几个参量关系近似为

$$A = R\sin\gamma / \sin\theta \tag{2-6}$$

式中：R——常数，一般为 185 mm。

可见，相对于某个较宽的发散狭缝，在低角区，入射线有可能射到试样外，这是应当避免的。试样板的窗孔宽度一般为 20 mm，当 $2\theta = 20°$ 时，使试样全部受照所需的入射线水平发散角 $\gamma \approx 1°$，由此所引起的衍射峰的宽化和位移是很小的。但当 $2\theta < 20°$ 时，取 $\gamma = 1°$ 就稍偏大，此时 2θ 越小，背底越高，峰的分辨率越低。随着 2θ 增大，A 越来越小，此时各衍射峰的强度也越来越弱。为使高角区仍保持相当的衍射强度，可考虑在高角区换用较宽的发散狭缝。总之，当需要提高角分辨率和准确测定峰位时，应使用窄的发散狭缝；当需提高强度时，应使用宽的发散狭缝。

(2) 防散射狭缝宽度。

防散射狭缝的作用是挡住散射线。狭缝宽度应与发散狭缝选取一致。如果插入防散射狭缝后发现衍射强度明显减弱，则说明狭缝宽度太小，应选换较宽的狭缝。X 射线衍射峰强度通常随 2θ 的增加而降低，部分原因是因为入射线束变窄。避免方法是使用可变的入射狭缝代替标准的固定狭缝。瑞士 ARL 公司用计算机控制的可变入射防散射狭缝可以按 2θ 的函数程序控制狭缝的宽度，保持试样上 X 射线照射面积固定，这样可以有效地增加高角区相对于低角区的衍射峰强度。同时，使用可变狭缝也可以达到更低的 2θ 角度而没有直接入射线束的干扰。另外，可以应用软件校正，将采用固定入射面积收集的数据转换为采用固定狭缝收集的数据，以便和 ICDD 标准衍射数据比较。

(3) 接收狭缝宽度。

接收狭缝的作用是控制进入计数管衍射线的宽度 ν，其也是接收狭缝的宽度。ν 增大，衍射峰高强度 I_P 可增大，但背底强度 I_B 也增大，峰背比 I_P/I_B 降低，对探测强峰不利。另外，ν 增大，使衍射峰宽化，叠峰概率增加，角分辨率下降，对分辨相邻的峰不利，通常 ν 为 0.15~0.30 mm。

2) 扫描速度和步宽

在连续扫描中，扫描速度（ω）是指计数器转动的角速度。当扫描速度过快，由于脉冲平均电路的时迟效应，使峰值下降，峰形不对称宽化，峰位后移，分辨率下降，所以当要求准确测定峰位和强度时，应采用慢速扫描。通常 ω 为 $(2~8)°/min$。

步进扫描中采用步宽（步长）表示计数管每步扫描的角度，有多种取值来表示扫描速度的快慢。

3) 时间常数和预置时间

时间常数是指连续扫描中脉冲平均电路中电阻与电容（可调）的乘积 RC，单位为 s，

它用于衡量计数率仪中脉冲平均电路对脉冲响应的快慢程度，RC 越大，脉冲响应慢，对脉冲电流具有较大的平整作用，因而线形相对平缓和光滑，峰变矮并不对称宽化，峰位后移。使用不同时间常数时石英（112）晶面衍射峰的形状如图 2-14 所示。通常要求扫描速度、时间常数与接收狭缝的宽度应满足下式：

$$\omega RC/30\nu \leqslant 1 \tag{2-7}$$

步进扫描采用预置时间表示定标器一步之内的计数时间，与时间常数的作用类似。

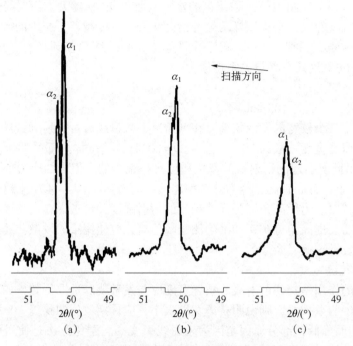

图 2-14　使用不同时间常数时石英（112）晶面衍射峰的形状

(a) RC 小；(b) RC 中等；(c) RC 大

4）量程

量程是指记录纸满刻度时的 CPS 值（衍射图上纵坐标最大值）。当测量结晶不良的物质或探测弱峰时，应选小量程，以提高弱峰的分辨率；当测量结晶良好的物质或探测强峰时，量程可适当加大，应使弱峰显示、强峰不超出记录纸满刻度为宜。

5）走纸速度和角放大倍数

连续扫描中走纸速度起着与扫描速度相反的作用，快的走纸速度可使衍射峰分得更开，提高测量准确度。步进扫描中用角放大倍数来代替走纸速度，大的角放大倍数可使衍射峰拉得更开。角放大倍数一般取值为 1。

6）平滑条件和寻峰条件

在步进扫描中设置平滑条件和寻峰条件，可避免出现一些伪峰（因强度测量中统计起伏和可能存在的噪声小尖峰引起）。平滑次数增加，峰高强度会减小。寻峰条件是由峰宽度（峰左侧和右侧斜率最大处的宽度，取值为步宽×2~100）和陡度（CPS/步）来决定一个衍射峰。例如，当步宽为 0.01°时，则在 0.02°~1°之间选择陡度超过设定值的点作为峰位。在衍射仪中，随机软件可提供多种寻峰条件供选择。在平滑寻峰过程中，所有那些超过设定宽度和陡度的峰都作为峰而被记录打印，并打印对应的 2θ、d 值，所有未超过设定宽度和陡度的都被平滑而作无峰处理。带有平滑条件和寻峰条件的步进扫描测量对于快速寻找衍射峰，从而鉴定物相是非常有利的。

除以上测试条件外，还应考虑靶材、管压、管流等条件。总之，衍射仪测量参数的选择应综合考虑多方面的因素，根据实际分析目的确定各种参数。

8. 衍射仪操作

开机之前，应先做好准备和检查工作。开启冷却水，使之流通；检查 X 射线管窗口是否已关闭，管压管流表是否指示在最小位置；接通总电源，打开稳压电源；将制备好的试样插入试样架，关闭好防护罩。

开机后应注意操作顺序：开启总电源、循环水泵；待准备灯亮后，接通管电流，缓慢升高电压和电流至所需值；设置适当的衍射条件；打开记录仪和 X 射线管窗口，使探测器在设定条件下扫描。

测试完毕后，应按顺序关闭机器：关闭 X 射线管窗口和记录仪电源，取出试样；使探测器复位，缓慢将管压和管流降至最小值；关闭水源和总电源。

2.1.3　功能

X 射线衍射分析的应用范围很广，以下仅从几个方面简单介绍 X 射线衍射分析方法在物相鉴定、粉末晶体结构分析和晶粒度的测定等方面的应用。

1. 物相鉴定

用 X 射线鉴定物相应用得非常广，本书仅举出一些相关的应用实例，目的在于加深对粉晶 X 射线衍射理论的理解。

1）水泥物相鉴定

（1）水泥熟料矿物物相的鉴定。

在水泥领域中，通常利用 X 射线衍射技术进行物相定性、定量分析。水泥化合物大多数具有比较复杂的结构，形成的衍射线较多，且各物相的衍射线常常相互重叠，各化合物又可能相互固溶，这些都将增加分析工作的难度。但随着衍射技术的发展，X 射线分析过程中遇到的困难将逐步得到克服。

水泥熟料矿物的组成是决定熟料强度和其他性能的基础，可以应用 X 射线物相分析方法鉴定水泥熟料的矿物组成。图 2-15 所示为硅酸盐水泥熟料的 X 射线衍射图。由图可见，在该熟料中，除最常见的硅酸三钙 C_3S（$d = 3.05$ Å，2.78 Å，2.74 Å，2.62 Å，2.35 Å，2.16 Å，1.93 Å，1.77 Å），硅酸二钙 C_2S（$d = 3.05$ Å，2.88 Å，2.78 Å，2.74 Å，2.16 Å），铝酸三钙 C_3A（$d = 2.70$ Å）和铁铝酸四钙 C_4A_F（$d = 2.43$ Å，1.93 Å）等四种主要矿物外，还有七铝酸十二钙 $C_{12}A_7$（$d = 2.98$ Å，2.62 Å，2.16 Å）矿物的存在。

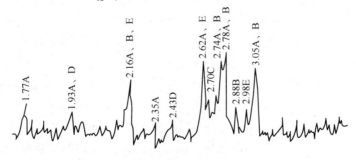

A—C_3S；B—C_2S；C—C_3A；D—C_4A_F；E—$C_{12}A_7$。

图 2-15　硅酸盐水泥熟料的 X 射线衍射图

（2）水泥水化产物的判别。

水泥中各种组分水化后形成的产物是决定水泥石结构、强度和耐久性等一系列性能的内在因素，水化产物的判别则是 X 射线分析应用于胶凝物质的一个重要方面。由于绝大部分水化产物的尺寸较小，一般显微镜观察较困难，所以应将 X 射线分析与电子显微镜分析相互结合，以获得更好的效果。

下面进行 C_3S 和 C_3A 水化前后分析。图 2-16 所示为 C_3S 单矿物水化前后的 X 射线衍射图。在水化前，衍射图上只出现 C_3S 的特征峰（$d = 3.04$ Å，2.98 Å，2.79 Å，2.76 Å，2.61 Å，2.32 Å，2.19 Å，1.94 Å，1.76 Å 等）。在水化后的衍射图上，则出现水化硅酸三钙特征峰（$d = 3.16$ Å，3.13 Å，2.83 Å，2.73 Å 等），表明已有水化硅酸三钙这一水化产物的形成。另外，还有氢氧化钙（$d = 4.94$ Å，2.63 Å，1.92 Å，1.79 Å 等）及碳酸钙（$d = 3.03$ Å 等）特征峰的出现，说明在 C_3S 的水化产物中，还有氢氧化钙及其碳化后形成的碳酸钙存在。C_3A 水化后，还出现了 C_3AH_6 的特征峰（$d = 5.14$ Å，3.36 Å，2.81 Å，2.29 Å，2.03 Å 等），这说明 C_3AH_6 是 C_3A 的水化产物。另外，铝酸盐水化物的衍射峰较 C_3S 强，说明它的水化速度较快，具有较好的结晶度。

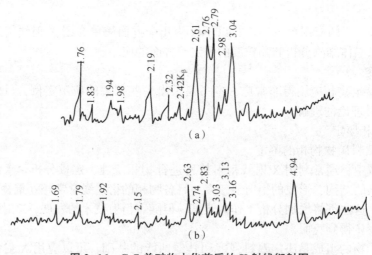

图 2-16　C_3S 单矿物水化前后的 X 射线衍射图

(a) 水化前；(b) 水化后

（3）水泥水化产物的研究。

为了对比水化速度，探讨各种水化产物相互转化的关系，更好地认识水泥的结硬过程以及强度发展规律，必须测定在不同时间内已形成的水化产物及其相对的数量。例如，为了研究各种外加剂的作用机理，必须了解它们对水化过程及新生产物相形成的影响。实验时，可将试样水化，并在规定的各个时间内停止水化，然后进行 X 射线衍射分析，鉴定其水化产物。对比一系列的 X 射线衍射图，就可为水化过程的研究提供最基本的依据。

例如，为了研究石膏对水泥缓凝作用的机理，可对 $C_3A + CaSO_4 \cdot 2H_2O + Ca(OH)_2$ 的混合浆体进行 X 射线衍射分析，其衍射图如图 2-17 所示。在石膏和石灰存在的条件下，C_3A 的水化情况如图 2-18 所示。由图可见，在水化 15 min 后，出现了石膏与 C_3A 的衍射峰，表明有未曾作用的石膏和 C_3A 存在，但已显示出三硫型硫铝酸钙的微弱线条，说明在 15 min 时已有部分 C_3A 和石膏相互作用，生成了上述水化产物，但数量还不够多。2 h 后，石膏还存在，但衍射峰显著减少，说明数量已减少，三硫型水化硫铝酸钙的衍射峰则有所增加，说明其生成量不断增加。5 h 后，石膏衍射峰消失，表明此时石膏已消耗完毕。6 h 后，三硫型水化硫铝酸钙的衍射峰已全部消失，但单硫型水化硫铝酸钙的峰值则相应增强，这表明三硫型水化硫铝酸钙的转化时期是在石膏消耗完毕以后。从其他衍射图可见，随着水化时间的延长，剩余的 C_3A 继续消化，生成单硫型水化硫铝酸钙和水化硫铝硫酸四钙的固溶体。

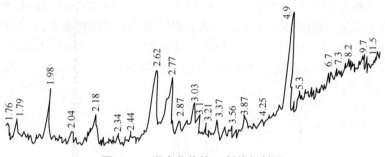

图 2-17　混合浆体的 X 射线衍射图

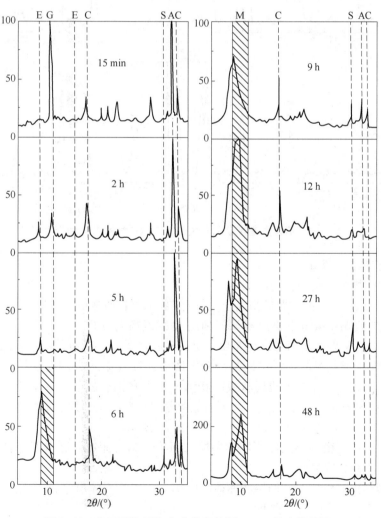

图 2-18　在石膏和石灰存在的条件下，C_3A 的水化情况

（4）含氟硫 A 矿的水化特性。

下面用 X 射线衍射研究在水泥 A 矿中加入氟硫复合矿化剂对水泥凝结时间的影响。图 2-19 所示为不含氟硫 A 矿和含氟硫 A 矿水矿样的 X 射线衍射图。图中，F_1-3 h 为没加氟硫复合矿化剂的 A 矿经 3 h 水化后产物的 X 射线衍射图，F_2-3 h 为加了氟硫复合矿化剂的 A 矿经 3 h 水化后产物的 X 射线衍射图。由图可见，尽管 F_2 样 3 h 的水化率远比 F_1 样大，但 F_2 样中仍未见到 $Ca(OH)_2$ 特征峰（$d = 4.90$ Å），而 F_1 样的 $Ca(OH)_2$ 特征峰明显存在。这是由于 F_2 样中水化产物结晶过于细小，结晶程度低，X 射线衍射难以检测到。此处应说明的是，含氟硫 A 矿的水化活性高，早期液相过饱和度大，C-S-H、$Ca(OH)_2$ 晶体细小，结晶程度低，网络结构难以形成，导致其浆体凝结时间延长。

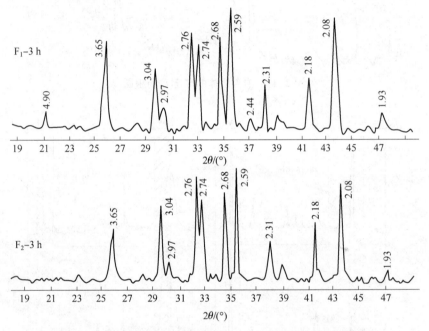

图 2-19　不含氟硫 A 矿和含氟硫 A 矿水矿样的 X 射线衍射图

2）黏土矿物物相鉴定

（1）黏土矿物的结构与衍射特征。

黏土矿物是组成黏土的主要矿物成分。黏土矿物的颗粒通常很小，其直径一般小于 2 μm。因此，在一般的偏光显微镜下难以辨认。利用 X 射线衍射分析，可以揭开黏土矿物晶体结构的奥秘。至今，X 射线衍射分析仍是鉴定黏土矿物最重要、最有效的手段之一。

绝大多数黏土矿物是晶体，结构是由硅氧四面体层（呈六方网孔状排布）和紧密堆积的铝（或镁）氢氧八面体层组成层状或链状结构的含水铝硅酸盐。其中最主要的黏土矿物如高岭石族、伊利石族、蒙脱石族、绿泥石族等都呈层状结构。层状硅酸盐结构中硅氧四面体层和阳离子八面体层连接方式有三种，如图 2-20 所示。

①1：1 型结构：由一层四面体层和一层八面体层结合而成。高岭石、埃洛石（多水高岭石）等属于此种结构类型。

②2：1 型结构：由相对的两层四面体层中间夹一层八面体层结合而成。蒙脱石、皂石、蛭石、伊利石等属于此种结构类型。

③2：1：1 型结构：由一个 2：1 的三层型结构与另一镁氢氧八面体层结合而成，在整

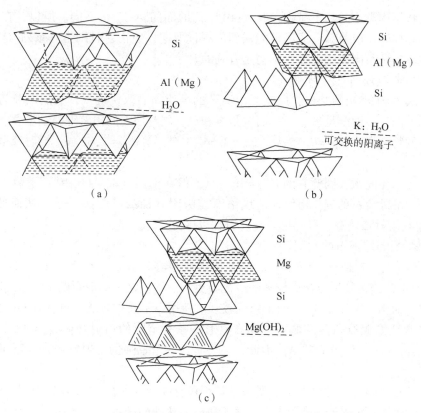

图 2-20　层状硅酸盐结构中硅氧四面体层和阳离子八面体层连接方式

（a）1∶1 型结构；（b）2∶1 型结构；（c）2∶1∶1 型结构

个晶体结构中，这两层有规律地相间交替叠置。

在层状硅酸盐的结构中，如果结构单元层内部的电荷已达平衡，则层间电荷为零，层间不含其他阳离子，如高岭石（高岭石结构和结构简图见图 2-21），但可能有中性的水分子层存在，如埃洛石。如果层间存在阳离子的异价类质同晶置换，则结构单元层内部电荷不平衡，层间就有无水或水化的阳离子存在，以使电荷平衡，前者如云母，后者如蒙脱石、蛭石等。一些黏土矿物之所以具有吸附性、膨胀性和阳离子交换能力，就是因为这个。层状硅酸盐常呈片状、板状晶形。

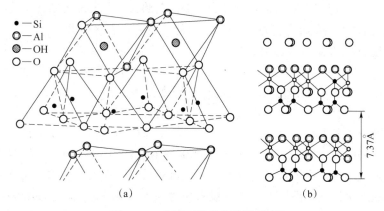

图 2-21　高岭石结构和结构简图

（a）结构；（b）结构简图

不同层状结构类型的黏土矿物，其（001）面的面间距d_{001}也不同。所以，在制备X射线衍射分析试样时，应使其形成尽可能强烈的择优取向，使衍射时产生一系列（001）型的衍射线，这对鉴别不同类型的黏土矿物是有利的。

（2）高岭石与埃洛石的判别。

高岭石属1∶1型层状结构，层间无阳离子的类质同晶取代现象，故层电荷为零。两层面之间组成不同，一面全是氧，另一面全是氢和氧，层与层之间由氢键联结堆叠。在衍射图上，高岭石的特征峰为$d_{001}=7.15$ Å，$d_{002}=3.56\sim3.58$ Å，$d_{003}=2.38$ Å，衍射峰呈尖锐而对称的形状。

埃洛石含有层间水，因此它的$d_{001}=10.1$ Å，但在低温（80~110 ℃）下烘干后，它的$d_{001}=7.2$ Å，和高岭石的d_{001}相似。但埃洛石能吸附甘油或己二醇分子，从而使d_{001}膨胀到11 Å，而且衍射峰较宽，以此可与高岭石加以区分。

（3）高岭石与绿泥石的判别。

高岭石的$d_{001}=7.15$ Å和$d_{002}=3.58$ Å衍射线很容易分别与绿泥石的$d_{002}=7.15$ Å和$d_{004}=3.53$ Å重合，尤其是与含铁较多的绿泥石更易混淆。这种绿泥石的14.2 Å和4.7 Å的衍射峰较弱，而7.1 Å和3.53 Å的衍射峰较强。使用以下几种方法，可将它们区分开。

①大多数镁绿泥石和含铁低的绿泥石具有一系列清晰的衍射峰：$d_{001}=14.2$ Å，$d_{002}=7.1$ Å，$d_{003}=4.7$ Å，$d_{004}=3.53$ Å。因此，只要有这四个较强的衍射峰出现，就可以确定绿泥石的存在。

②在已确定含绿泥石的试样中，要知道是否还有高岭石存在，可以将试样加热至80 ℃，恒温1 h。因为绿泥石易于在热盐酸中溶解，所以经热盐酸处理过的试样再进行X射线衍射分析，若14.2 Å和4.7 Å的衍射峰消失，而7.1 Å和3.53 Å的衍射峰仍然存在，则说明试样中除绿泥石外还含有高岭石。

③将制备好的定向薄膜试样加热到600 ℃，恒温2 h处理后，再进行X射线衍射分析。这时因高岭石的晶体结构已遭破坏，故7.1 Å和3.53 Å的衍射峰消失，而绿泥石的14.2 Å衍射峰稍微移向高角度方向，变为13.8 Å，其他衍射峰也大大减弱，甚至消失。

（4）蒙脱石、绿泥石和蛭石的判别。

若试样未经处理，这三种矿物的衍射图都可能出现$d_{001}=14.2$ Å左右的衍射峰。若三种矿物同时存在，则衍射峰的叠加使该峰成为弥散的峰。若将试样经镁甘油饱和，蒙脱石d_{001}可增大至18 Å左右，绿泥石和蛭石的d_{001}值不变。若将试样加热至600 ℃，蒙脱石和蛭石的d_{001}变为10 Å，而绿泥石的d_{001}变为13.8 Å。由此，可将三者区分开。

（5）高强度石膏的X射线衍射分析。

天然石膏（$CaSO_4 \cdot 2H_2O$）的水分子沿（010）面分布于双层结构之间，其间只有微弱的范德华力相互联系，故（010）面完全解理，硬度仅为1.5~2，强度极低，只有经过工业处理成高强度石膏之后，才能用作建筑材料。

天然石膏属于单斜晶系，$a_0=5.68$，$b_0=15.18$，$c_0=6.29$，$\beta=13°50'$。特征峰d（Å）值为7.609，4.283，3.601，3.066，2.893，2.682，2.219，1.674（见图2-22），在扫描电子显微镜下呈细粒状或板条状。将天然石膏经过蒸养处理，可获得高强度石膏。将天然石膏的原矿破碎为30~80 mm的碎块，置于高压容器内，设置压力为54 000 Pa，温度为150~190 ℃，注入水蒸气进行4~14 h的蒸养处理后，干燥至外在水少于1%时磨细，粒度过80~120目筛。经上述处理后，可获得强度满足工业要求，相当于500号水泥强度的高强度石膏。

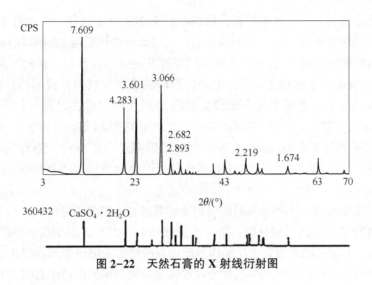

图 2-22　天然石膏的 X 射线衍射图

3）功能陶瓷材料物相鉴定

（1）功能材料钛酸铅高温相变的 X 射线分析。

钛酸铅与钛酸钡相似，也是一种稳定的钙钛矿型铁电功能材料。我国在 20 世纪 70 年代研制成功钛酸铅滤波器，并用于制造洲际导弹。近年来，国内外对钛酸铅基材料的掺杂、改性及应用研究取得了很大进展。利用高功率转靶 X 射线衍射仪及其配置的原位高温装置，可对钛酸铅不同温度下的相变点及钛酸铅相变后的高温结构参数进行测定。

（2）固溶体与机械混合物的判断。

固溶体是在固态条件下，一种组分内"溶解"了其他组分，从而形成的单一、均匀的晶态固体。因此，各组分在形成固溶体时，是以原子的尺度"溶入"主晶相之中，固溶体的结构基本保持了主晶相的结构。机械混合物是由各组分以颗粒的形式互相混合而成，因此，机械混合物中各组分仍然保持本身的结构与性能。它们不是均匀的单相，而是两相或多相。利用 X 射线衍射分析，可以由实测衍射图中衍射峰的形状迅速对固溶体或机械混合物做出判断。

对于不同类型固溶体中置换离子、填隙离子或离子空位所处的位置，可由离子性质、结构特点及鲍林规则获取信息。例如，离子晶体中正负离子电价平衡，正离子应为负离子所包围，但最终必须根据衍射强度来确定离子的位置。

（3）陶瓷电容器材料中微量物相的鉴定。

（Sr，Ca）TiO_3 基陶瓷是一种具有优良介电性能的，新型高频热补偿多层片式陶瓷电容器材料，具有很高的介电常数和较好的负温特性。为了研究材料的结构对介电性能影响机理，首先必须对材料系统做出准确的物相鉴定。

4）纳米材料物相鉴定

纳米材料就是材料的组成部分中至少有一相的晶粒尺寸小于 100 nm 的材料。纳米材料之所以在近年来受到世界各国多方面的广泛关注，其根本原因是人们在研究中发现，纳米材料存在小尺寸效应、表面界面效应、量子尺寸效应及量子隧道效应等基本特性，这些特性使得纳米材料有着传统材料无法比拟的独特性能和极大的潜在应用价值。随着纳米材料的高速发展，X 射线衍射也在纳米材料的研究中发挥着重要作用。

（1）纳米材料热处理条件的确定。

在纳米材料的合成中，由于合成条件（如温度、时间等）的不同，合成产物的结构也不同。

利用非晶态配合物法合成纳米材料，可以在低于正常合成温度 400~500 ℃的条件下合成具有钙钛矿结构的纳米材料。利用 X 射线衍射，可以研究焙烧温度和时间对 LaCoO₃ 钙钛矿纳米材料物相结构的影响。图 2-23 所示为在不同温度下煅烧 21 h 所得试样的 X 射线衍射图。

当前驱体在 500 ℃下煅烧 2 h 后，发现衍射峰的强度比较弱，说明结晶状况还不完善；在 600 ℃下煅烧 2 h 后，出现了几个比较尖锐的 X 射线衍射峰，通过与标准谱图（PDF 卡片）对比，这些峰全部与 LaCoO₃ 钙钛矿吻合。说明利用非晶态配合物法，可以在 600 ℃下生成具有纯钙钛矿相的 LaCoO₃ 晶体。从 X 射线衍射图还可以看出，随着焙烧温度的升高，衍射峰强度明显增强，并且有些峰出现分裂现象，说明随着煅烧温度的升高，LaCoO₃ 钙钛矿晶相结构更完善。

为研究同一煅烧温度、不同保温时间对粉体结晶状态的影响，对在 600 ℃下煅烧、保温时间不同的试样进行了 X 射线衍射分析，所得 X 射线衍射图如图 2-24 所示。由图可见，前驱体在 600 ℃下煅烧 1 h 就已经形成钙钛矿结构，但仍有微量的无定形中间体存在。随着保温时间的增加，该杂峰消失，钙钛矿结构的衍射峰随着保温时间的增加而稍变尖锐，并没有大的明显变化。由上述可知，在 LaCoO₃ 的合成中，煅烧温度对结晶状态的影响明显大于保温时间。

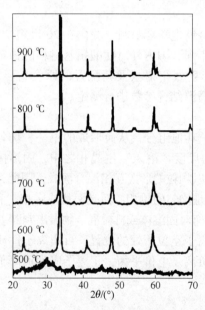

图 2-23　在不同温度下煅烧 21 h
所得试样的 X 射线衍射图

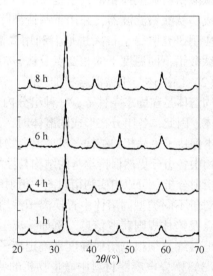

图 2-24　在 600 ℃下煅烧、保温时间不同
所得试样的 X 射线衍射图

（2）纳米薄膜材料物相分析。

FeN 薄膜具有较高的饱和磁化强度，但在退火温度高于 400 ℃时，其软磁性急剧下降。为改善此不足，可掺入 Ti 形成 FeTiN 纳米薄膜，获得既具有较高饱和磁化强度，又具有良好的软磁性和热稳定性。FeTiN 纳米薄膜用对向靶溅射仪制备，靶材用高纯铁靶和钛靶，工作气体用高纯氮气和氩气，基片用 Si（100），得到膜厚为 45~50 nm 的 FeTiN 薄膜。可以用 X 射线衍射分析来研究不同 Ti 含量的 Fe-TiN 纳米薄膜相成分的变化。

下面以对 TiO₂ 薄膜的掺杂可以大幅度提高光催化剂的活性为例进行说明。在单晶硅基片上制备 TiO₂ 薄膜，并进行 Pd 和 Pt 的掺杂，图 2-25 所示为其 X 射线衍射图。对照 TiO₂ 标准 X

射线衍射图，在 25.3°和 47.9°出现的两个峰可归属于锐钛矿型 TiO_2 的特征峰，28.5°的宽峰则是基底 Si 的谱线。这说明在 TiO_2 薄膜中，TiO_2 均以锐钛矿型晶相结构存在。对 TiO_2 薄膜进行 Pd 和 Pt 掺杂后，X 射线衍射峰无明显变化，说明掺杂对 TiO_2 薄膜的锐钛矿型晶相结构没有影响，同时也没有发现掺杂剂的衍射峰，说明掺杂剂在薄膜中以高分散态存在。

（3）纳米薄膜材料物相和晶粒度分析。

下面以磁控溅射制备 AlN 薄膜为例进行说明，用不同的基片，研究薄膜与基片材料之间的关系。用 D/MAX-RA 型转靶 X 射线衍射仪分析试样，不同基片上 AlN 薄膜的 X 射线衍射图如图 2-26 所示。由图可见，所有试样均在 $2\theta=32.2°$ 附近出现 AlN 衍射峰。但在不同基片上，AlN 薄膜的衍射峰强度和半高宽并不同。

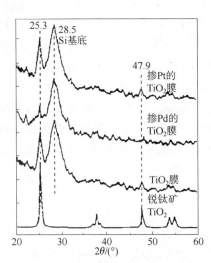

图 2-25　TiO_2 薄膜的 X 射线衍射图

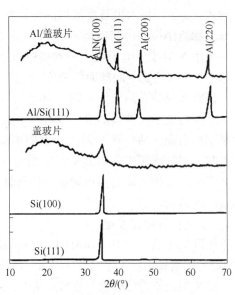

图 2-26　不同基片上 AlN 薄膜的 X 射线衍射图

（4）纳米材料相变分析。

TiO_2 在电子陶瓷、催化剂、高级涂料、化妆品等领域有着广泛的用途。在 TiO_2 的制备过程中，由于热处理条件的不同，可得到不同相态的 TiO_2。煅烧温度对粉体的相结构有明显影响。可以利用 $TiCl_4$ 水溶液的控制水解制备锐钛矿相纳米 TiO_2，图 2-27 所示为所制备 TiO_2 粉体的 X 射线衍射图。结果表明，用这种方法所得的粉体在常温下即有锐钛矿相存在，在 400 ℃下煅烧 2 h，发现衍射峰变锐，但仍然为锐钛矿相结构，在 650 ℃下保温 2 h 得到的粉体仍是锐钛矿相而没有出现金红石相，在 700 ℃下保温 2 h 的粉体部分相变为金红石相，在 800 ℃以上时则以金红石相为主。

5）非晶态物相鉴定

非晶态包括玻璃、沥青、塑料、松香、凝胶、非晶态半导体等物质。非晶态结构是长程无序、短程有序的，其衍射图由一个或两个弥散峰组成。X 射线衍射分析在非晶态中的应用主要是进行析晶情况的研究、晶相

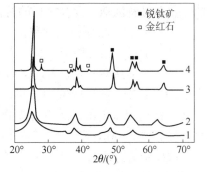

1—400 ℃；2—650 ℃；3—700 ℃；4—800 ℃。

图 2-27　TiO_2 粉体的 X 射线衍射图

的鉴定等。

非晶态中相邻分子或原子间的平均间距可由其衍射图中弥散峰的峰位近似求得，即由非晶衍射的准布拉格方程给出：

$$2d\sin\theta = 1.23\lambda \qquad (2-8)$$

非晶态短程有序区间 r_s 由其弥散峰的半高宽近似获得，即近似用谢乐（Schrrer）公式求出：

$$r_s = \frac{0.89\lambda}{\beta\cos\dfrac{\theta_\beta}{2}} \qquad (2-9)$$

式中：θ_β、β——弥散峰的峰位和半高宽。

用式（2-9）可求出石英玻璃的短程有序范围约为 13 Å。

非晶物质结构的研究需借助径向分布函数（Radial Distribution Function，RDF）进行分析。一般用 X 射线、电子或中子测得的散射强度求出 RDF。RDF 是以某原子为中心，用球面坐标表示距中心为 r 的球面的密度 $\rho(r)$ 分布。近年来，还流行用 X 射线吸收精细结构分析技术研究非晶物质的结构。以下简要介绍有关非晶物质的析晶方面的研究实例。

当玻璃组成不在玻璃形成区范围内，或将原始玻璃进行热处理时，均可出现析晶现象。如果玻璃中出现析晶，则 X 射线衍射图中晶相明锐的衍射峰、玻璃相的弥散峰和背底将叠加在一起。对玻璃析出晶相的鉴定可用与 X 射线物相鉴定相同的方法进行。玻璃中晶相含量的测定利用晶相和非晶相衍射强度进行计算，非晶相衍射强度与其含量呈正比关系，也受基体效应的影响。

6）金属材料物相鉴定

下面以 Ti60 合金（Ti-5.6Al-4.8Sn-0.2Zr~1.0Mo-0.85Nd-0.34Si）在 620 ℃、720 ℃ 和 800 ℃ 时的连续氧化行为为例进行说明。用扫描电子显微镜观察形貌，X 射线衍射分析相成分变化，用 X 射线能谱分析成分分布。其中，X 射线衍射图如图 2-28 所示。由图 2-28（a）可知，Ti60 合金在 620 ℃ 下氧化后，除了基体物相外，还有 Ti、Ti_3Sn 和 TiO_2，其中 TiO_2 的衍射峰较弱，说明表面金属间化合物对合金的抗氧化性能有益，因为 TiO_2 对钛合金的抗氧化不利。由图 2-28（b）可知，720 ℃ 时试样表面由 Ti、Ti_3Sn、TiO_2 和 $Al_4Ti_2SiO_{12}$ 组成。比较两图可知，随着氧化温度提高，Ti_3Sn 含量降低，TiO_2 含量增加，氧化较严重。

7）复合材料物相鉴定

复合材料是具有复合效应的多相固体材料，其性能优于组成它的各单一组分材料的性能。复合材料区别于混合材料的特征在于其多相性和复合效应。

（1）碳酸钙晶须相成分和含量分析。

晶须是指直径几微米、长几十微米的单晶纤维材料，是具有优良力学性能的增强材料。碳酸钙有三种晶型：方解石、文石和球霞石。碳酸钙晶须的制备方法是：将煅烧后的方解石型 $CaCO_3$ 置于 $MgCl_2$ 溶液中，将此悬浮液搅拌并加热至不同温度，通入 CO_2 进行碳酸化。用 X 射线衍射鉴定不同反应阶段的产物及获得晶须含量，用扫描电子显微镜观察晶须形貌。

（2）SiO_2-AlN-Si_3N_4 复合材料物相分析。

试样制备方法为：以 SiO_2 石英砂为基质，加入用自蔓延法制备的 AlN 粉和 Si_3N_4 粉，按两种配比于 1 350 ℃ 热压烧结。

8）物相定量分析

热压烧结赛伦陶瓷物相定量分析。赛伦陶瓷是一种氮化硅基的性能优良的高温结构材

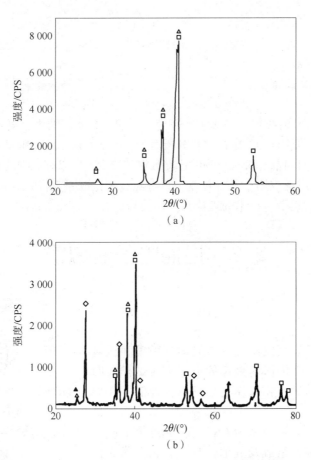

图 2-28　Ti60 合金连续氧化行为的 X 射线衍射图

（a）620 ℃；（b）720 ℃

料，源于英国 Lucas 公司商品名为 Syalon（成分为 77% Si₃N₄，13% Al₂O₃，10% Y₂O₃）的陶瓷刀具。氮化硅基刀具适用于加工铸铁、淬火钢、镍基高温合金和钛合金等，可以进行断续切削和铣削。近年来，国内外学者在赛伦陶瓷研究方面做了大量工作。为了对热压烧结赛伦陶瓷（Si₃N₄–Al₂O₃–AlN 三元系统）中物相 Si₃N₄、Al₂O₃、AlN 等进行定量分析，考虑到待测物相中含有 Al₂O₃，所以选用 ZnO 为标准物，可采用任意 K 值法或内标法进行分析。

2. 粉末晶体结构分析

粉末晶体结构分析的主要步骤是将粉末衍射强度的理论计算值与实验值之间进行拟合。为了获得衍射强度的理论计算值，需要进行以下几方面的工作：定性相分析，点阵类型确定，衍射线指标化，空间群确定，点阵参数确定，化学式确定，晶胞结构的初步推断，并用衍射强度计算来最终确定晶胞结构。

3. 晶粒度的测定

利用 X 射线衍射线的强度数据，可以测定粉晶中平均晶粒的大小，方法主要是谱线宽化法。当晶粒直径小于 200 nm 时，衍射峰开始变宽，晶粒越小，谱线越宽。直到晶粒小到几纳米时，衍射线因过宽而消失在背底之中。晶粒度可由谢乐公式求得，该方程反映了晶粒大小和衍射线宽化之间的定量关系：

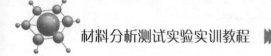
$$D = \frac{0.9\lambda}{B\cos\theta}$$ (2-10)

式中：D——晶粒直径；

B——衍射峰半高宽；

θ——布拉格角。

以上简单介绍了 X 射线衍射在水泥、陶瓷、玻璃、金属、纳米、复合材料等材料研究方面的应用实例。对有机化合物的定性物相分析而言，由于有机物的晶胞尺寸大且对称性低，因此衍射花样很复杂，且目前有关有机物的标准数据还较少，所以有机物的物相鉴定工作相对困难。X 射线衍射技术广泛应用于各行各业，只有经过理论联系实际的反复学习和实践，才能真正理解和掌握 X 射线衍射技术的理论和应用技巧。

2.2 扫描电子显微镜

2.2.1 原理

扫描电子显微镜放大成像过程与光学显微镜和透射电子显微镜不同，它由镜体内聚焦的电子束对试样表面进行逐点扫描，并与试样相互作用激发出各种信号（如二次电子），这些信号通过后续的同步检测、放大后，最终在设于镜体外的显像管（多为 CRT）荧光屏上形成一幅反映试样表面形貌、组成及其他信息的扫描图像。扫描电子显微镜成像过程与电视设备成像过程相似，但形成一幅图像的时间要比电视图像长得多，一般为 5~50 s。图 2-29 所示为扫描电子显微镜成像原理示意。

扫描电子像的衬度（如二次电子像衬度）由入射电子束从试样表层不同微区激发的二次电子数目决定，而被激发的二次电子数量的多少主要与试样表面的凹凸程度有关，故二次电子像衬度主要反映试样表面的形貌特征。在显像管上显示的扫描图像，可用一般照相机或极化底片相机拍照。

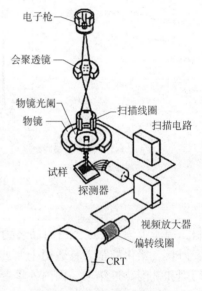

图 2-29 扫描电子显微镜
成像原理示意

2.2.2 设备结构

扫描电子显微镜是由电子光学系统（镜筒）、信号收集和显示系统、真空系统和电源系统等部分组成。主要部分简介如下。

1. 电子光学系统

电子光学系统包括电子枪、电磁透镜、扫描系统和试样室等部分，它的作用与透射电子显微镜的电子光学系统不一样，不仅用来获得扫描电子束，还作为使试样产生各种分析信号的激发源。为了获得较高的信息强度和扫描像分辨率，扫描电子束应有较高的亮度和尽可能小的束斑直径。

1）电子枪

电子枪的作用就是产生连续不断的稳定的电子流，其结构示意如图 2-30 所示。用于扫描电子显微镜的电子枪有热发射和场发射两种，其结构与透射电子显微镜的电子枪基本相同。

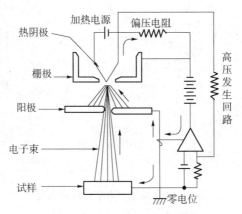

图 2-30　电子枪结构示意

热发射电子枪由发射热电子的阴极（灯丝）、会聚发射电子的控制栅极和加速会聚电子的阳极构成。仪器工作时，阳极处于零电位，阴极相对于阳极为负电位（阳极与阴极之间的电位差通常为加速电压），栅极电位比阴极电位还要低。在三个电极形成的复合电场作用下，电子束被拉向阳极，并在栅极和阳极之间形成一个截面直径为 20~40 μm 的交叉斑。在扫描电子显微镜中，把该交叉斑视为实际的电子源。斑点直径越小，越有利于提高仪器的分辨能力。由于钨丝阴极发射率较低，当经三个聚光镜聚光后，照射到试样表面的束流强度为 10^{-13}~10^{-11} A 时，扫描电子束最小直径才能达到 5~7 nm。由此可见，要尽可能减小扫描电子束斑直径，只有在确保适当的扫描电子束流强度的前提下才有实际意义。近年来，硼化镧单晶阴极电子枪获得了更加广泛的应用，它比钨阴极发射率高，有效发射截面直径可以达到 20 μm，比钨丝阴极要小得多。可以预见，它将会逐步取代钨阴极电子枪。但硼化镧灯丝在工作温度下易与其金属支持物发生强烈的化学反应，因此选择一个合适的阴极加热支持物和适当的加热方法，是目前在技术上尚待进一步解决的问题。

场发射电子枪是由尖端曲率半径为几百埃米的钨单晶阴极、第一阳极和第二阳极构成，其结构示意如图 2-31 所示。工作时，在阴极与第一阳极之间加一定的电压，结果在曲率半径很小的阴极表面将产生很强的电场，在强电场的作用下，电子从阴极发射出来，并在第二阳极作用下加速。场发射电子枪的亮度比热发射电子枪大 100~1 000 倍，电子源尺寸可达 3 nm 或更小，使用寿命也大大延长。采用这种电子枪，可大大提高扫描电子显微镜的分辨能力。

2）电磁透镜

扫描电子显微镜中各电磁透镜都不作为成像透镜，而是作为聚光镜使用，它们的功能只是把电子枪的束斑逐级缩小，使原来直径约为 50 μm 的束斑缩小成一个直径只有数纳米的细小斑点。要达到这样的缩小倍数，必须用几个透镜来完成。扫描电子光学系统一般有三个聚光镜，前两个是强磁透镜，可把电子束斑缩小；第三个是弱磁透镜，具有较长的焦距，它采用上下极靴不同孔径不对称的磁透镜，这样可以大大减小下极靴的圆孔直径，从而减少试样表面的磁

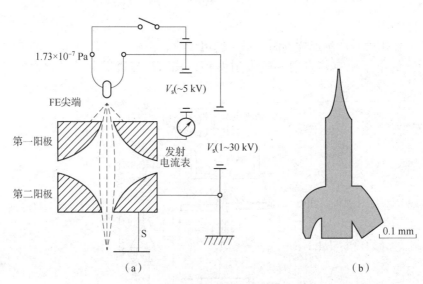

图 2-31　场发射电子枪结构示意
（a）电子枪的结构；（b）FE 尖端

场，避免磁场对二次电子轨迹的干扰，不影响对二次电子的收集。另外，布置这个末级透镜（习惯上称之为物镜）时，要在中间留一定的空间，用来容纳扫描线圈和消像散器。

3）扫描系统

以扫描线圈为核心的扫描系统的作用是提供入射电子束在试样表面上以及阴极射线管电子束在荧光屏上的同步扫描信号，改变入射电子束在试样表面扫描的振幅，以获得所需放大倍率的扫描像。

4）试样室

试样室主要部件之一是试样台。它除了能进行三维空间的移动外，还能倾斜和转动。试样台移动范围一般可达 40 nm，倾斜范围至少为 ±50°，可 360° 转动。不同厂家、不同型号的电子显微镜，其性能指标略有差异。试样台还可带有多种附件，如加热台、低温台、拉伸台等。

2. 信号收集和显示系统

二次电子、背散射电子和透射电子都可采用闪烁计数器来进行信号收集并检测。信号电子进入闪烁体后即引起电离，当离子和自由电子复合后，就产生可见光，可见光信号通过光导管送入光电倍增器，光信号放大，转换成电信号输出，电流信号经视频放大器放大后，就成为调制信号。闪烁计数器工作示意如图 2-32 所示，它是用于接收信号的计数装置，属于电子探测器中的一种。如前所述，由于镜筒中的电子束和显像管中的电子束是同步扫描的，而荧光屏上每一点的亮度是根据试样上被激发出来的信号强度来调制的，因此试样上各点的状态各不相同，收到的信号也不相同，于是就可以在显像管上看到一幅反映试样各点状态的扫描电子显微图像。

3. 真空系统和电源系统

真空系统的作用是保证电子光学系统正常工作，防止试样污染。一般情况下，要求保持 $1.33 \times 10^{-2} \sim 1.33 \times 10^{-3}$ Pa 的真空度。电源系统由稳压、稳流以及相应的安全保护电路组成，其作用是提供扫描电子显微镜各部分所需的电源。

扫描电子显微镜的性能指标包括分辨能力、放大倍数、景深、高压及物镜电流稳定度等。仪器验收过程中，厂家将对有关性能逐个检测。对使用者来讲，为了使仪器经常保持稳

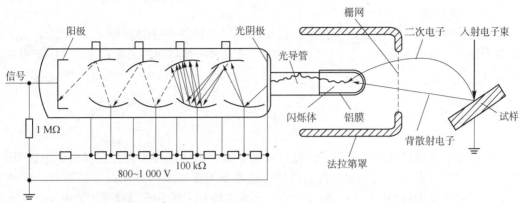

图 2-32　闪烁计数器工作示意

定的高性能状态，必须定期进行维护（如清洗镜筒、更换光阑），并检查仪器的主要性能。下面介绍其中的主要性能。

1）分辨能力

分辨能力是扫描电子显微镜的主要性能之一。分辨能力是显微镜能够清楚地分辨物体上最小细节的能力，通常以能够清楚地分辨客观存在的两点或两个细节之间的最短距离（即分辨率）来表示。实际获得的扫描电子显微镜分辨能力，因信号种类不同差异很大。就算是同种信号，因电子检类型和所用试样不同，甚至工作条件不同，其测定的分辨能力也不同。因为图像分析时二次电子信号的分辨率最高，所以扫描电子显微镜的分辨率用二次电子像的分辨率来表示。在其他条件相同的情况下，电子束的束斑大小、检测部位的原子序数（用 Z 表示）是影响扫描电子显微镜分辨率的主要因素。日前，扫描电子显微镜二次电子像分辨率已达到 4~6 nm，如 TOPCON 公司的 OSM-720 型扫描电子显微镜分辨率为 0.9 nm。

2）放大倍数

扫描电子显微镜的放大倍数 M，定义为像与物大小之比，即显像管中的电子束在荧光屏上最大扫描距离和在镜筒中的电子束在试样中最大扫描距离之比。例如，显像管荧光屏边长为 100 mm，入射电子束在试样上扫描宽度为 10 μm，则放大倍数为

$$M = \frac{100 \text{ mm}}{10 \text{ μm}} = 10\ 000 \tag{2-11}$$

因显像管荧光屏尺寸一定，只要改变电子束在试样表面的扫描宽度（这通过调节扫描线圈上的电流来改变），就可几倍、十几倍甚至十几万倍地连续改变图像放大倍数。放大倍数范围宽是扫描电子显微镜的一个突出优点，低倍数可用于选择视场，观察试样全貌，高倍数下则观察微区表面形貌的精细结构。

3）景深

景深是指在保持像清晰度的前提下，试样在物平面上下沿镜轴可移动的距离。也可以认为是试样超越物平面所允许的厚度。景深大小直接关系到能否对试样进行立体观察。扫描电子显微镜的景深表达式为

$$F_f \approx \frac{d_0}{\beta} \tag{2-12}$$

式中：d_0——扫描电子显微镜的分辨率；

F_f——景深；

β——孔径角。

扫描电子显微镜的物镜采用小孔径、长焦距，所以扫描电子显微镜的景深比较大（在扫描电子显微分析中不用考虑这个参数的影响），成像富有立体感，因此它特别适用于粗糙试样表面的观察。

2.2.3　功能

扫描电子显微镜以其高的分辨率，良好的景深及简易的操作等优势在材料学、物理学、化学、生物学、考古学、地矿学、食品科学、微电子工业以及刑事侦查等领域有广泛的应用。它可以对组织进行形貌分析、断口分析、元素定性和定量分析以及晶体结构分析，下面介绍扫描电子显微镜在各领域的具体应用。

1. 材料学

1）纳米材料

通过扫描电子显微镜可直接观察纳米材料的结构，颗粒尺寸、分布、均匀度及团聚情况，结合能谱，还能对纳米材料的微区成分进行分析，确定纳米材料的组成。图 2-33 所示为利用扫描电子显微镜观察到的各种纳米材料。

图 2-33　各种纳米材料的扫描电子显微镜图
（a）金纳米棒；（b）MnO_2 纳米线；（c）TiO_2 纳米管；（d）SiO_2 纳米球

纳米材料的性质与其组成和表面形貌有很大关系，利用扫描电子显微镜分析纳米材料，可建立起纳米材料种类、微观形貌与宏观性质之间的联系，对于改进合成条件，制备出具有优异性能的纳米材料有很重要的指导意义。

（1）通过改变阴离子和阳离子表面活性剂的比例，制备了多种形貌的 SnO_2 纳米材料。利用扫描电子显微镜观察其微观形貌，建立起了 SnO_2 纳米材料与其气体传感性能之间的联系。

（2）通过水热合成法，制备了多级梳状的 ZnO 纳米材料。利用扫描电子显微镜观察不同 OH^- 浓度下制备的 ZnO 纳米材料结构的变化，建立起了多级梳状 ZnO 纳米材料的生长机理。

（3）通过化学气相沉积法，制备了碳纳米管/Al_2O_3 杂化结构。利用扫描电子显微镜观察发现在给定的温度和 H_2 比例下，制备的碳纳米管的尺度、密度、生长速度，以及杂化结构随着反应腔的轴向而发生变化，以此建立的数值模拟与实验结果很好地吻合，对于指导合成多种碳纳米管结节具有重要的意义。

2）高分子材料

利用扫描电子显微镜可直接观察高分子材料（如均聚物、共聚物及共混物）的粒、块、纤维、膜片及其制品的微观形貌，粉体颗粒及纤维等增强材料在母体中的分散情况。图 2-34 所示为利用扫描电子显微镜观察到的高分子滤膜表面的晶片结构及孔洞分布情况。利用扫描电子显微镜还能观察高分子材料在老化、疲劳、拉伸及扭转等情形下断口断裂和扩散的情况，为分析断裂的起因、断裂方式及机理提供帮助。

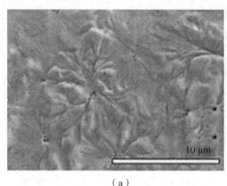
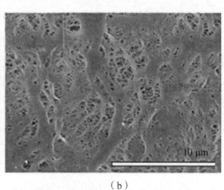

（a）　　　　　　　　　　　　（b）

图 2-34　高分子滤膜表面的扫描电子显微镜图

（a）晶片结构；（b）孔洞分布情况

（1）利用扫描电子显微镜对聚烯烃消光膜表面的织态结构和本体形貌进行观察，可以指导对消光膜表面织态结构的不均匀性的调控，得到高质量的聚烯烃消光膜。

（2）文献中利用扫描电子显微镜对聚乙烯（PE）、丙烯腈-丁二烯-苯乙烯共聚物（ABS）等高分子材料填料的分散性及表面与断裂界面进行了研究，从而对研究该材料的结构和性能提供了有力的支持。

3）金属材料

（1）利用扫描电子显微镜可对金属材料的显微组织（如马氏体、奥氏体、珠光体、铁素体等）进行显微结构及立体形态的分析。图 2-35（a）所示为金属陶瓷的扫描电子显微镜图。

（2）利用扫描电子显微镜可对金属材料表面的磨损、腐蚀以及形变（如多晶位错和滑移等）进行分析；对金属材料断口形貌进行观察，揭示断裂机理（解理断裂，准解理断裂，制性断裂，沿晶断裂，疲劳断裂）；对钢铁产品质量和缺陷分析（如气泡，显微裂纹及显微缩孔）。图 2-35（b）所示为不锈钢断口的扫描电子显微镜图。文献中利用扫描电子显微镜对 3 种不同 WC（碳化钨）粒度的硬质合金的表层以及无梯度的合金芯部微观形貌、硬质合金非梯度的合金芯部以及硬质合金梯度表层的断口形貌进行了分析，结合 X 射线衍射和硬度计研究了 WC 粒度对梯度硬质合金组织和性能的影响，以及不同 WC 粒度梯度硬质合金的断裂方式。

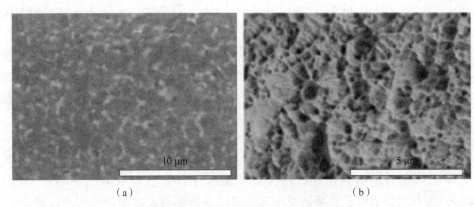

图 2-35　金属材料的扫描电子显微镜图

（a）金属陶瓷；（b）不锈钢断口

（3）利用扫描电子显微镜结合能谱可以测定金属及合金中各种元素的偏析，对金属间化合物相、碳化物相、氮化物相及铌化物相等进行观察和成分鉴定；对钢铁组织中晶界处夹杂物或第二相进行观察和成分鉴定；对零部件进行失效分析（如畸变失效、断裂失效、磨损失效和腐蚀失效），并对失效件表面的析出物和腐蚀产物进行鉴别。此外，对于抛光后的金属试样，利用扫描电子显微镜结合电子背散射衍射（Electron Backscattering Diffraction，EBSD）技术，可进一步对晶体结构进行解析。

4）陶瓷材料

利用扫描电子显微镜可对陶瓷材料的原料、成品的显微结构及缺陷等进行分析，观察陶瓷材料中的晶相、晶体大小、杂质、气孔及孔隙分布情况、晶粒的取向以及晶粒的均匀度等。图 2-36 所示为 YAG 陶瓷和生物陶瓷的扫描电子显微镜图。利用该图，可对陶瓷表面的晶粒尺度进行统计，观察晶粒均匀程度以及气孔分布情况。

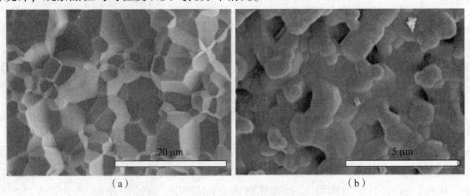

图 2-36　陶瓷材料的扫描电子显微镜图

（a）YAG 陶瓷；（b）生物陶瓷

（1）通过简单的制粉技术和真空烧结工艺制备了 Mn：$MgAl_2O_4$ 透明陶瓷，利用扫描电子显微镜可以观察未掺杂及掺杂不同浓度的 Mn^{2+} 的 Mn：$MgAl_2O_4$ 陶瓷的结晶完整度、晶粒尺度、晶内气孔及晶界宽度等情况，发现获得较好光学透过率的 Mn：$MgAl_2O_4$ 陶瓷的最高掺杂浓度为 10 at%（原子百分含量）。

（2）利用扫描电子显微镜可以对氧化铝基和莫来石基的高温氧化物陶瓷材料的表面、断面形貌以及陶瓷材料中各相物质相互应力作用进行分析，为研究复相陶瓷材料的相变机理及复合机理提供科学依据。

5）生物材料

利用扫描电子显微镜可以观察生物活性钛材料和生物陶瓷材料，以及这些材料经过特殊处理后的表面形貌和羟基磷灰石或细胞在这些材料表面的生长情况。此外，扫描电子显微镜还能用于观察水凝胶的孔洞结构、胶原的纤维结构、人工骨的孔分布情况，以及磁性生物显影材料的尺度及包覆情况等，为改善合成工艺，制备性能优异的生物材料提供依据。图 2-37 所示为钛片经不同方法处理后，在其表面生长的羟基磷灰石的扫描电子显微镜图。

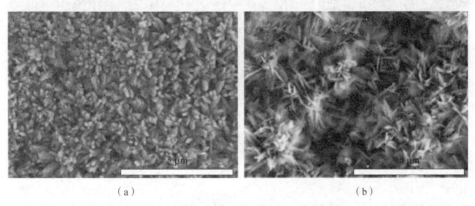

（a）　　　　　　　　　　　（b）

图 2-37　羟基磷灰石的扫描电子显微镜图
（a）棒状羟基磷灰石；（b）片状羟基磷灰石

（1）利于扫描电子显微镜可以研究酸碱、碱热和阳极氧化处理后的生物活性钛材料。利用扫描电子显微镜观察材料的表面形貌以及金黄色葡萄球菌和大肠杆菌在材料表面的形态和黏附情况，可以研究细菌的黏附和增殖与材料表面形貌的关系，并挑选出有较好的抑菌性能的生物活性钛材料。

（2）利用涂胶技术结合微球烧结和气体发泡方法分别制备羟基磷灰石、双相磷酸钙和磷酸钙生物陶瓷材料，然后利用扫描电子显微镜分别观察这三种材料的表面形貌、颗粒尺寸和孔分布，并进一步观察浸泡模拟体液后类骨磷灰石的生长情况，以及骨髓间充质干细胞在这三种材料表面的生长情况，为研究这三种材料的表面性质、生物相容性和生物活性提供了直接的依据。

2. 物理学

通过对材料表面进行处理（如沉积不同成分、形貌和厚度的膜层，对表面进行光刻蚀等）能有效改善材料的硬度、光学等物理性能。利用扫描电子显微镜，可以观察镀膜的表面形貌、断口膜层的形貌以及测量膜厚，还可以观察试样经光刻蚀后的表面形貌等。图 2-38 所示为硅表面生长的 TiN 薄膜断面、光刻胶表面的聚苯乙烯微球和硅基底上的光纳米阵列的扫描电子显微镜图。

（1）利用扫描电子显微镜观察 CdS/CdTe 断面，结合光谱结果，可以分析氧对 CdS/CdTe 界面互扩散的影响，结果表明 CdS 薄膜制备气体中氧分压的变化将影响器件在 500～600 nm 波长范围内的光谱响应。

（2）利用胶体聚苯乙烯微球自组装、反应离子刻蚀、金属沉积以及随后的剥离工艺相结合的方法，可以制备纳米金属孔的滤色镜。利用扫描电子显微镜观察和测量刻蚀后的 PS 球的周期和尺寸，以及在银膜上制备的纳米孔阵列的周期和尺寸，为研究孔和周期尺寸与透射光谱之间的关系提供了方便。

（3）利用反应气体脉冲溅射制备 TiN 薄膜，通过周期性地改变 N_2/Ar 混合气体的比例制备的 TiN 薄膜在扫描电子显微镜下观察为 Ti 相和 TiN 相构成的多层及复合分级结构，且 Ti 相比 TiN 相的厚度可通过控制 N_2 气氛流速的波动来有效调节，为控制薄膜的显微结构提供了理论及技术支撑。

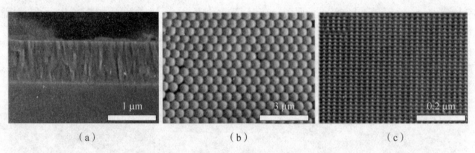

（a）　　　　　　　　　　（b）　　　　　　　　　　（c）

图 2-38　不同材料的扫描电子显微镜图

（a）硅表面生长的 TiN 薄膜断面；（b）光刻胶表面的聚苯乙烯微球；（c）硅基底上的光纳米阵列

3. 化学

（1）文献中利用 HF、H_2SO_4、$NaNO_2$ 组成的混合腐蚀液对硅粉进行化学腐蚀处理，利用扫描电子显微镜观察不同腐蚀时间下得到的多孔硅的表面形貌及孔隙情况，发现在 2 h 腐蚀时间下得到的腐蚀均匀的多孔硅具有较强的荧光发射性质，并以此建立了检测 Ag^+ 的新方法。

（2）文献中研究了 MSCoat 和极固灵两种制剂对牙本质的脱敏效果，利用扫描电子显微镜观察两种制剂作用后的牙本质小管的表面和截面的堵塞情况，为临床上选择脱敏剂提供了参考。

4. 生物学

扫描电子显微镜可用于观察生物的精细结构及复杂的立体表面形态，它可对藻类、花粉表面沟纹的精细结构，癌细胞的表面变化，细胞、细菌在生命周期中的表面变化进行观察。此外，通过扫描电子显微镜与现代冷冻技术的结合（通过试样冷冻断裂暴露不同层面，如膜之间、细胞之间和细胞器之间的结构）可以获得生物试样完整的剖面，为研究一些生物试样的内部结构提供了支持。图 2-39 所示为河床上的藻类、鼠红细胞，以及在胶原表面上生长的细胞的扫描电子显微镜图。

（1）文献中利用扫描电子显微镜观察了 16 份来自 11 个国家的野豌豆属牧草种子的花粉形态，探讨了其系统分类学特征，为揭示野豌豆属牧草种子资源的遗传多样性奠定了基础。

（2）文献中利用扫描电子显微镜观察了蝗总科 3 科 3 属 7 种蝗虫下颚须感受器的种类和数量，发现不同的蝗虫具有的感受器的种类和数量不同，为下颚须感受器的种类可作为蝗总科级分类的一种依据提供了有利的证据。

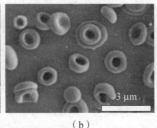

（a）　　　　　　　　　　　（b）　　　　　　　　　　　（c）

图 2-39　不同生物试样的扫描电子显微镜图
（a）河床上的藻类；（b）鼠红细胞；（c）胶原表面上生长的细胞

5. 考古学

利用扫描电子显微镜结合能谱，可以对出土的文物进行无损的显微结构分析和化学成分鉴定。利用扫描电子显微镜可以对金币、银币和铜币表面进行分析，确定其金、银和铜纯度及含量，为分析当时的铸造工艺提供证据；可以分析古字画、窑胎釉所用颜料的种类和配比，为进一步判断其来源和破解制备工艺提供参考；可以分析织物，判定织物材质、织法工艺，为织物的保护和修复提供有力帮助。

（1）文献中对四川大学博物馆不同印刷时段的线装书进行病害研究，利用扫描电子显微镜观察了这些线装书纤维表面出现的孔洞、纤维断裂及填料情况，并结合能谱分析了填料的成分，为观察纸张表面破坏情况、分析纸张不同破坏程度的原因、研究纸张的制备工艺等提供了有力的支持。

（2）文献中利用场发射扫描电子显微镜和超景深显微镜，对一幅清代扇页裱件表面的霉菌和纸张纤维表面形貌进行了分析，明确了污染书画上的霉菌为毛壳菌，并从微观角度分析霉菌对纸张纤维结构造成的破坏情况，为后期文物的修复和保存提供了参考。

6. 地矿学

（1）利用扫描电子显微镜可对矿物的表面形貌、结构及成分进行分析。利用扫描电子显微镜观察矿物的微区变化，可以为分析矿物的成岩环境和历史演化提供证据；可以观察黏土矿物的形态、分布、性质及共生组合，从而为分析黏土矿物的成因和地球化学背景提供依据；可以分析储集岩的矿物成分、结构构造、孔隙类型及成因，对储层优劣提供评价。

（2）利用扫描电子显微镜可对岩土的成分、结构及坚固性进行研究。它可用于观察宇宙尘、陨石和月岩的形态特征、结构，从而为推断成因、了解宇宙提供有效信息；还可以用于研究古微生物化石的形状、排列方式，为确定地质年代、地层形成的古地理环境提供资料。

7. 食品科学

（1）文献中研究了蜂胶对鸡蛋的保鲜作用，利用扫描电子显微镜观察了蜂胶处理后的鸡蛋表皮的超微结构，发现用蜂胶处理后的鸡蛋表皮断层结构更为紧密。蜂胶的渗入填充阻止了物质的交换，从而对鸡蛋具有保鲜作用，为研究蜂胶对鸡蛋保鲜的原因提供了直接的依据。

（2）文献中采用不连续十二烷基磺酸钠聚丙烯酰胺凝胶电泳方法，对不同品种的大豆中蛋白质的亚基含量比例（7S/11S）进行了测定。利用扫描电子显微镜观察蛋白制成的凝胶形貌，得出品种差异对大豆蛋白凝胶性的影响显著的结论。

8. 微电子工业

半导体器件的性能和稳定性与其表面的微观状态有关。利用扫描电子显微镜，可以对半导体二极管、三极管、集成电路或液晶显示器等进行失效分析，观察微观形貌，寻找和观察失效点、缺陷点，精确测量器件的微观几何尺度和表面点位分布等。结合能谱，还能对污染物的元素进行分析。这有利于分析失效原因，改进制备工艺，采取有效措施来防止事故的发生。

9. 刑事侦查

扫描电子显微镜在刑事侦查中的应用具有用量少且不破坏检材的特点，可用于射击残留物、爆炸残留物、油漆、涂料、文书、金属附着物、刮擦或撬压痕迹、毒物、生物类物证（如土壤、植物组织、纤维、骨头、人体组织及毛发等）的检测。通过对这些物证的微观形貌观察和比对，以及结合能谱对其成分进行分析，可为侦查提供线索，也可为证实犯罪提供科学的依据。

2.3　透射电子显微镜

2.3.1　原理

透射电子显微镜是一种现代综合性大型分析仪器，在现代科学、技术的研究、开发工作中被广泛地使用。顾名思义，所谓电子显微镜是以电子束为照明光源的显微镜。由于电子束在外部磁场或电场的作用下可以发生弯曲，形成类似于可见光通过玻璃时的折射现象，所以可以利用这一物理效应制造出电子束的"透镜"，从而开发出透射电子显微镜。透射电子显微镜的特点是利用透过试样的电子束来成像，这一点有别于扫描电子显微镜。由于电子波的波长远小于可见光的波长（100 kV 的电子波的波长为 0.003 7 nm，而紫光的波长为400 nm），根据光学理论，可以预见电子显微镜的分辨率应远高于光学显微镜。事实上，现代电子显微镜的分辨精度已经达到 0.1 nm。

透射电子显微镜电子光学系统的工作原理可以用普通光学中的阿贝（Abbe）成像原理进行描述：当平行光照射到一个光栅上时，将产生各级衍射，在透镜的后焦面上产生各级衍射分布，得到与光栅结构密切相关的衍射谱，这些衍射又作为次级波源，产生的次级波在高斯像面上发生干涉叠加，得到光栅倒立的实像。图 2-40 所示为透射电子显微镜的工作原理示意，一束平行光照射到光栅后，在衍射角为 α 的方向发生衍射，并发出透射光线。如果没有透镜，则这些平行的衍射光和透射光将在无穷远处出现夫琅和费（Fraumhofer）衍射花样，形成衍射斑 D 和透射斑 T。插入透镜的作用是把无穷远处的夫琅和费衍射花样前移到透镜的后焦面上。后焦面上的衍射斑（透射斑视为零级衍射斑）作为光源产生次波干涉，在透镜的像平面上出现一个倒立的实像。如果在像平面放置一个屏幕，则可在屏幕上看到这个倒立的实像。

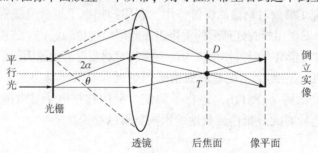

图 2-40　透射电子显微镜的工作原理示意

2.3.2　设备结构

从上述可见光的阿贝成像原理来看，整个成像过程需要一个光源、一个透镜、一个显示实像的接收屏。透射电子显微镜也有类似的结构，这一部分构成了透射电子显微镜的主体，即电子光学系统，也称为镜筒。图 2-41 所示为光学显微镜与透射电子显微镜光路图的比较。由图可见，两者的成像原理和物理过程是一样的，只是所用的照明光源不一样：光学显微镜使用可见光，而透射电子显微镜使用电子束。由于使用的光源不一样，使照明光会聚、成像的透镜也不同。光学显微镜一般使用光学透镜，而透射电子显微镜必须使用电磁透镜。

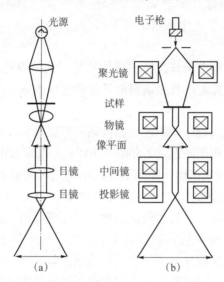

图 2-41　光学显微镜与透射电子显微镜光路图的比较
(a) 光学显微镜；(b) 透射电子显微镜

电子束传播时，要有大的自由程，这样才可以保证电子束在整个传播过程中只与试样发生相互作用，与空气分子发生碰撞的概率可以忽略。因此，从电子枪至照相底板盒，整个电子通道都必须置于真空系统中。透射电子显微镜必须有一套真空系统，高性能的真空系统对提高设备的性能和寿命非常重要。随着场发射电子枪的出现，系统对真空度的要求越来越高，常采用机械泵、扩散泵和离子泵来获得所需的高真空。

透射电子显微镜需要两部分电源：一部分供给电子枪的高压部分，透射电子显微镜需要极高的电压来获得短波长的电子波；另一部分供给电磁透镜的低压稳流部分。电源的稳定性是电子显微镜性能好坏的一个极为重要的标志。

目前，透射电子显微镜的功能越来越强大，操作越来越简单，数字化程度越来越高。结合能谱分析仪、电子能量损失谱仪等附件，透射电子显微镜已经成为材料显微组织的综合测试平台。这些附件构成了透射电子显微镜的第四个组成部分，即透射电子显微镜附属设备系统。

透射电子显微镜由电子光学系统、真空系统、电源及控制系统，以及其他附属设备四大部分组成。通过前面的介绍，我们知道电子显微镜的真空系统、电源及控制系统和其他附属设备都是围绕电子显微镜的电子光学系统来工作的。因此，想要熟悉电子显微镜的结构，先要对镜筒部分的组成和工作原理进行分析和了解。

电子光学系统是电子显微镜的核心部分，其他系统都是为电子光学系统服务，或在此基础上发展起来的辅助设备，可以说透射电子显微镜发展过程中的主要工作几乎都集中在如何提高电子显微镜电子光学系统的性能方面。根据光学成像过程，也可以把透射电子显微镜电子光学系统分为照明系统、成像与放大系统以及观察和记录系统三个部分（如 JEM-2100F 型等透射电子显微镜可通过两个隔离阀把这三个区域分开）。虽然透射电子显微镜产品更新升级较快，设备分辨率越来越高，但就电子光学系统而言，基本结构仍没有大的变化，能算得上较大的变化就是使用提高亮度的场发射电子枪、减小色散的单色器、消除电磁透镜球面像差的球面像差校正器以及记录系统的数字化设备等。下面分别介绍透射电子显微镜电子光学系统的三个部分。

1. 照明系统

光源质量的好坏直接影响电子显微镜的成像质量，获得高稳定度、高亮度、高相干性、单色性好以及小束斑直径的光源一直是透射电子显微镜技术追求的目标。照明系统主要由电子枪、加速管和聚光镜组成。

热发射电子枪包括发夹形钨灯丝阴极、栅极帽和阳极三极，其中灯丝接负高压，通过灯丝加热电流通电并使灯丝工作于高温（2 500~2 700 K）以发射电子。灯丝的电子发射率对工作温度 T 非常敏感，与 T^2 成正比，因此增大灯丝电流可明显改善照明亮度。但要注意的是，灯丝的寿命也对温度非常敏感，温度高于饱和点时，其寿命急剧下降。韦氏栅极对阴极电子束流发射的稳定至关重要，通过在栅极上加一个比灯丝电压还低几百伏的负高压来抑制灯丝局部地方的发射。当阴极电位和位置确定后，电子枪中的电场分布主要取决于栅极电位，其主要作用是控制阴极尖端发射电子的区域范围。如果电子束流发生扰动，则可通过自偏压电路自动调整栅极偏压，调整阴极尖端发射电子区域的大小，使电子束流趋于稳定的饱和值。为了安全起见，电子枪的阳极接地。另外三极静电透镜系统对阴极发射的电子束还起聚焦作用，在阳极孔附近形成一个很小的交叉点，即电子源。在场发射电子枪中，灯丝工作温度较低，约为 1 800 K，电子虽然获得了较高的能量，但还不足以从灯丝中逸出，而是在两个阳极的静电场作用下被强行从灯丝中发射出来，这也是它称为场发射电子枪的原因。在灯丝下面也存在一个栅极，其电压也比灯丝低，为-300 V，其作用与热发射电子枪的栅极类似。通常情况下，第一阳极约为 3 kV 的正偏压，而第二阳极约为 7 kV 的正偏压。这两个阳极同时组成了一个静电透镜，对从灯丝中发射出来的电子进行会聚，在第二阳极下方形成交叉点，即电子源。

从电子枪发射出来的电子，必须经过后续的加速管进行加速。加速电压越高，电子波波长越短，可以提高电子束的穿透深度以及电子显微镜的分辨率。对于高压为 200 kV 的透射电子显微镜，常采用 6 级加速管。

透射电子显微镜常采用两个聚光镜：第一个聚光镜为强磁透镜，对通过的电子束进行强磁会聚，以缩小其后焦面上的光斑尺寸，改变透射电子显微镜的束斑尺寸就是调节该透镜的电流密度；第二个聚光镜主要用来改变电子束的照明孔径角，获得近似平行的照明电子束，提高分辨率，改变电子显微镜操作过程中照明孔径角就是改变该透镜的电流。在第二个聚光镜的下方，配置有可调的聚光镜光阑，主要用来进一步限制照明孔径角。聚光镜消像散线圈主要用来调整束斑的形状，以获得近似圆形的束斑，调节聚光镜像散就是改变这些线圈的电流。

电子枪和加速管套装在由绝缘材料制备的枪套里，在枪套与电子枪之间充满高压绝缘气体。以前的电子显微镜均用氟利昂气体绝缘，为了环保，现代电子显微镜采用 SF_6 气体绝缘。

2. 成像与放大系统

成像与放大系统主要由试样室、物镜、中间镜、投影镜、物镜光阑、选区光阑组成。其中，标准的物镜光阑应处在物镜的后焦面上，其主要作用是选择后续成像的电子光束，获得不同衬度的图像。选区光阑则位于物镜的像平面上，其主要功能是根据图像选择研究者感兴趣的区域，实现选区电子衍射功能。通过物镜、中间镜、投影镜的不同组合，可以改变透射电子显微镜的放大倍数。在成像系统中，有透射电子显微镜最为关键的部件，即物镜，这个部件决定了透射电子显微镜的重要性能指标。物镜是一个强励磁、短焦距透镜，具有像差小的特点，主要有两个方面的作用：一是将来自试样不同地方、同相位的平行光会聚于其后焦面上，构成含有试样结构信息的衍射花样；二是将来自试样同一点、但沿不同方向传播的散射束会聚于其像平面上，构成与试样组织相对应的显微像。在现代分析电子显微镜中，使用的物镜都由双物镜和辅助透镜构成，试样置于上下物镜之间，上物镜起强聚光作用，下物镜起成像、放大作用，辅助透镜是为了进一步改善磁场对称性而加入的。

中间镜的主要作用是：通过改变中间镜的电流或关闭某个中间镜，从而改变透射电子显微镜的放大倍数；通过改变中间镜电流，可以改变中间镜物平面的位置，使电子显微镜工作于衍射模式或成像模式。

当中间镜的物平面与物镜后焦面一致时，将处于衍射模式，即把物镜后焦面上的衍射谱进行放大，在荧光屏上得到衍射谱。当中间镜的物平面与物镜像平面重合时，电子显微镜处于成像模式，将把物镜像平面上的实像进行放大，在荧光屏上得到试样的形貌像。

投影镜一般具有固定的放大倍数，其内孔径较小，电子束进入投影镜的孔径角也小，这种设计使得透射电子显微镜具有很长的景深和焦深。焦深是指在保持图像清晰的条件下，允许荧光屏、照相底片或 CCD 接收器等图像记录设备沿电子显微镜轴向移动的距离范围。电磁透镜的景深和焦深示意如图 2-42 所示，其中，O 为物平面，I 为像平面，距投影镜中心的距离分别为 L_0 和 L_1。景深和焦深分别为 D_f、D_L。当移动试样时，可以认为 α 角不变。移动过程中，当光锥截斑的直径大小不超过分辨率 d 的两倍时，可以认为图像是清楚的。由于 α 很小，因此近似有 $\tan\alpha = \alpha$，由图所显示的几何关系，可计算出透镜的景深 D_f 和焦深 D_L 分别为

$$D_f = \frac{2d}{\alpha}, D_L = \frac{2Md}{\alpha_1} = \frac{2d}{\alpha}M^2 \tag{2-13}$$

式中：D_f——焦深，nm；

　　　D_L——景深，nm；

　　　M——放大倍数，且 $M = L_1/L_0 = \alpha/\alpha_1$；

　　　d——电子显微镜分辨率，nm；

　　　α——照明孔径半角，rad。

严格的光学成像要求图像记录系统正好安置在投影镜的像平面，以获得清晰的图像。但投影镜大的焦深可以放宽电子显微镜荧光屏和图像记录系统，如底片或 CCD 相机等，对安置位置的严格要求为仪器的制造和使用带来极大的方便。这也正是在透射电子显微镜中，尽

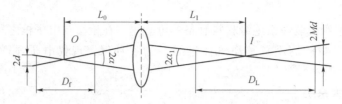

图 2-42　电磁透镜的景深和焦深示意

管荧光屏、底片或 CCD 不在同一平面，但都能得到清晰图像的原因。

3. 观察和记录系统

观察和记录系统主要包括双目显微镜、观察室、荧光屏、照相室。老式电子显微镜都使用照相底片记录图像，但目前透射电子显微镜大多使用 CCD 相机代替底片，可以直接获得数字图像。这样不仅提高了电子显微镜的效率，而且为透射电子显微镜图像后续的数字化处理提供了方便。

2.3.3　功能

透射电子显微镜在现代科技中的应用越来越广，包括生物、电子、医药、化工、材料等科学领域都希望借助于透射电子显微镜获得一些诸如微观结构方面的信息。下面介绍透射电子显微镜在材料科学中的一些应用。

电子衍射和电子衍衬分析技术是透射电子显微镜在材料科学中的两个最重要且最常见的应用技术。前者主要用来分析和确定材料中的相结构，后者主要分析材料中各种相的分布特点、缺陷的组态等。结合能谱或能损谱，透射电子显微镜还可以对材料的微区进行半定量甚至定量的成分分析。对具有一定电子显微镜基础的科研工作者来说，获得一张衍衬像非常容易，但如何解读这些照片，如何准确地、尽可能多地从这些照片中提取有用的信息，却是一件需要下工夫的工作。

衍衬理论是正确解读电子衍衬像的必备基础知识。对于完整单晶体材料，衍衬像中可出现一些厚度条纹和等倾条纹，而其他地方除了质厚衬度外，不会有其他衬度差别。而缺陷的存在，在电子衍射波中提供了一个附加相位，从而显现附加衬度。衍衬理论的一个重要用途就是用来研究晶体中各种各样的缺陷，晶体中任何缺陷都可以用一个位移矢量 **R** 来表征，一旦确定了位移矢量 **R**，就可以推断缺陷的类型、特点等。

2.4　差示扫描量热仪

2.4.1　原理

差热分析（Differential Thermal Analysis，DTA）虽能用于热量定量检测，但其准确度不高，只能得到近似值，且由于使用较多试样，使试样温度在产生热效应期间与程序温度间有着明显的偏离，试样内的温度梯度也较大，因此难以获得变化过程中准确的试样温度和反应的动力学数据。差示扫描量热法（Differential Scanning Calorimetry，DSC）就是为克服差热分析在定量测定上存在的这些不足而发展起来的一种新技术。

差示扫描量热法是在程序控制温度下测量输入物质（试样）和参比物的能量差与温度（或时间）关系的一种技术，测量方法又分为两种基本类型：功率补偿型和热流型。两者分别测量输入试样和参比物的功率差及试样和参比物的温度差，测得的曲线称为功率补偿型差示扫描量热曲线和热流型差示扫描量热曲线，如图 2-43 所示。功率补偿型差示扫描量热曲线上的纵坐标以 $\mathrm{d}Q/\mathrm{d}t$ 表示，单位是 $\mathrm{mJ/s}$。图 2-43（a）的纵坐标上热效应的正负号按照热化学，吸热为正，峰应向上，恰与差热分析规定的吸热方向相反。

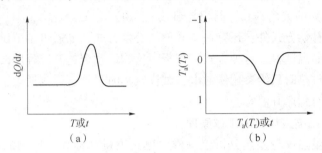

图 2-43　两种差示扫描量热曲线
（a）功率补偿型差示扫描量热曲线；（b）热流型差示扫描量热曲线

用差示扫描量热法测量时，试样质量一般不超过 10 mg。试样微量化后降低了试样内的温度梯度，试样支持器也做到了小型化，且装置的热容量也随之减小，这对热量传递和仪器分辨率的提高都是有利的。

为了获得可靠的定性和定量的结果，差示扫描量热法与差热分析一样，也需要校正温度轴和标定热定量校正系数 K。用差示扫描量热法校正温度轴的方法、使用的温度标准物、热定量校正的原理和热量校正的标准物都与差热分析相同或类似。

差示扫描量热法的工作温度目前大多还只能到达中温（1 100 ℃）以下，明显低于差热分析。从试样产生热效应释放出的热量向周围散失的情况来看，功率补偿型差示扫描量热仪的热量损失较多。而热流型差示扫描量热仪的热量损失较少，一般在 10% 左右。现在，差示扫描量热法已是应用最广泛的三大热分析技术（除上面讲的差热分析和差示扫描量热法外，还有热重分析）之一。在差示扫描量热法中，功率补偿型差示扫描量热仪比热流型差示扫描量热仪应用更多。

1. 功率补偿型差示扫描量热仪的工作原理

功率补偿型差示扫描量热仪由两个交替工作的控制回路组成，平均温度控制回路用于控制试样以预定程序改变温度。它是通过温度控制器发出一个与预期的试样温度 T_p 成比例的信号，这一电信号先与平均温度计算器输出的平均温度 T'_p 的电信号比较后，再由放大器输出一个平均电压。这一电压同时加到设在试样和参比物支持器中的两个独立的加热器上。随着加热电压的改变，加热器中的加热电流也会改变，从而消除了 T_p 与 T'_p 之差，于是试样和参比物均按预定的速率线性升温或降温。这种不用外部加热炉加热的方式称为内热式。温度程序控制器的电信号同时输入记录仪中，作为差示扫描量热曲线的横坐标信号。平均温度计算器输出的电信号的大小取决于反映试样和参比物温度的电信号，功能是计算和输出与参比物和试样平均温度相对应的电信号，供与温度程序电信号相比较。试样的电信号由内设在支持器里的铂电阻测得。

温差检测线路的作用是维持两个试样支持器的温度始终相等。试样和参比物间的温差电信号经变压器耦合输入前置放大器放大后，再由双管调制电路依据参比物和试样间的温度差改变电流，以调整差示功率增量，保持试样和参比物支持器的温度差为零。与差示功率成正比的电信号同时输入记录仪，得到差示扫描量热曲线的纵坐标。平均温度控制回路与差示温度控制回路交替工作，受同步控制电路所控制。

上述使试样和参比物的温度差始终保持为零的工作原理称为动态零位平衡原理。这样得到的差示扫描量热曲线，反映了输入试样和参比物的功率差与试样和参比物的平均温度，即程序温度（或时间）的关系，其峰面积与热效应成正比。

除了以上功率补偿方式外，还有一些其他的补偿方式，如通过调节试样侧的加热功率消除试样和参比物间的温度差，这种方式有利于参比物以预定的升温程序改变温度。还有一类补偿方式是当试样放热时只给参比侧通电，试样吸热时只给试样侧通电，以实现 T_p 接近零，这种补偿加热方式对程序升温影响较大。

2. 热流型差示扫描量热仪的工作原理

这类差示扫描量热仪与差热分析仪一样，也是测量试样和参比物的温度差与温度（或时间）关系的，但它的定量测量性能好。这类仪器用差热电偶或差热电堆测量温度差，用热电偶或热电堆检测试样的温度，并用外加热炉实现程序升温。

2.4.2　设备结构

差示扫描量热仪主要由加热系统、程序控温系统、气体控制系统、自动进样器、制冷设备等几部分组成。

1. 加热系统

加热炉是加热系统的主要结构。加热炉的加热方式与加热炉的类型有关，主要取决于温度范围，加热方式有电阻元件、红外线辐射和高频振动，常用电阻元件对加热炉进行加热。

炉腔内有一个传感器，置于防腐蚀的银质炉体中央（纯银的炉体导热性好，受热均匀），传感器的表面用陶瓷涂敷，安装在直接与银质炉体的加热板接触的玻璃陶瓷片上，以防化学侵蚀与污染。炉盖是三层叠加的银质炉盖，外加挡热板，以有效地与环境隔离。炉体下方有 400 W 电热板对炉体加热，纯银的炉体被弹簧式炉体组件压在平坦加热器的绝缘片上。由 Pt100 温度传感器生成温度信号，炉体的热量通过片形热阻传至散热片。

差示扫描量热传感器（如 FRS 5、HSS 7 和 HSS 8）的热电偶以星形方式排列，可单独更换，在坩埚位置下测量试样和参比物的热流差。热电偶串联连接，可产生更高的量热灵敏度。凹进传感器圆盘的下凹面可提供必要的热阻，由碾磨加工磨去了多余的材料，导致热阻很小，坩埚下的热容量很低，因此还获得了非常小的信号时间常数。圆盘形传感器由下垂直连接，使得水平温度梯度最小化。

2. 程序控温系统

加热炉温度升降的速率受温度程序控制，其程序控制器能够在不同的温度范围内进行线性的温度控制。如果升温速率是非线性的，将会影响到差示扫描量热曲线。程序控制器的另一特点是，必须对于线性输送电压和周围温度变化是稳定的，并能够与不同类型的热电偶相互匹配。

当输入测试条件之后（如从 50 ℃ 开始，升至 500 ℃，以 20 ℃/min 的升温速率），程序控温系统会按照所设置的条件升温，准确地执行发出的指令，温度准确度为 ±0.1 ℃，温度范围为 -60～700 ℃。所有这些控温程序均由热电偶传感器（简称热电偶）来执行。

3. 气体控制系统

气体控制系统分两路：一路是反应气体，由炉体底部进入，被加热至仪器温度后再到试样池内，使试样的整个测试过程一直处于某种气体的保护中；另一路是吹扫气体，炉体和炉盖间必须充入吹扫气体，避免水分冷凝在差示扫描量热仪上。至于通入什么气体，要以试样而定，有的试样需要通入参加反应的气体，有的则需通入不参加反应的惰性气体，最后气体通过炉盖上的孔逸出。

气体控制系统有两种形式：一种是手动调节流量计的流速大小；另一种是配一套自动的气体控制装置，由程序切换、监控和调节气体，可在测试过程中由惰性气体切换到反应性气体。

4. 自动进样器

低温差示扫描量热仪均配备有自动进样器，高温差示扫描量热仪目前尚未配备。自动进样器的一个功能是在设置好测试条件的前提下，可按照指令抓取坩埚，并将其送入仪器开始测试，实验结束后再取出坩埚。它可使仪器连续 24 h 工作，大大提高了工作效率。自动进样器能处理多达 34 个试样，每种试样都可用不同的方法和不同的坩埚。需要注意的是，坩埚放的位置和软件设置的坩埚位置一定要一致，否则会马上弹出一个提示窗口，并且停止工作，直至调整两者坩埚的位置一致才继续工作。

5. 制冷设备

差示扫描量热仪配有一个外置制冷机，可使炉温降至 -60 ℃。为防止结冰和冷凝，差示扫描量热仪还配有绝缘组件，吹扫气体一定要环绕在炉体周围，避免炉体和炉盖冻结。机械制冷的最大优点是方便，比罐装液氮省时省力；缺点是温度降得越低使用时间越长，并且使用范围不如液氮，液氮可使温度降得更低。需要注意的是，制冷机不能在超过 32 ℃ 的室温条件下工作，最佳使用温度为 22 ℃。

2.4.3 功能

差示扫描量热仪具有以下功能。

（1）成分分析：有机物、无机物、药物、高聚物等的鉴别及相图研究。

（2）稳定性测定：物质的稳定性、抗氧化性的测定等。

（3）化学反应研究：研究固体物质与气体反应的研究、催化性能测定、反应动力学研究、反应热测定、相变和结晶过程研究。

（4）材料质量检定：纯度测定、固体脂肪指数测定、高聚物质量检验、物质的玻璃化转变和居里点的测定、材料的使用寿命的测定等。

（5）材料力学性质测定：抗冲击性能、黏弹性、弹性模量、损耗模数等的测定。

2.5 热重分析仪

2.5.1 原理

热重分析是在程序控制温度下，测量物质的质量与温度或时间的关系的方法。进行热重分析的仪器称为热重分析仪，它主要由三部分组成：温度控制系统、检测系统和记录系统。通过分析热重曲线，可以知道试样及其可能产生的中间产物的组成、热稳定性、热分解情况及生成的产物等与质量相关的信息。从热重分析可以派生出微商热重分析，也称导数热重分析，它是记录热重曲线对温度或时间的一阶导数的一种技术。实验得到的结果是微分热重（Derivative Thermogravimetry，DTG）曲线，它以质量变化率为纵坐标，自上而下表示减少，横坐标为温度或时间，从左往右表示增加。微分热重曲线的特点是：它能精确反映出每个失去质量阶段的起始反应温度、最大反应速率温度和反应终止温度；微分热重曲线上各峰的面积与热重曲线上对应的试样失去的质量成正比；当热重曲线对某些受热过程出现的台阶不明显时，利用微分热重曲线能明显地区分开来。热重分析的主要特点是定量性强，能准确地测量物质的质量变化及变化的速率。根据这一特点，只要物质受热时发生质量的变化，就可以用热重分析来研究。

热重分析测定的结果与实验条件有关，为了得到准确性和重复性好的热重曲线，有必要对各种影响因素进行仔细分析。影响热重测试结果的因素基本上可以分为三类：仪器因素、实验条件因素和试样因素。仪器因素包括气体浮力、对流、坩埚、挥发物冷凝、天平灵敏度、试样支架和热电偶等。对于给定的热重仪器，天平灵敏度、试样支架和热电偶的影响是固定不变的，可以通过质量校正和温度校正来减少或消除这些系统误差。实验条件因素包括升温速率、气体等。试样因素包括试样量和试样粒度、形状等。下面分别介绍。

（1）气体浮力的影响。气体的密度与温度有关，随温度升高，试样周围的气体密度发生变化，从而气体的浮力也发生变化。尽管试样本身没有质量变化，但由于温度的改变造成气体浮力的变化，使得试样呈现随温度升高而质量增加，这种现象称为表观增重。

（2）对流的影响。它的产生是常温下，试样周围的气体受热变轻形成向上的热气流，作用在热天平上，引起试样的表观质量损失。为了减少气体浮力和对流的影响，可以选择在真空条件下进行测定，或选用卧式结构的热重分析仪进行测定。

（3）坩埚的影响。坩埚的大小与试样量有关，直接影响试样的热传导和热扩散，坩埚的形状则影响试样的挥发速率。因此，通常选用轻巧、浅底的坩埚，可使试样在埚底摊成均匀的薄层，有利于热传导、热扩散和挥发。坩埚的材质通常应该选择对试样、中间产物、最终产物和气体没有反应活性和催化活性的惰性材料，如 Pt、Al_2O_3 等。

（4）挥发物冷凝的影响。试样受热分解、升华、逸出的挥发性物质，往往会在仪器的低温部分冷凝。这不仅污染仪器，而且使测定结果出现偏差。若挥发物冷凝在试样支架上，则影响更严重，随温度升高，冷凝物可能再次挥发产生假失重，使热重曲线变形。为减少挥发物冷凝的影响，可：在坩埚周围安装耐热屏蔽套管；采用水平结构的天平；在天平灵敏度范围内，尽量减少试样量；选择合适的净化气体流量。实验前，应对试样的分解情况进行初步估计，防止对仪器的污染。

（5）升温速率的影响。升温速率对热重曲线的影响较大，升温速率越高，产生的影响就越大。因为试样受热升温是通过介质-坩埚-试样进行热传递的，在加热炉和试样坩埚之间可形成温差。升温速率不同，加热炉和试样坩埚间的温差就不同，导致测量误差。升温速率对试样的分解温度有影响。升温速率快，造成热滞后大，起始分解温度和终止分解温度都相应升高。升温速率不同，可导致热重曲线的形状改变。升温速率快，往往不利于中间产物的检出，使热重曲线的拐点不明显。升温速率慢，可以显示热重曲线的全过程。一般来说，升温速率为 5 ~10 ℃/min 时，对热重曲线的影响不太明显。升温速率可影响热重曲线的形状和试样的分解温度，但不影响失去的质量。慢速升温可以研究试样的分解过程，但不能简单地认为快速升温总是有害的，要看具体的实验条件和目的。当试样量很少时，快速升温能检查出分解过程中形成的中间产物，而慢速升温则不能达到此目的。

（6）气体的影响。气体对热重实验结果也有影响，它可以影响反应性质、方向、速率和反应温度，也能影响热重称量的结果。气体流速越大，表观增重越大。所以送试样进行热重分析时，需注明气体条件。热重实验可在动态或静态气体条件下进行。所谓静态是指气体稳定不流动，动态就是气体以稳定流速流动。在静态气体中，产物的分压对热重曲线有明显的影响，使反应向高温移动；而在动态气体中，产物的分压影响较小。因此，在测试中都使用动态气体，气体流量为 20 mL/min。

（7）试样量的影响。试样量多少对热传导、热扩散、挥发物逸出都有影响。试样量多时，热效应和温度梯度都大，对热传导和气体逸出不利，导致温度偏差。试样量越多，这种偏差越大。所以，试样量应在热天平灵敏度允许的范围内尽量减少，以得到良好的检测结果。在实际热重分析中，试样量只需要约 5 mg。

（8）试样粒度、形状的影响。试样粒度及形状同样对热传导和气体的扩散有影响。粒度不同，会引起气体产物扩散的变化，导致反应速度和热重曲线形状的改变。粒度越小，反应速度越快，热重曲线上的起始分解温度和终止分解温度降低，反应区间变窄，而且分解反应进行得完全。所以，粒度影响在热重分析中是个不可忽略的因素。

2.5.2　设备结构

采用热重分析时，需要在程序控制温度下，借助热天平以获得物质的质量与温度关系。图 2-44 所示为近代热天平基本结构示意，其中记录天平是最重要的部分。这种热天平与常规分析天平一样，都是称量仪器，但因其结构特殊，故与一般天平在称量功能上有显著差别。例如，使用常规分析天平只能进行静态测量，即试样的质量在称量过程中是不变的，称量时的温度大多是室温，周围气体是大气；而热天平则不同，它能自动、连续地进行动态称量与记录，并在称量过程中按一定的温度程序改变试样的温度，试样周围的气体也是可以控制或调节的。

下面以较常见的试样皿位于称量机构上面的（即上皿式）零位型天平为例，进一步说明热天平的工作原理，通过温度程序系统使加热炉按一定的升温速率升温，当被测试样发生质量变化时，由传感器检测并输出天平失衡信号。这一信号经测重系统放大，用以自动改变

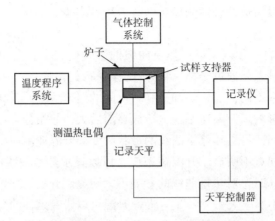

图 2-44　近代热天平基本结构示意

平衡复位器中的电流，天平重新回到初始平衡状态，即所谓的零位。通过平衡复位器中的线圈电流与试样质量变化成正比，因此记录电流的变化就能得到加热过程中试样质量连续变化的信息，而试样温度同时由测温热电偶测定并记录，于是得到试样质量与温度（或时间）关系的曲线。热天平中阻尼器的作用是维持天平的稳定，天平摆动时，就有阻尼信号产生，这个信号经测重系统中的阻尼放大器放大后再反馈到阻尼器中，使天平摆动停止。

目前，热天平的种类很多，根据试样皿在天平中所处位置，可以分为上皿、下皿、水平三种。若按天平的动作方式不同进行分类，则除零位型之外，还有偏转型，后者是直接根据称量机构相对于平衡位置的偏转量来确定载荷大小的。由于零位型天平优点显著，现在大多采用这种方式。

2.5.3　功能

热重分析的应用主要在以下方面。

1. 研究金属磁性材料

金属磁性材料的特性为有确定的磁性转化温度（即居里点）。在外加磁场的作用下，磁性物质受到磁力作用，在热天平上显示一个表观质量值，当温度升到该磁性物质的磁性转化温度时，该物质的磁性立即消失，此时热天平的表观质量变为零。利用这个特性，可以对热重分析仪进行温度校正。

2. 在地质方面的应用

（1）矿物鉴定。矿物的热重曲线会因其组成、结构不同而表现出不同的特征。通过与已知矿物特征曲线进行起始分解温度、峰温及峰面积等的比较，便可鉴定矿物。由于热重分析的数据具有程序性特点，因而要注意实验条件引起实验结果的差异。

（2）矿物定量。矿物因受热而脱水、分解、氧化、升华等均可引起质量变化，可根据矿物中固有组分的脱出量来测定试样中矿物的含量。

3. 在高分子材料中的应用

（1）材料的热稳定性。使用热重分析可以评价聚烯烃类、聚卤代烯类、含氧类聚合物、芳杂环类聚合物、单体、多聚体和聚合物、弹性体高分子材料的热稳定性。高温下聚合物内部可能发生各种反应，如开始分解时可能是侧链的分解，而主链无变化，达到一定的温度时，主链可能断裂，引起材料性能的急剧变化。有的材料一步完全降解，而有些材料可能在很高的温度下仍有残留物。

（2）材料的热特性。每种高分子材料都有自己特有的热重曲线。通过研究材料的热重曲线，可以了解材料在温度作用下的变化过程，从而研究材料的热特性。

4. 研究材料中添加剂的作用

添加剂是高分子材料制成成品的重要组成部分。通常用纯高分子材料制成成品的情况很少，一般在高分子中材料都要配以各种各样的具有各种作用的添加剂，如增塑剂、发泡剂、阻燃剂、补强剂等，才能制成具有各种性能的成品，从而使其具有使用价值。添加剂的性能、添加剂与高分子的匹配相容性、各种添加剂之间的匹配相容性，都是影响成品性能的重要因素。使用热重分析可以研究高分子材料中添加剂的作用，也可直接测定添加剂的含量，以及添加剂的热稳定性。

阻燃剂在高分子材料中有特殊效果。选择适当的阻燃剂种类和用量，可以大大提高高分子材料的阻燃性能，否则达不到阻燃效果。

5. 研究高分子材料的组成

每种高分子材料都有自己的优点和缺点，在使用时，往往采用共聚或共混的方法以得到使用性能更好的高分子材料。热重分析可用于研究高分子材料的共聚和共混，测定高分子材料共聚物和共混物的组成。

热重分析还用于研究热固性树脂的固化。对固化过程中失去低分子物的缩聚反应，常用热重分析进行研究。酚醛树脂在固化过程中生成水，利用热重曲线测定脱水失去质量的过程，即可研究酚醛树脂的固化。

6. 在药物研究中的应用

热重分析还可用于考察药物和辅料的脱出过程。药物或辅料所含的水分，一般有吸附水和结晶水，用热重曲线可分别测定其含量，用微分热重曲线可分别测出其脱除速度。吸附水在 100 ℃附近或稍高一些温度即可脱除。至于结晶水，其脱除温度不一，有的数十摄氏度时可脱出，有的要高达数百摄氏度才能脱出，还有些结晶水的脱出是分阶段进行的。

2.6 金相显微镜

2.6.1 原理

研究材料的显微组织形貌主要依靠显微镜技术。光学显微镜是在微米尺度上观察材料组织的主要设备，而扫描电子显微镜与透射电子显微镜则把观察尺度推进到亚微米以下。

1. 光学系统的像差

透镜在成像过程中，由于受本身物理条件的限制，使影像变形、变色、模糊不清或发生畸变，这种缺陷称为像差。

透镜像差的类型主要有球面像差（球差）、色像差（色差）、像域弯曲、慧形像差、色散、畸变等，其中影响成像质量的是前三种。在金相显微镜光学系统中的透镜，尽管在设计制造时会尽量减小像差，但不能完全消除。

1) 球面像差

由于透镜表面是球形，中心与边缘厚度不同，这样从某一点发出的单色光与透镜各部位接触角不同，经过透镜折射后，靠近中心部分光线折射角小，在离透镜较远的地方聚焦，边缘部分光线折射角大，在离透镜较近的位置聚焦，所以不能聚焦在一点，而是在透镜光轴上成一系列像，使成像模糊不清，这种现象称为球面像差，其示意如图 2-45 所示。

透镜的曲率半径越小，球面像差越严重。降低球面像差，主要是靠凸透镜和凹透镜的组合来实现，也可以通过缩小显微镜的孔径光阑来降低。

2) 色像差

白色光是由不同波长的单色光组成的复色光，当白色光通过透镜时，波长越短的单色光折射率越大，其焦点越近，波长越长的单色光折射率越小，焦点越远。所以不同波长的光线不能同时聚焦在一点，产生了一系列群像，这种缺陷称为色像差，其示意如图 2-46 所示。

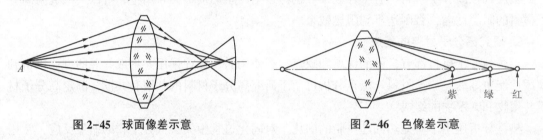

图 2-45　球面像差示意　　　　　　　　图 2-46　色像差示意

消除色像差的办法是在光路中加滤色片，使白色光变成某一波长的单一光线。

3) 像域弯曲

当平面物体与透镜平行时，所成的像不是平面像，而是凹形的弯曲平面像，这种缺陷称为像域弯曲。像域弯曲是各种像差的总和，它或多或少地总是存在于有透镜组成的光学元件中，以致难以在垂直放着的平胶片上得到全部清晰的成像。像域弯曲可以用特殊的物镜校正。采用平面消色像差物镜或平面复消色像差物镜，都可以校正像域弯曲，使成像平坦清晰。

2. 金相显微镜的放大成像原理

金相显微镜是利用光线的反射原理，将不透明的物体放大后进行观察的，最简单的显微镜由两个透镜组成，因此显微镜是经过两次成像的光学仪器。将物体第一次放大的透镜称为物镜，将物镜所成的像再次放大的透镜称为目镜。金相显微镜的放大成像原理如图 2-47 所示。设物镜的焦点为 F_1，目镜的焦点为 F_2，L 为光学镜筒长度（物镜与目镜的距离），$D=250$ mm 为人的明视距离。当物体 AB 位于物镜的焦点 F_1 以外，经物镜放大而成为倒立的实像 A_1B_1，而 A_1B_1 正好落在目镜的焦点 F_2 之内，经目镜放大后成为一个正立放大的虚像 A_2B_2，则两次放大倍数各为

$$M_{物}=A_1B_1/AB, \quad M_{目}=A_2B_2/A_1B_1$$
$$M_{总}=M_{物}M_{目}=(A_1B_1/AB)(A_2B_2/A_1B_1)$$

即显微镜总的放大倍数等于物镜的放大倍数乘以目镜的放大倍数。目前，普通光学金相显微镜的最高有效放大倍数为 1 600～2 000。

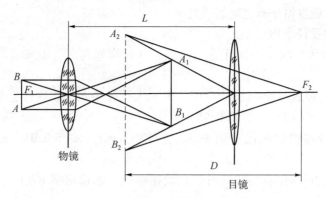

图 2-47　金相显微镜的放大成像原理

3. 金相显微镜的物镜

1）物镜的类型

（1）按照色像差分类。

①消色像差物镜：校正中央黄绿波区像差。

②平面消色像差物镜：校正中央黄绿波区像差和像域弯曲。

③复消色像差物镜：校正全部波区像差，用于高倍观察与摄影。

④平面复消色像差物镜：校正全部波区像差和像域弯曲，用于高倍摄影。

（2）按照放大倍数分类。

①低倍物镜：放大倍数≤10。

②中倍物镜：放大倍数为 10~25。

③高倍物镜：放大倍数为 25~63。

④油浸高倍物镜：放大倍数为 90~100。

（3）按照物镜与试样之间存在的介质分类。

①干燥系物镜：介质为空气。

②液系物镜：介质为某种液体，常用松节油。

2）物镜的性质

由于物镜对物体起放大作用，目镜则是放大由物镜所得到的物像，因此物镜是决定显微镜的分辨率与成像质量的主要部件。显微镜的放大质量由下面几个因素来决定。

（1）物镜的放大倍数。

物镜的放大倍数是指物镜本身对物体放大若干倍的能力，用 M 表示：

$$M = \frac{L}{f} \tag{2-14}$$

式中：f——物镜的焦距；

　　　L——光学镜筒长度。

国产物镜常用的放大倍数为 4、10、40、100。

（2）物镜的数值孔径。

物镜的数值孔径表示物镜的聚光能力，物镜对试样上各点的反射光收集得越多，成像质量越高。数值孔径用 NA 表示，并用下列公式进行计算：

$$NA = n\sin\varphi \tag{2-15}$$

式中：n——物镜与观察物介质之间的折射率；

　　　φ——物镜的孔径半角。

物镜的 NA 值越大，物镜的聚光能力越强，其分辨率越高。由式（2-15）可见，提高数值孔径有两个途径。

①增大透镜的直径或减小物镜的焦距，以增大孔径半角 φ。这样会导致像差及制造困难，实际上 $\sin\varphi$ 的最大值只能达到 0.95。

②提高物镜与观察物之间的折射率 n。空气中 $n=1$，NA = 0.95；松节油中 $n=1.52$，NA = 1.40。

当物镜与物体之间的介质为空气时，光线在空气中的折射率 $n=1$，若物镜的孔径半角为 30°，则数值孔径为

$$NA = n\sin\varphi = 1\sin 30° = 0.5$$

当物镜与物体之间的介质为松节油时，介质的折射率 $n=1.52$，则其数值孔径为

$$NA = n\sin\varphi = 1.52\sin 30° = 0.76$$

物镜数值孔径的大小标志着物镜分辨率的高低，决定了显微镜分辨率的高低。

这里要提醒的是，物镜数值孔径的重要性并不亚于它的放大倍数，如果数值孔径不足，即使再提高放大倍数也没有多少意义，因为相邻的两点若不能很好地分辨，放大倍数再高也是虚伪放大，实际上还是不能分辨其为两点。

（3）物镜的分辨能力（分辨率）。

物镜的分辨率是指物镜能区分两个物点间的最小距离，用 d 表示，它表征显微镜对试样上最细微部分能够清晰分辨而获得图像的能力，其表达式为

$$d=\frac{\lambda}{2NA} \tag{2-16}$$

式中：λ——所用光的波长。

由式（2-16）可见，波长越短，分辨率越高。数值孔径越大，分辨率越高。对于一定波长的入射光，物镜的分辨率完全取决于物镜的数值孔径，数值孔径越大，分辨率就越高。

（4）物镜的垂直分辨率（焦深）。

垂直分辨率是指物镜对高低不平的物体能清晰分辨的能力，它与物镜的数值孔径成反比，物镜的数值孔径越大，其焦深越小。在物镜的数值孔径特别大的情况下，显微镜可以有很好的分辨率，但焦深很小。对于金相显微镜来说，在高倍放大时，其焦深很小，几乎是一个平面，这也是把金相试样制备成平坦的表面的缘故。另外，当显微镜用于高倍观察时，由于焦深小，只有在金相试样表面高低差较小时才能清晰成像，因而高倍观察所用的试样应浅腐蚀。

（5）物镜的工作距离与视场范围。

物镜的工作距离是指显微镜准确聚焦后，试样表面与物镜的前端之间的距离。物镜的放大率越高，工作距离越短。在高倍放大时，物镜的工作距离相当短，因此观察调焦距时需要格外细心，一般应使物镜离开试样方可运行。视场范围是指显微镜中所看到的试样表面区域的大小，视场范围与物镜的放大倍数成反比。

（6）显微镜的有效放大倍数。

物镜的放大倍数越高，数值孔径越大，则分辨率越高。显微镜中保证物镜的分辨率被充分利用时所对应的放大倍数，称为显微镜的有效放大倍数。

有效放大倍数可由以下关系推导出：人眼的明视距离为 250 mm 处的分辨能力为 0.15～

0.30 mm，因此物镜能分辨的距离 d 经显微镜放大后，应在 0.15~0.30 mm 方能被人眼分辨。若以 $M_{有效}$ 表示显微镜的放大倍数，则 $dM_{有效} = 0.15~0.30$ mm，又因为 $d = \dfrac{\lambda}{2NA}$，所以

$$M_{有效} = (0.3~0.6)\frac{NA}{\lambda}\ mm \tag{2-17}$$

当采用黄绿光波时 $\lambda = 550$ nm，则 $M_{有效} = (500~1\,000)NA$。

有了有效放大倍数，就可以正确选择物镜与目镜的配合，以充分发挥物镜的分辨率，而不至于造成虚放大。

例如，选用 NA = 0.63 的 32×镜，$\lambda = 550$ nm 时：

$$M_{有效} = (500~1\,000)NA = 325~650$$

这时应选用放大倍数为 10~20 的目镜。如果目镜的放大倍数低于 10，未能充分发挥物镜的分辨率；如果目镜的放大倍数高于 20，将会造成虚放大，仍不能显示超出物镜分辨率的微细结构。

3）物镜的性能标记

国产物镜用物镜类别的汉语拼音字头标注，如平面消色像差物镜标以 "PC"（平场）。西欧各国产物镜多标有物镜类别的英文名称或字头，如平面消色像差物镜标以 "Planarchromatic" 或 "Pl"，消色像差物镜标以 "Achromatic"，复消色像差物镜标以 "Apochromatic"。

物镜的主要性能已标注在物镜的外壳上，内容包括：浸油记号、物镜类别、放大倍数、数值孔径、机械镜筒长度与盖玻片厚度。如物镜上标记 "油 100/1.25，160/–"，表示物镜是油镜，放大倍数为 100，数值孔径为 1.25，机械镜筒长度为 160 mm，–表示可有可无盖玻片。若标记为 "∞/0"，则 ∞ 表示机械镜筒是按无限长设计的，0 表示无盖玻片。

4. 金相显微镜的目镜

目镜的主要作用是将物镜放大的实像再次放大，在明视距离处形成一个清晰的虚像，显微摄影时，在底片上投射得一实像。

1）目镜的类型与用途

（1）负型目镜。由两片单一的平凸透镜在中间夹一光阑组成。接近眼睛的透镜称目透镜，起放大作用；另一个透镜称场透镜，其作用是使图像亮度均匀，并不对像差加以校正，只适用于与低中倍消色像差物镜配合使用。

（2）正型目镜。与负型目镜不同的是，光阑在场透镜外面，它有良好的像域弯曲校正功能，球面像差也较小，但色像差比较严重，同倍数下比负型目镜观察视场小。该目镜除了用于显微观察和摄影外，还可以单独作为放大镜使用。

（3）补偿目镜。它具有过度校正放大率色像差的特征，以补偿复消色像差物镜或半复消色像差物镜的残余色像差，故称为补偿目镜。其放大倍数高达 30，但不要将其与消色像差物镜配合使用，以免使影像产生负向色像差。

（4）放大目镜。它专为摄影和近距离投射而设计，只能作为摄影用途。

（5）测微目镜。它仅是在目镜中加入了一片有刻度的玻璃片，主要用于金相组织与渗层深度的测量。根据测量目的不同，可将刻度设计为直线、十字交叉线、方格网、同心圆或其他几何形状。

使用测微目镜，必须首先借助显微标定尺对该目镜进行标定，显微标定尺中有一个长度为 1 mm 的横线，并将 1 mm 均匀地分为 100 格，每格为 0.01 mm。其标定的方法为：将显

微标定尺置于载物台上，并在显微镜中成像，在待测定的放大倍数下，将标尺与测微目镜中的刻度进行比格：

$$\theta = (视野中显微标定尺的刻度数/目镜中的刻度数) \times 0.01 \ mm/格$$

也就是说，在待测倍数下，目镜中的每一格代表的实际长度为 θ 值。

2) 目镜的标记

目镜上一般刻有目镜类型与放大倍数。若目镜中只标放大倍数，如 5、10、15，上面没有其他标记，说明该目镜属于惠更斯（Huygens）目镜。

2.6.2 设备结构

1. 光学金相显微镜的类型

（1）按光路分类：正置式与倒置式。

（2）按外形分类：台式、立式和卧式。

（3）按功能与用途分类。

①初级型：具有明场观察与摄影功能，其结构简单，体积小，如台式显微镜。

②中级型：具有明场观察、暗场观察、偏光观察和摄影功能，如立式显微镜。

③高级型：具有明场观察、暗场观察、偏光观察、相衬观察、微差干涉衬度、干涉、荧光、宏观摄影与高倍摄影、投影、显微硬度、高温分析台、数码摄影与计算机图像处理等功能。

2. 光学金相显微镜的构造

无论是哪一种显微镜，其结构都可分为照明系统、光路系统、机械系统与摄影系统。

1) 照明系统

光学金相显微镜一般采用人造光源，并借助于棱镜或其他反射方法，使光线投在金相磨面上，靠试样的反光能力，部分光线被反射而进入物镜，经放大成像，最终被观察到。要作为显微镜的光源，要求光强大且均匀，并在一定范围内可任意调节，发热程度不宜过高。常用的光源有钨丝白炽灯、卤素灯（卤钨灯）和氙灯。

（1）钨丝白炽灯。钨丝白炽灯一般用于中、小型光学金相显微镜，工作电压为 6～12 V，功率为 15～30 W。这种灯适用于金相组织观察，目前生产的小型光学金相显微镜工作电压为 220 V。

（2）卤素灯。目前光学金相显微镜中供观察用的低压白炽灯已渐渐被卤素灯所代替，这是因为钨丝白炽灯发光时，表面钨会发散而聚焦在灯泡上，使灯泡发黑，降低照明亮度，同时灯丝也会逐渐变细以致断掉。卤素灯则没有这些缺陷，其使用寿命长，但卤素灯的灯泡必须用耐高温的石英玻璃制造。

（3）氙灯。氙灯是超高压球形强电流的弧光放电灯，具有亮度大、稳定性高、发光率高及发光面积小等优点。此外，氙灯光具有类似日光性质的连续光谱，可以用于彩色照相，因此常用于偏光观察、相衬观察与显微摄影。其缺点是易爆炸，使用时应注意安全。

光学金相显微镜照明方式有临界照明与科勒（Kohler）照明两种。

2) 光路系统

金相显微镜的基本光路系统主要包括光源、聚光镜、反光镜、棱镜、补助透镜、物镜、目镜、孔径光阑、视场光阑、滤色片等。这里主要介绍孔径光阑、视场光阑与滤色片。

（1）孔径光阑的作用是控制入射光的大小，即调节光路中光的强弱程度。它的大小对成像质量有很大的影响。缩小孔径光阑可减小球面像差和轴外像差，增大景深和衬度，使影像清晰，但会使物镜的分辨率降低。理论上合适的孔径光阑大小应以光束刚刚充满物镜后的透镜为宜，即取下目镜直接观察，筒内灯丝影像面积占整个镜面积的 1/2～3/4 时为宜。

（2）视场光阑的作用是改变视野大小，以减少镜筒内部的反光和眩光，提高像质。视场光阑越小像质越佳，同时也不影响物镜的分辨率。通常将视场光阑的大小调节到恰好与所成像的视场相切。但在作暗场和偏光时，将视场光阑开到最大。

（3）滤色片是由不同颜色的光学玻璃片所制成的透明薄片，作用是只允许一定波长的光线通过，增加映像衬度或提高某种彩色组织的微细部分的分辨率，配合消色像差物镜，校正残余色像差，得到较短波长的单色光。

3）机械系统

机械系统主要包括底座、载物台、镜筒、调节旋钮等。

（1）底座。它起支撑整个镜体的作用。

（2）载物台。它用于放置试样，一般刻有在水平面内进行前后、左右移动的刻度，可在 360°水平范围内旋转，以改变观察部位。

（3）镜筒。它是物镜、目镜、照明器及光路系统其他部件的连接筒。

（4）调节旋钮。它用于聚焦，包括粗调与微调。

4）摄影系统

摄影系统是在一般显微镜的基础上附加了一套摄影装置，主要由照相目镜、对焦目镜、暗箱、投影屏、暗盒、快门等组成。由于计算机和数码技术的发展与普及，现代光学金相显微镜都配有数码摄影与计算机图像处理系统。

（1）使用步骤。

①接通电源。

②选择合适的物镜与目镜。

③使载物台对准物镜中心。

④使视场光阑与目镜镜筒大小合适。

⑤先粗调再微调。

⑥聚焦使映像清晰。

（2）使用注意事项。

①接通电源时，一定要注意光源所使用的电压值。对于台式显微镜，电压为 6 V，切勿接 220 V 电压，以免烧坏灯泡。对于新型台式显微镜，可直接接 220 V 电压，如 XJP-100 型台式显微镜。

②调焦时，应先粗调，后微调。

③操作者的手必须洗净擦干，小心谨慎操作，试样也要求清洁。

④不得拆卸任意部件，尤其是物镜与目镜。

⑤严禁用手摸光学零件。

⑥不准观察特大试样，试样不得有残留氢氟酸等化学药品。

⑦用完后取下物镜、目镜放入干燥缸内，将载物台处于非工作状态，切断电源，盖好防尘罩。用油镜头时，油量不宜过多，用毕后用二甲苯擦净镜头并保存。

（3）保护。光学金相显微镜应安装在阴凉、干净、无灰尘、无蒸气、无酸、无碱、无振动的室内。严防光学零件发霉，一旦发霉，应立即进行清洁。

2.6.3 功能

随着计算机技术、数码技术及信息技术的快速发展，为金相技术提供了更快、更好的新方法。传统获得金相照片的方法是在光学显微镜上加普通照相机，经过拍照（负片）→底片冲洗→底片晾干→相纸曝光→相纸冲洗→烘干→剪裁等大量耗时的暗室工作才能完成。现在借助于数码技术与计算机技术，就可以采用"普通光学显微镜+光学硬件接口+数码相机+计算机+软件接口+应用软件包+激光（或喷墨）打印机"的结构，完成金相照片的获取、自动标定、存储、查询、打印输出等工作。这样既取消了大量繁杂的暗室工作，又节约了大量的材料，并且使照片的保存、查询、传输等实现了计算机管理，操作上更加便利。

1. 系统组成及硬件配置

系统的硬件设备除光学设备（包括金相显微镜、CCD 相机或数码相机、接口、打印机等）外，还应有应用软件。系统中最重要的技术参数是摄像头的像素指标。像素是指组成图像的元素数，摄像头的像素高低对所采集的图像质量起着决定性的作用，摄像头的像素数越高，分辨率越高。随着数码技术的不断发展，摄像头的像素数不断提高。作为金相摄影，最好选择 500 万以上像素数的数码相机来拍照。

2. 系统的功能

系统一般运行于 Windows 等操作系统上，其界面直观、操作简单、运行速度快、安全稳定，借助于 Photoshop 软件进行图像处理。系统有以下三大模块。

（1）金相显微镜、CCD 相机或数码相机的接口。

（2）CCD 相机或数码相机与控制软件。

（3）计算机处理系统。

具备了这样一个数字化的金相照片的拍照与图像处理系统，在较短的时间内便可完成金相照片的拍照、处理、文字编辑、保存及打印等工作，同时为金相检验与分析实行自动化提供硬件与软件支持，为定量金相分析工作奠定基础。

3. 图像的采集与处理操作

（1）根据要求，在显微镜下选择合适的组织视野。

（2）打开计算机中的 Photoshop 软件。

（3）将显微图像借助 CCD 相机或数码相机输入计算机。

（4）选择图片存储的位置，打开拍摄的图片。

（5）调整图片灰度及对比度、尺寸等。

（6）选择质量类型及打印纸类型，打印图片。

（7）保存图片。

2.7　原子吸收分光光度计

2.7.1　原理

原子吸收分光光度计具有灵敏度高（可达到 $10^{-9} \sim 10^{-17}$ g/L）、重复性和选择性好、操作简便快速、结果准确可靠、检测时试样量少（在几微升至几十微升之间）、测量范围广（几乎能用来分析所有的金属元素和类金属元素元件）等优点，其可应用于冶金、化工、地质、农业及医药卫生等许多方面，在环境监测、食品卫生、生物体内微量金属元素的测定，以及医学和生物化学检验等方面的应用也日益广泛。人体中含有许多对维持正常生理过程有重要意义的金属元素，如钾、钠、钙、镁、铁、铜、锌、锰、钼和钴等。人体的血液、汗液、尿液、头发及机体组织，由于受环境和饮食污染，会引进铅、汞、镉和砷等有害元素。对这些金属元素的分析结果，可以反映机体内的生理过程及受环境污染而中毒的情况。原子吸收分光光度计既可用于血液、尿液、粪便及生物组织中微量元素的分析，也可对内脏、毛发、骨骼等经一定处理后进行分析测定。

在自然界中，一切物质的分子均由原子组成，而原子是由一个原子核和核外电子构成。原子核中有中子和质子，质子带正电，核外电子带负电，其电子的数目和构型决定了该元素的物理和化学性质。电子按一定的轨道绕核旋转，根据电子轨道离核的距离不同，另为不同的能级，即不同的壳层，每一壳层所允许的电子数是一定的。当原子处于正常状态时，每个电子趋向占有低能量的能级，这时原子所处的状态叫基态（E_0）。在热能、电能或光能的作用下，原子中的电子吸收一定的能量，处于低能态的电子被激发跃迁到较高的能态，原子此时的状态叫激发态（E_q）。原子从基态向激发态跃迁的过程是吸能的过程。处于激发态的原子是不稳定的，一般在 $10^{-10} \sim 10^{-8}$ s 内就要返回基态或较低的激发态（E_p）。此时，原子释放出多余的能量，辐射出光子束，其辐射能量的大小可表示为

$$\Delta E = E_q - E_p = hf = hc/\lambda \tag{2-18}$$

式中：h——普朗克（Planck）常数；

　　　f 和 λ——电子从能量为 E_q 的能级返回到能量为 E_p（或 E_0）的能级时所发射光谱的频率和波长；

　　　c——光速。

E_q、E_p 或 E_0 值的大小与原子结构有关，不同元素其 E_q、E_p 和 E_0 不同，一般元素的原子只能发射由其 E_q、E_p 或 E_0 决定的特定波长或频率的光，即

$$f = \frac{E_q - E_p}{h} = c/\lambda \tag{2-19}$$

每种物质的原子都具有特定的原子结构和外层电子排列，因此不同的原子被激发后，其电子会发生不同的跃迁，能辐射出不同波长的光。也就是说，每种元素都有其特征的光谱线。由于谱线的强度与元素的含量成正比，以此可测定元素的含量，进行定量分析。当某种

元素被激发后，核外电子从基态 E_0 激发到最接近基态的最低激发态 E_1，这一过程叫共振激发。当其又回到 E_0 时，发出的辐射光线即为共振线。基态原子吸收共振线辐射也可以从基态上升至最低激发态，由于各种元素的共振线不同，并具有一定的特征性，因此原子吸收仅能在同种元素的一定特征波长中观察到。当光源发射的某一特征波长的光通过待测试样的原子蒸气时，原子中的外层电子将选择性地吸收其同种元素所发射的特征谱线，使光源发出的入射光减弱，可以将特征谱线因吸收而减弱的程度用吸光度 A 表示，A 与被测试样中的待测元素含量成正比，即基态原子的浓度越大，吸收的光量越多。通过测定吸收的光量，就可以求出试样中待测的金属及类金属物质的含量。对大多数金属元素而言，共振线是该元素所有谱线中最灵敏的谱线，这就是原子吸收光谱分析法的原理，也是该法有较好的选择性，可以测定微量元素的根本原因。

原子吸收光谱分析是利用特定光源（例如空心阴极灯）产生的待测元素特征辐射通过待测试样的原子化区，原子化区中待测元素的基态原子将吸收这种特征辐射而产生能级跃迁，其吸收辐射能量的大小与原子蒸气云中待测元素的基态原子浓度成比例关系。测定特征辐射被吸收的能量大小，即可得到与之相关的待测元素的含量。光的吸收定律为

$$A = -\lg T = \lg \frac{1}{T} = K \cdot b \cdot c \tag{2-20}$$

式中：A——吸光度；

T——透射比（透过率）；

b——吸收层厚度；

c——吸收粒子浓度；

K——常数。

吸光度 A 与吸收粒子浓度 c 成正比关系，光的吸收定律是原子吸收光谱定量分析的理论基础。

原子吸收光谱分析以锐线单色发射为光源。根据光的吸收定律可知，在原子化温度不太高且变化不太大的情况下，原子吸收池内特征辐射的吸光度与元素的吸收粒子浓度 c 之间存在线性关系。

应用光的吸收定律进行定量分析时，试样溶液的浓度不能过高或过低。理论计算和实验结果表明：当 $T = 36.8\%$（即 $A = 0.434$ 时），测量的相对误差最小；当 $T = 70\% \sim 10\%$（即 $A = 0.155 \sim 1.00$）范围时，测量的相对误差较小且变化不大，一般为 2% 左右；当 $A < 0.155$ 或 $A > 1.00$ 时，测量的相对误差都会急剧增大。

2.7.2　设备结构

原子吸收分光光度计由光源、原子化器、分光系统和检测读出系统组成。火焰原子吸收分光光度计原理如图 2-48 所示。

分析溶液通过雾化器喷射成雾状进入火焰中，待测定物质在火焰高温作用下挥发并解离成原子蒸气。当光源发射的特征辐射通过一定厚度的原子蒸气时，原子化区中待测元素的基态原子将吸收这种特征辐射而产生能级跃迁，辐射强度被同类基态原子吸收而减弱，减弱的程度符合吸收定律。由检测器测出光源特征辐射被吸收的程度（即吸光度），即可求得待测

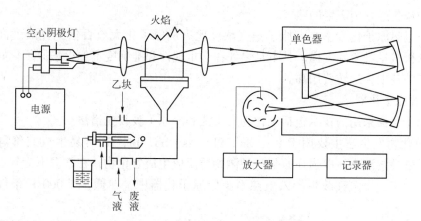

图 2-48　火焰原子吸收分光光度计原理

定元素的含量。

原子吸收光谱分析利用的是原子对特征辐射的选择性吸收过程，而发射光谱分析利用的是原子的特征辐射的再发射现象。

1. 光源——空心阴极灯

光源的作用是辐射待测定元素的特征光谱。空心阴极灯是一种高稳定度的锐线光源，其放电机理是一种特殊的低压辉光放电。在阴极和阳极间加 200～500 V 电压，在电场作用下，阴极释放的电子加速向阳极运动，使灯管中充入的惰性气体被电离，正离子以高速向阴极运动，撞击阴极内壁而引起阴极溅射效应，溅射出来的原子与其他粒子相互碰撞而被激发。激发态的原子很不稳定，立即退激发至基态，并发射出共振辐射。空心阴极灯发射的共振辐射主要是阴极材料的共振谱线。

2. 原子化器

原子化器的作用是将试样溶液中待分析物质分子分解成游离态中性基态自由原子。试样中被测元素的原子化是整个分析过程的关键。原子化方式主要有火焰原子化、电热原子化和低温原子化。

1）火焰原子化器

火焰原子化器一般包括雾化器、雾化室、燃烧器和供气系统，其工作过程为：试样溶液用毛细管自动提升至雾化器进行雾化，燃气和助燃气在预混合室（雾化室）内与试样细雾混合后，一起进入火焰区燃烧，对试样进行高温蒸发、解离生成基态自由原子。火焰原子化器首先要有足够的温度，才能使试样物质的分子解离形成待测元素的基态原子。但如果温度过高，会增加原子的电离或激发，而使基态原子数减少，导致分析灵敏度下降，可通过选择火焰的种类和调节燃助比来改变火焰的温度。

2）电热原子化器

目前应用较多的是石墨炉电热原子化器，它主要由石墨管、电加热系统、外气路、内气路、冷却水循环系统和进样系统组成。通过电加热产生高温，使试样原子化，最高原子化温度可达2 900 K。它用微量进样器进样，一般进样量为 50 μL。

石墨炉电热原子化过程可设定程序控制，分为干燥、灰化、原子化、清除等步骤，可根据分析要求分别控制温度高低和升温时间。外气路中的氩气沿石墨管外壁流动，冷却保护石墨管；内气路中的氩气由管两端流向管中心，从中心孔流出，用来保护原子不被氧化，同时排除干燥和灰化过程中产生的蒸气。

石墨炉电热原子化效率高，原子蒸气浓度比火焰原子化大数百倍，灵敏度高，进样量少，适合分析微量难激发试样。其不足之处在于重现性和准确度不如火焰原子化好，设备价格高，氩气消耗大，运转费用高。

3）低温原子化器

低温原子化器采用的技术包括氢化物发生法和冷原子吸收光谱法。

（1）氢化物发生法主要用于 Ge、Sn、Pb、As、Sb、Bi、Se 等易生成共价氢化物的元素，一般在酸性溶液中，以强还原剂与被测物质反应生成氢化物，在常温下为气态，容易从母液中分离出来，由氩气载带导入电热石英管原子化器中，在低于 1 000 K 条件下解离原子化。

（2）冷原子吸收光谱法主要用于测定汞元素，金属汞在常温常压下以原子蒸气形式存在，可直接用载气导入石英吸收管中进行原子吸收测定。

3. 分光系统和检测读出系统

分光系统目前使用较普遍的是光栅单色仪，其作用是对分析特征谱线聚光，并分离干扰谱线。由于原子吸收光谱分析使用的分析线大部分在紫外光谱区，因此常选闪耀波长为 250～300 nm 的闪耀光栅。也有的原子吸收分光光度计采用双光栅的办法，使一块适用于紫外光谱区，另一块适用于可见-红外光谱区，扩展原子吸收分光光度计的光谱工作范围。

检测读出系统的作用是检测单色光辐射的强度，对检测信号进行处理，并给出分析结果。原子吸收分光光度计的检测器通常是光电倍增管，一般选用工作波长范围为 190～900 nm 的光电倍增管。

为实现浓度直读，还需要两种功能电路：一种是放大倍数可调节的标尺扩展电路，使测定浓度与吸收值能对应起来；另一种是曲线校直电路，用于解决高浓度测定时易产生的校准曲线弯曲问题，使在测定范围内保持吸收值与浓度的线性关系。

2.7.3 功能

原子吸收分光光度计是一种常用的分光计产品，利物质基态原子蒸气对特征辐射吸收的作用来进行金属元素分析，目前被广泛应用于多个领域。下面介绍原子吸收分光光度计的四大应用。

1. 在理论研究中的应用

原子吸收法可作为物理和物理化学的一种实验手段，对物质的一些基本性能进行测定和研究。使用电热原子化器容易控制蒸发过程和原子化过程，所以用它测定一些基本参数很方便。常用电热原子化器测定元素离开机体的活化能、气态原子扩散系数、解离能、振子强度、光谱线轮廓的变宽、溶解度、蒸气压等。

2. 在元素分析中的应用

由于原子吸收光谱分析灵敏度高、干扰少、分析方法简单，因此被广泛应用于工业、农业、生化、地质、冶金、食品、环保等领域。目前，原子吸收法已成为金属元素分析的强有力工具之一，在许多领域已作为标准分析方法；原子吸收光谱分析的特点决定了它在地质和冶金分析中的重要地位，它不仅取代了一般的湿法化学分析，而且与 X 射线荧光分析，甚至与中子活化分析有着同等的地位；原子吸收法已用来测定地质试样中 70 多种元素，并且大部分能够达到足够的灵敏度和很好的精密度；钢铁、合金和高纯金属中多种痕量元素的分析现在也多使用原子吸收法；原子吸收法在食品分析中越来越广泛，食品和饮料中的 20 多种元素已能用原子吸收法分析；生化和临床试样中必需元素和有害元素的分析现已采用原子吸收法；有关石油产品、陶瓷、农业试样、药物和涂料中金属元素的原子吸收法分析的文献报道近些年越来越多；水体和大气等环境试样的微量金属元素分析已成为原子吸收法分析的重要领域之一。

3. 在有机物分析中的应用

利用间接法可以测定多种有机物，包括 8-羟基喹啉（Cu）、醇类（Cr）、醛类（Ag）、酯类（Fe）、酚类（Fe）、联乙酰（Ni）、酞酸（Cu）、脂肪胺（Co）、氨基酸（Cu）、维生素 C（Ni）、氨茴酸（Co）、异烟肼（Cu）、甲酸奎宁（Zn）、有机酸酐（Fe）、苯甲基青霉素（Cu）、葡萄糖（Ca）、环氧化物水解酶（PbO）、含卤素的有机化合物（Ag）等多种有机物，均可通过与相应的金属元素之间的化学计量反应而间接测定。

4. 在金属化学形态分析中的应用

通过气相色谱和液体色谱分离，然后以原子吸收光谱加以测定，可以分析同种金属元素的不同有机化合物。例如，汽油中 5 种烷基铅，大气中的 5 种烷基铅、烷基硒、烷基胂、烷基锡，水体中的烷基胂、烷基铅、烷基汞、有机铬，生物中的烷基铅、烷基汞、有机锌、有机铜等多种金属有机化合物，均可通过不同类型的光谱原子吸收联用方式加以鉴别和测定。

2.8　傅里叶红外光谱仪

2.8.1　原理

傅里叶变换红外光谱仪（Fourier Transform Infrared Spectrometer，FTIR Spectrometer），简称傅里叶红外光谱仪，它不同于色散型红外分光的原理，是基于对干涉后的红外光进行傅里叶变换的原理而开发的红外光谱仪。用它可以对试样进行定性和定量分析，目前广泛应用于医药化工、地矿、石油、煤炭、环保、海关、宝石鉴定、刑侦鉴定等领域。

红外线和可见光一样都是电磁波，而红外线是波长介于可见光和微波之间的一段电磁波。红外光又可依据波长范围分成近红外区、中红外区和远红外区三个波区，其中，中红外区（波长 2.5~25 μm；波数 4 000~400 cm^{-1}）能很好地反映分子内部所进行的各种物理过程以及分子结构方面的特征，对解决分子结构和化学组成中的各种问题最为有效。中红外区是红外光谱中应用最广的区域，一般所说的红外光谱大都是指这一范围。

红外光谱属于吸收光谱，是由于化合物分子振动时吸收特定波长的红外光而产生的，化学键振动所吸收的红外光的波长取决于化学键动力常数和连接在两端的原子折合质量，也就是取决于化合物的结构特征，这就是红外光谱测定化合物结构的理论依据。

红外光谱作为"分子的指纹"，广泛应用于分子结构和物质化学组成的研究。根据分子对红外光吸收后得到谱带频率的位置、强度、形状，以及吸收谱带和温度、聚集状态等的关系，便可以确定分子的空间构型，求出化学键的力常数、键长和键角。从光谱分析的角度看，主要是利用特征吸收谱带的频率推断分子中存在某一基团或键，由特征吸收谱带频率的变化推测临近的基团或键，进而确定分子的化学结构，当然也可由特征吸收谱带强度的改变对混合物及化合物进行定量分析。

傅里叶红外光谱仪是根据光的相干性原理设计的，因此是一种干涉型光谱仪。大多数傅里叶红外光谱仪使用了迈克耳孙（Michelson）干涉仪，实验测量的原始光谱图是光源的干涉图，然后通过计算机对干涉图进行快速傅里叶变换计算，从而得到以波长或波数为函数的光谱图。

红外光谱仪按发展历程可分为三代，第一代使用棱镜作为单色器，缺点是要求恒温且干燥、扫描速度慢、测量波长的范围较窄、分辨率低。第二代使用光栅作为单色器，对红外光的色散能力比棱镜高，得到的单色光优于棱镜单色器，且对温度和湿度的要求不严格，所测定的红外波谱范围较宽。

第一代和第二代红外光谱仪均为色散型红外光谱仪，随着计算机技术的发展，20世纪70年代开始出现第三代干涉型红外光谱仪，即傅里叶红外光谱仪。与色散型红外光谱仪不同，傅里叶红外光谱仪的光源发出的光首先经过迈克耳孙干涉仪变为干涉光，再让干涉光照射试样，检测器仅获得干涉图而得不到红外吸收光谱。实际吸收光谱是用计算机对干涉图进行傅里叶变换得到的。干涉型红外光谱仪和色散型红外光谱仪虽然工作原理不同，但得到的谱图是可比的。

傅里叶红外光谱仪已不再采用光栅，而采用迈克耳孙干涉仪，这种仪器不用狭缝，因此消除了狭缝对于光能的限制，可以同时获得光谱所有频率的信息。干涉仪将从光源来的信号以干涉图的形式送往计算机进行傅里叶变换，最后将干涉图还原成光谱图。

仪器中的迈克耳孙干涉仪的作用是将光源发出的光分成两束光后，再以不同的光程差重新组合，发生干涉现象。迈克耳孙干涉仪主要由定镜、动镜、分束器和检测器组成，定镜固定不动，动镜则可沿镜轴方向前后移动，在动镜和定镜之间放置一个呈45°角的半透膜分束器。从红外光源发出的红外光经过凹面镜反射成为平行光，照射到分束器上。分束器为一块半反射半透射的膜片，入射的光束一部分透过分束器垂直照射到动镜，一部分被反射，射向定镜。

当两束光的光程差为 $\lambda/2$ 的偶数倍时，落在检测器上的相干光相互叠加，产生明线，相干光的光强有极大值。当两束光的光程差为 $\lambda/2$ 的奇数倍时，落在检测器上的相干光相互抵消，产生暗线，相干光的光强有极小值。由于多色光的干涉图等于所有各单色光干涉图的加和，故得到的是具有中心极大并向两边迅速衰减的对称干涉图。干涉图包含光源的全部频率和与该频率相对应的强度信息。所以，如将一个有红外吸收的试样放在干涉仪的光路中，由于试样能吸收特征波数的能量，则所得到的干涉图强度曲线会相应地产生一些变化，包括每个频率强度信息的干涉图。可通过傅里叶变换技术对每个频率的光强进行计算，从而得到吸收强度或透过率和波数变化的普通光谱图。

傅里叶红外光谱仪由于具有扫描速度快、分辨率高、灵敏度高、光谱范围宽、测量精度高、杂散光干扰小、试样不受因红外聚焦而产生的热效应的影响等优点，因此得到了广泛的应用。傅里叶红外光谱仪的工作原理示意如图2-49所示。

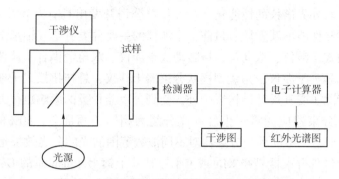

图 2-49　傅里叶红外光谱仪的工作原理示意

2.8.2　设备结构

一台完整的傅里叶红外光谱仪由光学台和计算机组成。光学台主要包括光源、干涉仪、检测器、试样室、光阑、氦氖激光器、电路板、各种红外反射镜等。在一台较高级的傅里叶红外光谱仪上，只要通过更换光源、干涉仪的分束器以及检测器等简单操作，就可使仪器从中红外光谱工作范围拓展至近、远红外光谱工作范围。

1. 傅里叶红外光谱仪的红外光源

红外光源应能发射高强度、连续、稳定的红外光，中红外光源主要有能斯特（Nernst）灯、硅碳棒光源以及陶瓷光源。

能斯特灯是由氧化锆、氧化钇、氧化钍混合物烧结而成的中空棒或实心棒，其两端绕有铂丝作为电极，工作时不用水冷却，发出的光强较强，但机械强度较差，使用前需预热。

硅碳棒是一种由 SiC（碳化硅）烧结的两端粗中间细的实心棒，传统硅碳棒光源的优点是光源能量高、功率大、发光面积大、较坚固，缺点是能耗高、热辐射强，使用时其两端需要用水冷却电极接触点。老式的硅碳棒光源目前已基本不用，经改进的硅碳棒光源虽然发光面积小，但红外光强，而且热辐射很弱，不需要水冷却。

陶瓷光源是陶瓷器件保护下的镍铬铁合金线光源，早期的陶瓷光源为水冷却光源，现在使用的基本为空气冷却光源。

由于 $50\ \text{cm}^{-1}$ 以下远红外区域大部分化合物基本没有吸收谱带，而硅碳棒光源、陶瓷光源基本能覆盖整个中红外波段范围及大部分远红外区域，因此可用作中、远红外光谱测定的光源。如果需要测定 $50 \sim 10\ \text{cm}^{-1}$ 远红外区间的远红外光谱，则使用高压汞弧灯光源。测试近红外光谱使用的光源是石英卤素灯，石英卤素灯也叫白光光源。

红外光源是有使用寿命的，为延长红外光源的使用寿命，现在有的仪器公司将光源的能量设置为可自动调节的三挡。当傅里叶红外光谱仪不工作时，光源的能量自动调节为低挡；当傅里叶红外光谱仪工作时，光源的能量自动调节为中挡；当使用红外附件时，为提高信噪比，光源的能量自动调节为高挡。通过这些方式的调节，可延长红外光源的使用寿命。

2. 傅里叶红外光谱仪的干涉仪

干涉仪是傅里叶红外光谱仪的核心部分，是傅里叶红外光谱仪与色散型或光栅型红外光谱仪作为区别的器件，傅里叶红外光谱仪的性能指标主要由干涉仪决定。

虽然干涉仪的设计原理均基于迈克耳孙干涉仪，基本组件包括动镜、固定镜和分束器，但是为提高傅里叶红外光谱仪的性能指标，各仪器公司开发出具有专利技术的各种干涉仪，促使干涉仪的种类和性能不断发展。目前，干涉仪的主要种类有空气轴承干涉仪、机械轴承干涉仪、皮带移动式干涉仪、双动镜机械转动式干涉仪、双角镜耦合干涉仪、动镜扭摆式干涉仪、角镜型迈克耳孙干涉仪、角镜型楔状分束器干涉仪、悬挂扭摆式干涉仪等。

干涉仪的性能除了受其设计结构影响外，受到分束器种类的影响也很大。根据迈克耳孙干涉仪工作原理，分束器应能将一束红外光分裂为相同的两部分，50%的光通过分束器，50%的光被分束器反射，不同种类分束器对不同波数范围的光的分光效果是不同的。

目前常用的中红外分束器是在 KBr 或 CsI 铯基片上镀上 1 μm 厚的 Ge 薄膜，分别制成 KBr/Ge 分束器和 CsI/Ge 分束器。这两种分束器均很容易吸潮损坏，其中 CsI/Ge 分束器比 KBr/Ge 分束器更容易吸潮。

傅里叶红外光谱仪测量远红外光谱常用的分束器有两种：一种是聚酯薄膜分束器；另一种是固体基质分束器。由于远红外光的波长较长，当远红外光通过聚酯薄膜分束器时，会发生干涉，因此测量远红外光谱时，不同远红外区域所需聚酯薄膜分束器的厚度求是不一样的。对绝大多数固体或液体化合物来说，6.25 μm 厚度即可满足要求；固体基质分束器的测量范围为 $650 \sim 50$ cm^{-1}，也完全满足绝大多数固体或液体化合物的远红外光谱测量需求。

3. 傅里叶红外光谱仪的检测器

傅里叶红外光谱仪检测器用于检测干涉光通过试样后剩余能量的大小，要求具有较高的灵敏度、较快的响应速度和较宽的响应波数范围。目前，中红外光谱常用的检测器主要有 DTGS 检测器和 MCT 检测器。

DTGS 检测器由氘代硫酸三甘肽晶体（DTGS）制成，将 DTGS 晶体切成几十微米厚的薄片，再从薄片引出两个电极连通前置放大器，信号经前置放大器放大后并进行模数转换，再发送到计算机进行傅里叶变换。DTGS 晶体越薄，灵敏度越高。DTGS 晶体易受潮损坏，其外部需用红外窗片密封保护，因此根据密封材料，又可将其分为 DTGS/KBr、DTGS/CsI 和 DTGS/KRS-5 检测器。

MCT 检测器由半导体碲化镉和半金属化合物碲化汞混合制成，根据两种化合物含量比例，又分为 MCT/A、MCT/B、MCT/C 三种。MCT/A 检测器比 MCT/B、MCT/C 检测器的灵敏度高，响应速度也更快。傅里叶红外光谱仪 MCT 检测器使用的波数范围比 DTGS 检测器窄一些，但灵敏度和响应速度都比 DTGS 检测器好，但使用起来比较麻烦，需要用液氮冷却。

2.8.3 功能

1. 红外光谱的定性应用

用红外光谱进行官能团或化合物定性分析的最大优点是特征性强。由于不同官能团或化合物都具有各自不同的红外光谱图，其谱峰的数目、位置、强度和形状等与官能团或化合物的种类有关。根据化合物的谱图，可以像辨别人的指纹一样确定官能团或化合物。例如羰基化合物中的碳氧双键（C＝O）的伸缩振动峰在 1 700 cm^{-1} 处，吸收强度较大，而且不同的含羰化合物（如酯、酮、醛、酸等），其碳氧双键（C＝O）的伸缩振动特征峰的峰位、峰强、峰形也会有区别。从吸收峰强度来看，极性较强的基团（如 C＝O、C—X）吸收强度较大，极性较弱的基团（如 C＝C、C—N 等）吸收强度较弱。红外吸收强度可以用很强

（vs）、强（s）、中强（m）、弱（w）来表示。峰形的不同也有助于判断化合物的结构，如羟基的 O—H 伸缩振动和胺基的 N—H 伸缩振动峰分别在 3 400、3 200 cm^{-1} 处，O—H 的伸缩振动峰形相对较宽，而 N—H 的伸缩振动峰形较尖锐。关联峰的存在能够帮助我们准确判断化合物的结构，如苯环类化合物，芳环上 C—H 伸缩振动峰在 3 100~3 000 cm^{-1} 处，同时在1 600~1 450 cm^{-1}处会有 C＝C 骨架振动的弱吸收峰，而指纹区（1 000~600 cm^{-1}）可帮助我们判断苯环上的取代基数目和位置。由于红外光谱测试方便，不受试样相对分子质量、形态和溶解性等方面的限制，测试用样较少，所以在官能团或化合物结构鉴定，特别是化合物的指认或从几种可能的结构中确定一种结构方面有广泛的应用。

1）标准红外光谱的应用

最常见的红外光谱的标准谱图库有萨特勒（Sadtler）标准红外谱图库、奥尔德里奇（Aldrich）红外谱图库和西格玛–傅里叶（Sigma–Fourier）红外谱图库等。标准谱图库有多种检索方法，且可以同时检索紫外、核磁氢谱和碳谱的标准谱图。

2）已知化合物和官能团的结构鉴定

将合成的已知化合物的红外光谱和标准谱图进行对照，是红外光谱用于化合物结构分析的重要应用之一。与标准谱图进行对照时，应采用与标准谱图相同的条件测试试样，如果两张谱图各吸收峰的位置和形状完全相同，峰的相对强度也一样，就可以认定合成化合物的结构与标准物一致。如果试样比标准谱图的峰还多几个峰，可能是杂质峰，可根据杂质峰的波数位置推断是何种官能团，并根据反应过程推断可能带入的杂质或某种副产物。如果两张谱图的峰位置不一致，或峰形、强度有差异，则说明两者不是同一种化合物。目前的计算机谱图检索采用相似度来判断，而使用文献上的谱图进行数据对照时，应当注意测试试样的物态、结晶状态、溶剂、测定条件以及所用仪器类型等方面的异同。

3）未知化合物结构分析

测定未知化合物的结构时，应当结合其他的分析手段。化合物的元素分析结果、相对分子质量及熔点、沸点、折射率等物理常数对于结构的测定都非常重要。根据元素分析结果，再结合相对分子质量求出化学式，由化学式求出不饱和度。不饱和度使可能的结构范围大大缩小，初步的红外光谱功能定性分析就可排除不可能的结构，最后问题可简化为几种可能结构的抉择。如果是前人已经鉴定的化合物，参考其物理常数可以使问题进一步简化。通过与标准谱图对照，最终确定此化合物的结构。必要时可结合核磁共振、质谱、紫外光谱等分析手段，得到准确的化合物鉴定结果。

2. 红外光谱的定量分析

红外光谱和紫外光谱一样，可以根据朗伯–比尔定律（Lambert–Beer Law）进行定量分析。由于制样技术不易标准化，因此红外光谱分析的定量精密度要比紫外光谱低。

用红外光谱测定混合物中的各成分含量有其独到之处，由于混合物光谱是各成分的加和，因此可以利用光谱中化合物的特征官能团的吸收峰强度，来测定混合物中各成分的百分含量。如果杂质在同一处有吸收，就会干扰含量测定。克服这个缺点的方法是对每个成分同时测量两个以上特征峰的强度，在选择特征峰时尽可能是强吸收峰，而其他成分在其附近吸收很弱或根本无干扰。

3. 红外光谱在其他方面的应用

1）宝石鉴定

法国和德国的科学家最早将红外光谱分析用于宝石的鉴定，并能迅速鉴别紫晶和紫色方柱石、欧泊石与玻璃仿制品等。漫反射和全反射红外光谱为无损宝石鉴定提供了可能。目前，该技术已成为宝石鉴定中的常规分析手段，特别是用来鉴别天然宝石和人工优化处理过的宝石，如对不含任何包裹体的祖母绿和合成祖母绿、紫晶与合成紫晶等加以区别，以及对人工优化处理的宝石进行鉴别，如辐射处理的彩色钻石、B 货翡翠、注塑欧泊石等。用塑料、环氧树脂和硅基高分子材料浸染或填充的宝石材料，用红外光谱检测有其独到之处。由于宝石中注入高分子材料，在 2 827、2 928、2 942、2 969 cm^{-1}处会显示出 C—H 伸缩振动特征吸收峰，而未经此处理的宝石无此吸收峰。

2）在医药领域的应用

生物体的化学物质组成复杂，官能团众多，在红外光谱中各种官能团特征吸收相互干扰覆盖，使光谱数据难以采用。随着计算机技术的发展，红外光谱仪已大大提高了信噪比，缩短了测量时间，使其应用从化学领域进入生物科学和医学领域。

目前，傅里叶红外光谱技术已广泛应用于癌变病理分析。通过正常组织细胞和癌变细胞组织的红外光谱的差异、细胞的分子结构差异，结合病理诊断结果，可以鉴别肿瘤的良、恶性以及肿瘤的分型与分级。

药物的同质多晶现象在医药工业中较为常见，由于不同晶型的药物在密度、稳定性、溶解度、生物利用度等方面差异很大，往往造成负面影响，因此保持药物晶型一致性非常重要。以往研究晶体通常用 X 射线晶体衍射、热载台显微观察或溶解度分析等分析方法，操作较为烦琐，不利于工业化，而利用漫反射傅里叶红外分析可在天然状态下测定固体试样的红外光谱。由于不同晶型的药物对应的谱图不同，因此对药物晶型分析非常有用。

3）在高分子化合物分析中的应用

基团吸收带的位置取决于分子能级的分布，吸收谱带的强度与跃迁概率有关，又与基团在试样中的含量有关，所以它具有定性和定量依据的两重性。偏振方向与跃迁偶极方向有关，因此红外光谱不仅可以测定高聚物的结构，还可以测定它的结晶度，判断它的立体结构。

根据基团特征吸收谱带及其强度，可以在确定高分子化合物结构的同时确定其含量。根据跃迁概率与偏振方向的关联，可以测定其结晶度。

2.9　紫外-可见分光光度计

2.9.1　原理

分子的紫外-可见吸收光谱是由于分子中的某些基团吸收了紫外-可见辐射光后，发生了电子能级跃迁而产生。由于各种物质具有各自不同的分子、原子和分子空间结构，其吸收光能量的情况也不相同。因此，每种物质就有其特有的、固定的吸收光谱曲线。可根据吸收光谱上的某些特征波长处的吸光度的高低，来判别或测定该物质的含量，这就是分光光度定性和定量分析的基础。

分光光度分析是根据物质的吸收光谱，研究物质的成分、结构和物质间相互作用。它使用带状光谱，反映了分子中某些基团的信息，可以用标准光图谱结合其他手段进行定性分析。

根据朗伯-比尔定律，光的吸收率与吸收层厚度成正比，与溶液浓度也成正比。同时考虑吸收层厚度和溶液浓度对光吸收率的影响，可以得到

$$A = \varepsilon b c \tag{2-21}$$

式中：A——吸光度；

　　　ε——摩尔吸光系数；

　　　b——吸收层厚度；

　　　c——溶液浓度。

使用式（2-21）就可以对溶液进行定量分析。

将分析试样和标准试样以相同浓度配制在同一溶剂中，在同一条件下分别测定紫外-可见吸收光谱。若两者是同一物质，则两者的光谱应完全一致。如果没有标样，也可以和现成的标准谱图对照进行比较。这种方法要求仪器准确，精密度高，且测定条件要相同。

实验证明，不同的极性溶剂产生氢键的强度也不同，可以利用紫外光谱来判断化合物在不同溶剂中氢键的强度，以确定选择哪一种溶剂。

2.9.2　设备结构

紫外-可见分光光度计主要由电光系统、光学系统、光电系统、电子系统、数据处理和输出打印系统等几个部分组成。

1. 电光系统

电光系统主要由氘灯、钨灯和相应的电源组成。电光系统对仪器的稳定性有很大的影响，是仪器不稳定的主要原因之一。

2. 光学系统

光学系统包括外光路（转向平面镜、聚光镜）、单色器两个主要部分。外光路和单色器各有很多类型。单色器是紫外-可见分光光度计杂散光的主要来源，是仪器的主要分析误差来源之一。

3. 光电系统

光电系统是将光信号变为电信号的关键部件，直接影响仪器的灵敏度和适用范围，一般包括光电管、光电倍增管、硅光电池、二极管阵列等部分。

4. 电子系统

电子系统主要由放大器、A/D 变换器等组成。其中，放大器是影响仪器灵敏度、稳定性的主要来源，它也是仪器噪声的主要来源，直接影响紫外-可见分光光度计的分析误差。

5. 数据处理和输出打印系统

数据处理和输出打印系统是决定仪器自动化程度的关键部件，特别是软件部分，直接影响紫外-可见分光光度计的质量。

目前，国际上通常按分光光度计的仪器结构不同，将其分为单光束、双光束和双波长三类。

1）单光束分光光度计

常用的单光束可见分光光度计有 721 型、722 型、723 型、724 型、727 型等。常用的单

光束紫外–可见分光光度计有 751G 型、752 型、753 型、754 型、756M 型等。

单光束是指从光源发出的光，经过单色器等系列光学元件和吸收池，照在检测器上时，始终为一束光。它只有一束单色光（光束只能交替通过参比溶液、试样溶液），一个比色皿，一个光电转换器。工作时，一条光路先通过参比溶液，再通过试样溶液，进行光强测量。

单光束分光光度计的特点是结构简单、价格低，主要适用于定量分析，测量结果受电源的波动影响较大，容易给测量结果带来较大的误差。所以，它们在使用上受到限制。一般来讲，要求较高的制药行业、质量检验行业等不适宜使用单光束分光光度计。

2）双光束分光光度计

常用的双光束分光光度计主要有 710 型、730 型、7MMc 型、760cRT 型等。双光束分光光度计就是有两束单色光的分光光度计。其光路设计基本上与单光束分光光度计相似，区别是在单色器与吸收池之间加了一个切光器，其作用是以一定的频率把一个光束交替分为光强相等的两束光，使一路通过参比溶液，另一路通过试样溶液，然后由检测器交替接收参比信号和试样信号。接收的光信号转变成电信号后，由前置放大器放大，并进一步解调、放大、补偿等，最后由显示系统显示。

3）双波长分光光度计

双波长分光光度计采用两个单色器，可以同时得到两束波长不同的单色光，其光路设计要求光源光束均匀、稳定，光源发出的光被两个单色器分别分离出两种不同波长的单色光，分别是测量波长（也称主波长，λ_p）和参比波长（也称次波长，λ_s），通过切光器，将两束光以一定的时间间隔交替照射到装有试样试液的同一个吸收池，由检测器显示出试液在波长 λ_p 和 λ_s 的透射比或吸光度。双波长分光光度计不仅能测量高浓度试样、多组分混合试样，而且测定混浊试样时比单波长测定更灵敏、更有选择性。双波长分光光度计在测定时，两个波长的光通过同一吸收池，以消除因吸收它的参数不同、位置不同、污垢以及制备参比溶液等带来的误差，从而可以显著地提高测定的准确度。

2.9.3 功能

1. 检定物质

吸收光谱图上的一些特征，特别是最大吸收波长和吸收系数是检定物质的常用物理参数。这在药物分析上就有着很广泛的应用。国内外的药典已将众多药物的紫外吸收光谱的最大吸收波长和吸收系数载入其中，为药物分析提供了很好的手段。

2. 与标准物及标准谱图对照

将分析试样和标准试样以相同浓度配制在同一溶剂中，在同一条件下分别测定紫外–可见吸收光谱。若两者是同一物质，则两者的光谱应完全一致。如果没有标样，也可以和现成的标准谱图对照比较。这种方法要求仪器准确，精密度高，且测定条件要相同。

3. 在氨基酸分析中的应用

紫外–可见分光光度计在氨基酸分析中的应用主要是对氨基酸的定量检测。因为氨基酸对紫外光的主要吸收波长为 230 nm，所以只要采用光度测量模式，将紫外–可见分光光度计的波长设置到氨基酸的最大吸收峰 230 nm 处，就可测试其吸光度大小，从而计算出氨基酸的含量。但是，因为分析氨基酸时，一般是将它溶解在水中，而水在 230 nm 附近有很多干扰吸收线，所以在用紫外–可见分光光度计对氨基酸进行分析检测时，要注意防止干扰问题。此外，还需注意只有少数氨基酸有紫外吸收，多数氨基酸无紫外吸收或很弱，测定时要衍生化后再测。

4. 在糖类分析中的应用

紫外–可见分光光度计在糖类分析中的主要作用是进行定量检测。因为糖对紫外光的主要吸收波长为 218 nm，所以对糖类进行分析时，只要采用光度测量模式，将紫外–可见分光光度计的波长设置到糖的最大吸收峰 218 nm 处，就可测试其吸光度大小，从而计算出糖的含量。

5. 在蛋白质分析中的应用

紫外–可见分光光度计在蛋白质分析中的主要作用是蛋白质含量检测，一般是在蛋白质的吸收峰上进行吸光度测定。因为蛋白质对紫外光的主要吸收波长为 280 nm，所以采用光度测量模式，将仪器的波长设置到蛋白质的最大吸收峰波长 280 nm 处，测试其吸光度大小，就可完成对蛋白质的定量检测。

6. 在多糖分析中的应用

紫外–可见分光光度计在多糖分析中的主要作用也是定量检测。因为多糖对紫外光的主要吸收波长为 206 nm，所以只要采用光度测量模式，将紫外–可见分光光度计的波长设置到多糖的最大吸收峰 206 nm 处，就可测试其吸光度大小，从而计算出多糖的含量。但是多糖的分析难度很大，因为在 206 nm 处的时候，光源（氘灯）的能量已经很弱，仪器光学系统的能量输出也很低，光电倍增管的灵敏度也很低，206 nm 左右的干扰也很大，所以用紫外–可见分光光度计进行多糖分析是一件很难的事，目前还在研究中。

工程案例

　　超细氧化铝是一种重要的功能陶瓷原料。随着我国在环保领域的推广和对低成本无机陶瓷膜的不断研发，氧化铝材质的陶瓷膜已是我国工业上常见的、应用广泛的陶瓷膜，已经成为解决水污染问题最重要的原材料之一。制备高纯超细氧化铝粉的方法有氢氧化铝煅烧、硫酸铝铵煅烧或喷雾热解、溶胶凝胶等。在制备过程中，利用差热分析确定热处理条件，用 X 射线衍射分析了解各不同热处理条件下物相变化及计算粉体粒度，用扫描电子显微镜观察粉体形貌，用化学分析或光谱分析法确定粉体的纯度。下面通过本章内容的学习，探索究竟如何采用表征测试手段来确定超细氧化铝的化学组成、物相组成、结构等信息。氧化铝晶体如图 3-1 所示。

图 3-1　氧化铝晶体

3.1　X 射线衍射技术与定性相分析

3.1.1　实验目的

（1）了解衍射仪的结构与原理。

（2）学习试样的制备方法和实验参量的选择等衍射实验技术。

（3）根据衍射图或数据，学会单物相鉴定方法。

3.1.2　实验原理

X射线发生器是产生X射线的装置，由X光管发射出的X射线包括连续X射线谱线和特征X射线谱线。测角仪是衍射仪的重要部分，X射线源焦点与计数管窗口分别位于测角仪圆周上，试样位于测角仪圆的正中心。当给X光管加以高压，产生的X射线经由发散狭缝射到试样上时，晶体中与试样表面平行的晶面，在符合布拉格条件时即可产生衍射而被计数管接收。当计数管在测角仪圆所在平面内扫射时，在某些角位置能满足布拉格条件的晶面所产生的衍射线将被计数管依次记录并转换成电脉冲信号，经放大处理后通过记录仪描绘成衍射图。

定性相分析的原理是根据晶体对X射线的衍射特征（衍射线的方向及强度），来鉴定结晶物质的物相。定性相分析法就是X射线物相分析法。每一种结晶物质都有各自独特的化学组成和晶体结构。没有任何两种物质的晶胞大小、质点种类及其在晶胞中的排列方式是完全一致的。因此，当X射线被晶体衍射时，每一种结晶物质都有自己独特的衍射花样，它们的特征可以用各个反射晶面的间距 d 和反射线的相对强度 I/I_0 来表征。其中，晶面间距 d 与晶胞的形状和大小有关，相对强度则与质点的种类及其在晶胞中的位置有关。所以任何一种结晶物质的衍射数据 d 和 I/I_0 是其晶体结构的必然反映，可以根据它们来鉴别结晶物质的物相。

3.1.3　主要实验设备及材料

AL-2700型X射线粉末衍射仪，实验试样。

3.1.4　实验内容及步骤

1. 试样制备

衍射仪法中试样制作上的差异对衍射结果所产生的影响，要比照相法中大得多。因此制备符合要求的试样，是衍射仪实验中的重要环节，通常制成平板状试样。衍射仪均附有表面平整光滑的玻璃或铝质的试样板，板上开有窗孔或不穿透的凹槽，试样放入其中进行测定。

1）粉晶试样的制备

（1）将被测试样在玛瑙研钵中研成5 μm左右的细粉。

（2）将适量研磨好的细粉填入凹槽，并用平整光滑的玻璃板将其压紧。

（3）将槽外或高出试样板面的多余粉末刮去，重新将试样压平，使试样表面与试样板面平齐，光滑。

2）特殊试样的制备

对于金属、陶瓷、玻璃等一些不易研成粉末的试样，可先将其锯成窗孔大小，磨平一面，再用橡皮泥或石蜡将其固定在窗孔内。对于片状、纤维状或薄膜试样，也可取窗孔大小并直接嵌固在窗孔内。固定在窗孔内的试样，其平整表面必须与试样板平齐，并对着入射的

X 射线。

2. 测量方式和实验参数选择

（1）测量方式：步进。

（2）实验参数选择。

①起始角度：>3°。

②终止角度：<160°。

③步进角度：0.01°~0.06°，推荐 0.02°。

④采样时间：0.1~4 s，推荐 0.5~1 s。

⑤管电压：最高 40 kV。

⑥管电流：最高 40 mA。

3. 衍射仪的操作

（1）开机前的准备和检查。

（2）开机操作。

①打开计算机。

②启动循环水泵，将水循环制冷装置上的开关拨到"RUN"位置，开启该装置。

③顺时针旋转红色开关，打开衍射仪主机。

④按住衍射仪门上的按钮，向右滑动打开仓门，将准备好的试样放到衍射仪试样台上。

⑤关好衍射仪门。

⑥在计算机桌面双击 X 射线衍射仪控制系统程序图标，打开控制界面。

⑦等待仪器自检完成后，进入账户。

⑧单击"开始测量"按钮，再单击"试样测量"按钮，进入试样测量界面。

⑨设定好右边的控制参数表。

⑩单击"开始测量"按钮，弹出文件保存路径对话框，输入文件名，然后保存文件。

⑪仪器开始采集数据，并在控制界面显示。

⑫采集数据结束后，"开始测量"按钮弹起，数据自动保存至设定路径，测试结束。此时可以进行下一个试样的扫描。

（3）停机操作。

①当全部工作完成时，单击控制界面左上角的"退出"按钮。

②此时弹出对话框，问"是否退出高压"，单击"是"按钮。

③待仪器顶部的高压指示灯熄灭后，逆时针旋转红色开关关闭衍射仪。

④5 min 后，将水循环制冷装置上的开关拨到"STOP"位置，关闭该装置。

4. 试样衍射图分析

将测得 X 射线衍射数据导入 Jade 软件中进行物相定性分析，如图 3-2 所示。

（1）寻峰。单击工具栏中的 ⛰ 按钮，进行衍射峰寻峰操作。

（2）抠除背底。单击工具栏中的 ⚏ 按钮，将衍射峰背底抠除，提高衍射峰分析精度。

（3）物相检索。单击工具栏中的 ⚒ 按钮，进行物相检索，得到如图 3-3 所示的物相显示界面。界面下方显示的质因子最小的物相，即为该 X 射线衍射数据对应的物相。

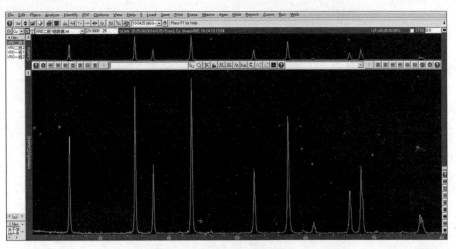

图 3-2 将测得 X 射线衍射数据导入 Jade 软件

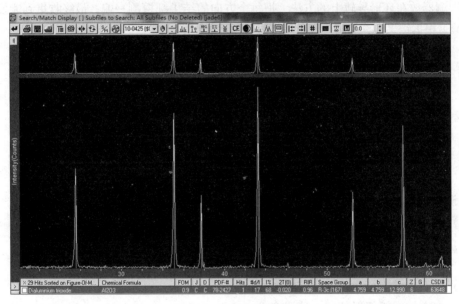

图 3-3 物相显示界面

3.1.5 实验报告要求

每 5~8 人为一组制备一个试样,并对其进行衍射分析,得到衍射图,每组独立完成两种物相鉴定。

3.1.6 思考题

(1) 制样中应注意哪些问题?
(2) 进行物相鉴定时要注意哪些问题?

3.2 X射线衍射定量相分析

3.2.1 实验目的

（1）熟悉X射线衍射仪的使用方法。
（2）学会用X射线衍射仪进行物相定量分析的方法。

3.2.2 实验原理

根据布拉格定律，我们知道，只有在特殊的入射角度时才能得到衍射图像。下面使用把X射线和探测器放在环形导轨上的方法，把每个方向的结果都探测一遍，最终收集到能发生衍射的衍射峰。根据结果推算晶面，判断晶体构型和元素种类。

3.2.3 主要实验设备及材料

AL-2700型X射线粉末衍射仪。

3.2.4 实验内容及步骤

1. 测量数据

（1）准备试样。
（2）打开X射线衍射仪。
（3）按下"Door"按钮，听到报警声。
（4）向右拉常规衍射仪门，装好试样。
（5）向左拉常规衍射仪门，使之合上。
（6）打开"控制测量"程序，输入实验条件和试样名，开始测量。
（7）按相同的实验条件测量其他试样的衍射数据。

实验参数设定如表3-1所示。

表3-1 实验参数设定

仪器	扫描范围	扫描度	电压	电流
AL-2700型X射线粉末衍射仪	10~80	8°/min	40 kV	250 mA

2. 物相定量分析

（1）物相检索。单击工具栏中的 按钮，进行物相检索，定量分析操作界面如图3-4所示。

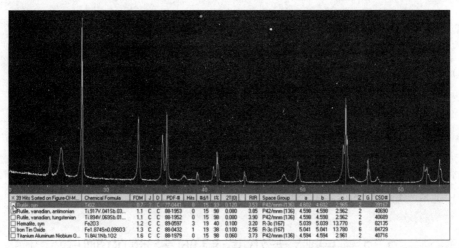

图3-4 定量分析操作界面

（2）手动寻峰。标记不属于第一项检索物质的其他衍射峰。单击工具栏中的 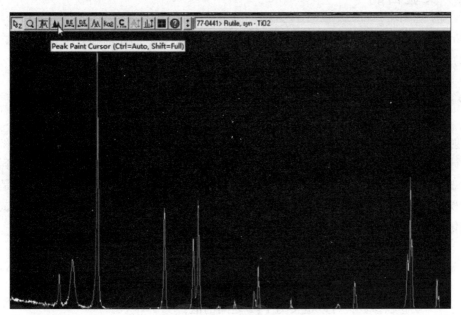 按钮，进行手动寻峰，其操作界面如图3-5所示。

图3-5 手动寻峰操作界面

（3）检索得到第二项物相，以此类推，直至得到所有物相。

（4）单击工具栏中的 按钮，对曲线进行适当平滑。

（5）单击工具栏中的 按钮，对曲线进行拟合。

（6）单击工具栏中的"Options"下拉菜单中"Easy Quantitative"按钮，对试样质量进行简单计算。

（7）在弹出的对话框中单击"Calc Wt%"按钮，进行试样质量分数分析，并进行数据读取，完成定量分析操作。

3.2.5 实验报告要求

(1) 2~3 人为一组,按事先测得的多相物质衍射图进行物相定量分析。
(2) 记录所分析衍射图的测试条件,将实验数据及结果以表格形式列出。

3.2.6 思考题

(1) 简述定量分析操作步骤。
(2) 造成定量分析的误差有哪些?

3.3 晶粒大小与晶胞参数的测定

3.3.1 实验目的

(1) 学习用 X 射线衍射峰宽化测定晶粒尺寸与晶胞参数的原理和方法。
(2) 掌握使用 X 射线衍射分析软件进行晶粒尺寸和晶胞参数测定的方法。

3.3.2 实验原理

X 射线衍射峰的宽化主要由三个因素造成:仪器宽化(本征宽化)、晶粒细化和微观应变。要计算晶粒尺寸或微观应变,第一步应当从测量的宽度中扣除仪器的宽度,得到晶粒细化或微观应变引起的真实加宽效果。但是,这种线形加宽不是简单的机械叠加,而是它们形成的卷积。所以,在得到一个试样的衍射谱以后,首先要做的是从中解卷积,得到试样因为晶粒细化或微观应变引起的加宽 $FW(S)$:

$$FW(S)^D = \frac{K\lambda}{FW(S)\cos\theta} \tag{3-1}$$

$$FW(S)^D = FWHM^D - FW(I)^D \tag{3-2}$$

式中:D——反卷积参数,可以定义为 1~2 之间的值;

K——常数,一般取 $K=1$;

λ——X 射线的波长,nm;

$FW(S)$——试样宽化,rad;

θ——衍射角,rad。

一般情况下,衍射峰图形可以用柯西(Cauchy)函数或高斯(Gauss)函数,或者它们二者的混合函数来表示。如果峰形更接近于高斯函数,则 D 取值为 2,如果更接近于柯西函数,则 D 取值为 1。另外,当半高宽用积分宽度代替时,则 D 取值为 1。D 的取值大小影响实验结果的单值,但不影响系列试样的规律性。

晶粒细化和微观应变都产生相同的结果,那么必须分三种情况来说明如何分析。如果试样为退火粉末，则无应变存在，衍射线的宽化完全由晶粒比常规试样的小而产生。这时，可用谢乐公式来计算晶粒的大小：

$$Size = \frac{K\lambda}{FW(S)\cos\theta} \qquad (3-3)$$

式中：Size——晶粒尺寸，单位为 nm。

计算晶粒尺寸时，一般采用低角度的衍射线。如果晶粒尺寸较大，可用较高衍射角的衍射线来代替。晶粒尺寸在 30 nm 左右时，计算结果较为准确，此式适用范围为 $1 \sim 100$ nm 的晶块。超过 100 nm 的晶粒不能使用此式来计算，可以通过其他的照相方法计算。

如果试样为合金块状试样，本来结晶完整，而且加工过程中无破碎，则线形的宽化完全由微观应变引起。此时有

$$Strain\left(\frac{\Delta d}{d}\right) = \frac{FW(S)}{4\tan\theta} \qquad (3-4)$$

式中：Strain——微观应变，它是应变量与面间距的比值，用百分数表示。

如果试样中同时存在以上两种因素，需要同时计算晶粒尺寸和微观应变。这时情况就复杂了，因为这两种线形加宽效应也不是简单的机械叠加，而是它们形成的卷积。使用与前面解卷积类似的公式解出两种因素的大小，由于同时要求出两个未知数，因此靠一条谱线不能完成。一般使用威廉森-霍尔（Williamson-Hall）方法：测量两个以上的衍射峰的半高宽 $FW(S)$，由于晶块尺寸与晶面指数有关，所以要选择同一方向的衍射面，如（111）和（222），或（200）和（400）。以 $\frac{\sin\theta}{\lambda}$ 为横坐标，作 $\frac{FW(S)\cos\theta}{\lambda} - \frac{\sin\theta}{\lambda}$ 图，用最小二乘法进行直线拟合，直线的斜率为微观应变的两倍，直线在纵坐标上的截距即为晶粒尺寸的倒数。

3.3.3 主要实验设备及材料

X 射线衍射仪，实验试样。

3.3.4 实验内容及步骤

1. 物相分析过程

使用 Jade 软件对试样的 X 射线衍射数据进行分析，以定性分析试样的物相。

1）导入数据

将测试得到的 X 射线衍射数据文件直接拖到 Jade 软件中，得到试样的 X 射线衍射图，如图 3-6 所示。

2）初步物相检索

单击 按钮，弹出检索对话框，设定初步检索条件（见图 3-7）：选择所有类型的数据库；检索主物相（Major Phase）；不使用限定化学元素检索（不勾选 "Use Chemistry" 复选框）。单击 "OK" 按钮开始检索，得到的初步检索结果如图 3-8 所示。

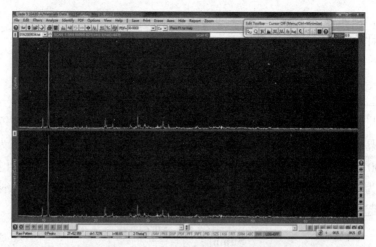

图 3-6　将数据导入 Jade 软件后得到的试样的 X 射线衍射图

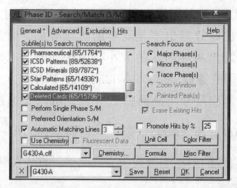

图 3-7　设定初步检索条件

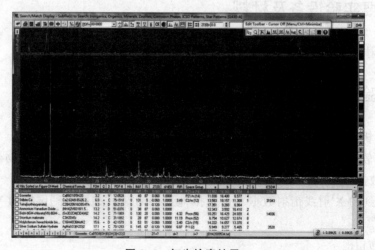

图 3-8　初步检索结果 1

由初步检索结果可以看出，最可能的物相有四个：$CaB_5O_8(OH)B(OH)_3(H_2O)_3$，如图 3-8 所示；$CaB_6O_{10} \cdot 5H_2O$，如图 3-9（a）所示；$Ca_{2.62}Al_{9.8}Si_{26.2}O_{72}H_{4.56}$，如图 3-9（b）所示；$C_{20}H_{20}N_{16}O_8S_4Th$，如图 3-9（c）所示。其中，前三个均为无机物，第四个为有机金属化合物。

由图 3-9（b）、（c）可以看出，这两种物相的标准衍射峰没有与试样衍射峰中的最强峰匹配，因此试样中不含有第三、四种物相，或者其主晶相不是第三、四种物相。由图 3-8 以及图 3-9（a）可以看出，两种物相的衍射峰与试样的衍射峰几乎都能对上，并且强弱对应良好，因此试样中主晶相可能为 $CaB_5O_8(OH)B(OH)_3(H_2O)_3$、$CaB_6O_{10} \cdot 5H_2O$ 或两者的混合物。

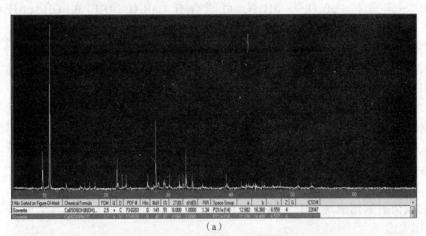

（a）

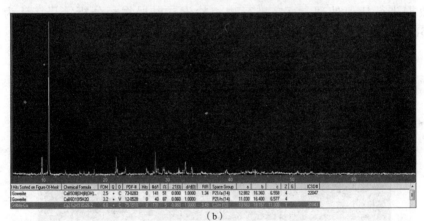

（b）

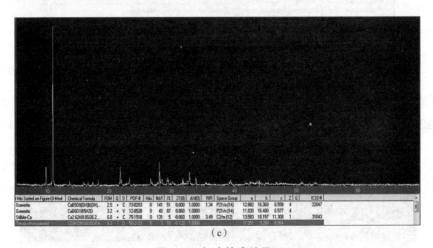

（c）

图 3-9　初步检索结果 2

3）限定条件的物相检索

分析初步检索结果，发现 $CaB_5O_8(OH)B(OH)_3(H_2O)_3$ 与 $CaB_6O_{10} \cdot 5H_2O$ 两物相的衍射峰与试样衍射峰均能对应。虽然 $CaB_5O_8(OH)B(OH)_3(H_2O)_3$ 的 FOM 值较小，但是从图中可以看出其标准衍射峰与试样峰（包括最强峰）有很小的，而 $CaB_6O_{10} \cdot 5H_2O$ 的衍射峰与试样峰能够更好对应（尤其是较强的衍射峰）。由于没有被告知试样是合成还是天然矿物，因此试样主晶相中一定含有 $CaB_6O_{10} \cdot 5H_2O$，可能含有 $CaB_5O_8(OH)B(OH)_3(H_2O)_3$ 以及 $Ca_{2.62}Al_{9.8}Si_{26.2}O_{72}H_{4.56}$ 和 $C_{20}H_{20}N_{16}O_8S_4Th$。

如果试样为人工合成，考虑到 Th 元素的稀少性，以及第四种物相元素与前三种差别较大，可以排除试样中含有此物相的可能性。但是，试样若为天然矿物，则无法进行类似判断。$CaB_6O_{10} \cdot 5H_2O$ 物相标准 PDF 卡号为 12-0528。

2. 平均晶粒尺寸计算

Jade 软件计算平均晶粒尺寸的基本原理就是谢乐公式，以衍射峰半高宽进行计算。由于没有标准试样的衍射数据来制作仪器半高宽补正曲线，故计算过程中选择 "Constant FWHM" 选项作为半高宽补正。

1）导入数据

将 X 射线衍射数据拖到 Jade 软件中，得到试样衍射图。

2）物相检索

不对数据进行任何处理，直接进行物相检索。根据物相分析结果，认为主晶相为 $CaB_6O_{10} \cdot 5H_2O$，不考虑其他物相。检索结果如图 3-10 所示。

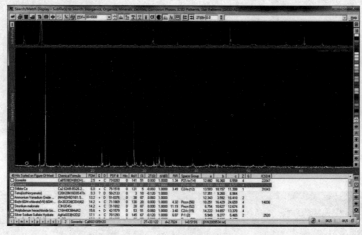

图 3-10　检索结果

3）抠除背底及 $K_{\alpha 2}$

单击 ![BG] 按钮，显示已有的背底，再次单击 ![BG] 按钮，抠除背底及 $K_{\alpha 2}$，如图 3-11 所示。

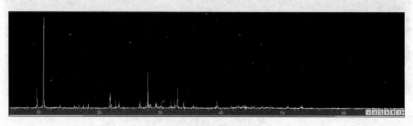

图 3-11　抠除背底及 $K_{\alpha 2}$

4）平滑曲线

单击 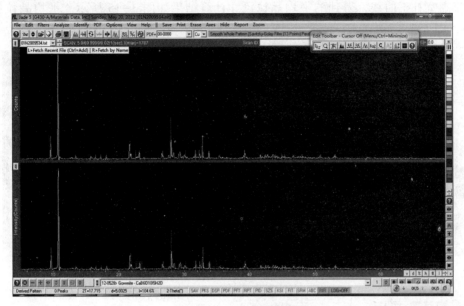 按钮，对曲线进行一次平滑，平滑后的曲线如图 3-12 所示。

图 3-12　平滑后的曲线

5）全谱拟合

单击 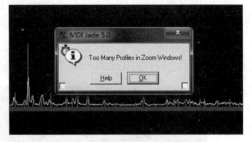 按钮，对 X 射线衍射图进行全谱拟合，系统提示衍射峰过多，如图 3-13 所示。此时需要对 X 射线衍射图进行选区拟合。从 X 射线衍射图中可以看出，试样的主要衍射峰都在 40°以前，因此选择 40°区域进行拟合，选区拟合结果如图 3-14 所示。

图 3-13　系统提示衍射峰过多

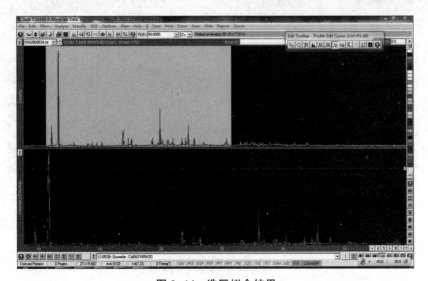

图 3-14　选区拟合结果

6）计算平均晶粒尺寸

在菜单栏中执行"Report/Size&Strain Plot"命令，弹出对话框，选择"Constant FWHM"为试样半高宽补正曲线，得到的平均晶粒尺寸计算结果如图 3-15 所示。平均晶粒尺寸为 1 888 Å，即 188.8 nm。

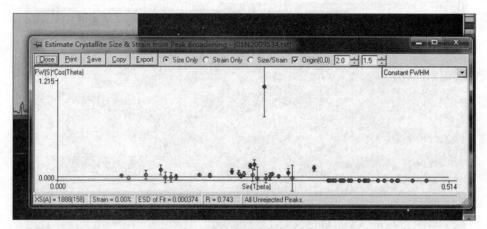

图 3-15　平均晶粒尺寸计算结果

3. 晶胞参数计算

由物相分析可知，试样中 $CaB_6O_{10} \cdot 5H_2O$ 为一定存在的主晶相，$CaB_5O_8(OH)B(OH)_3$ $(H_2O)_3$ 可能存在，因此计算晶胞参数时只用计算 $CaB_6O_{10} \cdot 5H_2O$ 物相的。

1）导入数据

将 X 射线衍射数据拖到 Jade 软件中，得到试样的 X 射线衍射图，如图 3-16 所示。

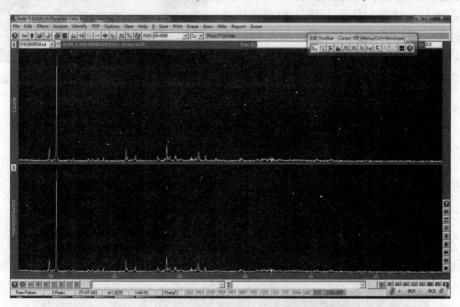

图 3-16　导入数据后得到试样的 X 射线衍射图

2）物相检索

单击 S/M 按钮，进行物相检索，检索结果如图 3-17 所示。

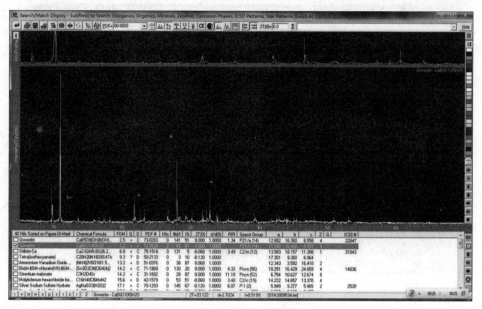

图 3-17　检索结果

3）抠除背底及 $K_{\alpha 2}$

单击检索结果界面左上角的 按钮，退回主界面。单击 按钮，显示已有背底，如图 3-18 所示。再次单击 按钮，抠除背底及 $K_{\alpha 2}$，如图 3-19 所示。

图 3-18　显示已有背底

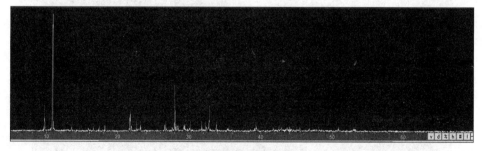

图 3-19　抠除背底及 $K_{\alpha 2}$

4）平滑曲线

单击 按钮，对曲线进行一次平滑，平滑后的曲线如图 3-20 所示。

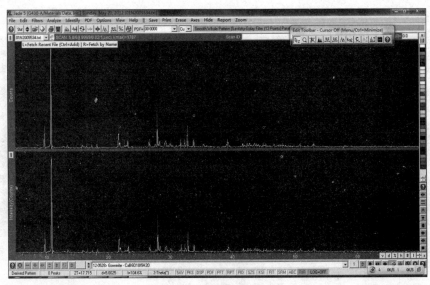

图 3-20　平滑后的曲线

5）标注衍射指数，选区拟合

单击主界面右下角的 **h** 按钮，在途中标注多个衍射峰的衍射指数，如图 3-21 所示。然后对 X 射线衍射图进行选区拟合，结果如图 3-22 所示。

图 3-21　标注多个衍射峰的衍射指数

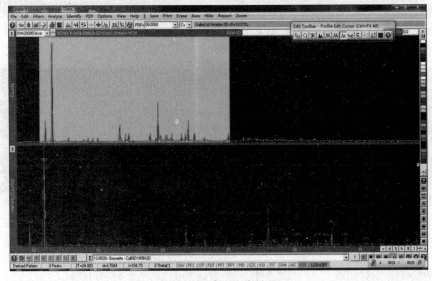

图 3-22　选区拟合结果

6）计算晶胞参数

在菜单栏中执行"Option/Calculate Lattice"命令，弹出对话框，直接得到晶胞参数计算结果，如图 3-23 所示。

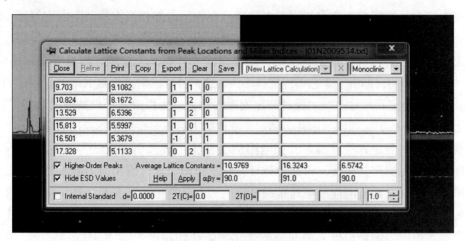

图 3-23　晶胞参数计算结果

计算结果表明：$CaB_6O_{10} \cdot 5H_2O$ 的平均晶胞参数为 $a = 10.976\ 9$，$b = 16.324\ 3$，$c = 6.574\ 2$；$\alpha = 90°$，$\beta = 91°$，$\gamma = 90°$。检索得到的 $CaB_6O_{10} \cdot 5H_2O$ 标准 PDF 卡片中的晶胞参数为 $a = 11.03$，$b = 16.4$，$c = 6.577$；$\alpha = 90°$，$\beta = 91.33°$，$\gamma = 90°$。两者相比，相差不大。

通过 X 射线衍射测试数据，以 Origin 软件绘制的 $CaB_6O_{10} \cdot 5H_2O$ X 射线衍射图，由于峰位密集程度较高，且部分衍射峰很低，图中只标注了 40° 以前的部分主要衍射峰的衍射指数。

3.3.5　实验报告要求

（1）介绍用 X 射线衍射峰宽化测定晶粒大小与晶胞参数的原理和方法。

（2）在物相 X 射线衍射图中标记各衍射峰对应晶面，对物相晶粒大小和晶胞参数的结果进行分析。

3.3.6　思考题

影响晶粒大小和晶胞参数的因素有哪些？

3.4　宏观内应力的测定

3.4.1　实验目的

（1）了解金属材料内应力的分类和对材料性能的影响。

（2）掌握用 X 射线衍射法测量金属材料宏观内应力的原理和实验方法。

3.4.2 实验原理

宏观内应力是指当产生应力的因素去除后，在物体内部相当大的范围内均匀分布的残余内应力。它对机械构件的疲劳强度、抗应力腐蚀性能、尺寸稳定性和使用寿命等都有直接的影响。宏观内应力的影响有时是有利的，如表面淬火、喷丸、渗碳、渗氮等表面强化处理；但多数时候是不利的，如由于工艺条件选择不当，使部件淬火时产生过大的宏观内应力会使部件开裂、性能不稳定和尺寸改变。通过测定宏观内应力，可以寻求部件处理的最佳工艺条件，检查强化效果和分析失效原因。因此，测定宏观内应力具有重要的实际应用意义。

宏观内应力的测定方法有很多，如电阻应变片法、机械引伸仪法和 X 射线法等。这些方法实际上都是先测定其应变，再通过弹性力学定律由应变计算出应力的数值。用电阻应变片法和机械引伸仪法测出的应变虽然精确度较高，但是测出的应变是弹性应变和塑性应变的总和，无法将两者分开，并且它们都需要破坏被测工件，达不到无损检测的目的。用 X 射线法测定宏观内应力则是根据晶面间距的变化，即在固定波长的 X 射线照射下，根据衍射线条的位移来分析应变，因此它具有以下优点：首先，它是唯一的无损检验法；其次，它所检验的仅是弹性应变，而不含塑性应变，因为工件塑性变形本质上是晶面的滑移和攀移，面间距并不改变，所以不会引起衍射线条位移；最后，X 射线照射被测工件的截面可小到直径为 1~2 mm，因而它能够研究小区域的局部应变和陡峭的应力梯度，而其他方法所测定的通常都是 20 mm 以上的平均应变。

用 X 射线法测定宏观内应力也有不足之处：第一，只能测量二维平面应变，用于衍射的 X 射线的贯穿能力有限，一般为 10 μm 左右，它所能记录的仅是工件表面的应力，即二维应力，如果需要研究深入工件内部的三维应力，则必须对工件进行切割、研磨或腐蚀才能实现，而切割可能改变试样的原始应力状态；第二，测量精度随材料不同而变化，对于能给出清晰明锐衍射峰的材料，即退火后的细晶粒材料，X 射线法能够达到 ± 2 kg/mm^2 的精度，对于淬火硬化或冷加工材料，其衍射峰十分漫散，测量误差可增大数倍。

3.4.3 主要实验设备及材料

X 射线衍射仪，金属材料试样。

3.4.4 实验内容及步骤

1. 选择扫描范围及模式

设置区域为 35°~130°，找到衍射峰位靠后而且较强的峰，确定扫描范围。注意，应力测量应该用高角度的衍射峰，越高越好。

2. 在 X 射线衍射软件 Wizard 中进行测试参数设置

（1）打开 X 射线衍射软件 Wizard，单击"新建"（New）按钮，在出现的"应力"（Stress）界面上如果没有需要改的参数，单击"OK"按钮将其关闭即可。

（2）在光路设置界面上，"前置光学元件"（Twin）选择"狭缝光路度"；"后置光学元件"选择"固定开口"；"探测器"可以选择"一维固定扫描"（Fixed Scan）或"连续扫描"，取决于衍射峰的宽度。

（3）在"检测器选择"（Detector Selection）上选择"PSD lynxeye"，"PSD electronic window"选择"Use default"。

（4）在"检测器"（Detector）界面设定探测器的能量分辨率，根据材料的要求选择能量窗口，例如，Cu 靶 Fe 试样选择下限。

（5）在"发生器"（Generator）界面设定电压和电流分别为 40 kV 和 40 mA。

（6）在"扫描类型"（Scan Type）界面上首先设定测量的角度范围、步长及每步时间；"模式"（Mode）选择"Side-inclination"。分别设定倾斜范围，一般设定"Start"从 0°开始，"Stop"设为 45°，即试样的倾斜角度为 0°~45°，选择"Increment"为 9°，即每隔 9°进行一次数据采集；设定轴角度，对于非各向异性的应力试样一般设置"Start"为 0°，"Stop"为 180°，"Increment"为 180°，即只在 0°及 180°进行测试。

（7）设定完毕后，将设置测量脚本存为".bsml"格式。在"开始工作"（Start Job）界面中调入".bsml"文件，设定数据名称，单击"Start"按钮开始应力测试。

3. 残余应力分析

（1）打开 Leptos S 软件，单击"应力"（Stress）下的"新建应力"（New Stress）按钮，或者单击"创建应力对象"（Create Stress Object）按钮。

（2）导入文件（Import ∗.raw）。

（3）设定参数（Reduction/Fit）。分别选中分析试样有关的参数：Material、HKL、Wavelength、E、v、S_1、$\frac{1}{2}S_2$、Aux。

（4）修正（Correct）。对原始衍射谱线进行数据处理，如数据标准处理、寻峰方法选择等。

（5）应力评价（Stress Evaluation）。

（6）结果分析（Results）。选择"应力模式"（Stress Model），可选项包括 Normal、Normal+Shear、Biaxial、Biaxial+Shear、Triaxial。

（7）保存结果（Save Results）。

3.4.5　实验报告要求

（1）分析金属材料内应力对材料性能的影响。

（2）掌握内应力测试的方法和原理。

3.4.6　思考题

（1）影响宏观内应力测量精度的因素有哪些？

（2）宏观内应力的测定方法有哪些？

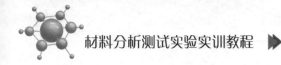

3.5 扫描电子显微镜试样制备

3.5.1 实验目的

（1）了解扫描电子显微镜的基本结构与原理。

（2）掌握扫描电子显微镜试样的准备与制备方法。

3.5.2 实验原理

试样制备技术在电子显微技术中占有重要的地位，它直接关系到电子显微图像的观察效果和对图像的正确解释。如果制备不出适合电子显微镜特定观察条件的试样，即使仪器性能再好，也不会得到好的观察效果。

和透射电子显微镜相比，扫描电子显微镜的试样制备比较简单。在保持材料原始形状情况下，直接观察和研究试样表面形貌及其他物理效应（特征）是扫描电子显微镜的一个突出优点。扫描电子显微镜的制样技术是以透射电子显微镜、光学显微镜及电子探针 X 射线显微分析制样技术为基础发展起来的，有些方面还兼具透射电子显微镜制样技术，所用设备也基本相同。但因扫描电子显微镜有其本身的特点和观察条件，只简单地引用已有的制样方法是不够的。扫描电子显微镜的特点如下：

（1）观察试样为不同大小的固体（块状、薄膜、颗粒），并可在真空中直接进行观察；

（2）试样应具有良好的导电性能，不导电的试样，其表面一般需要蒸涂一层金属导电膜；

（3）试样表面一般起伏（凹凸）较大；

（4）观察方式不同，制样方法有明显区别；

（5）试样制备与加速电压、电子束流、扫描速度（方式）等观察条件也有密切关系。

上述项目中，对试样导电性要求是最重要的条件。在进行扫描电子显微镜观察时，如试样表面不导电或导电性不好，将产生电荷积累和放电，使入射电子束偏离正常路径，最终造成图像不清晰乃至无法观察和照相。

3.5.3 主要实验设备及材料

KYKY-EM6200 型扫描电子显微镜，粉末试样。

3.5.4 实验内容及步骤

1. 试样制备

1）导电性材料试样的制备

导电性材料主要是指金属，一些矿物和半导体材料也具有一定的导电性。这类材料的试样制备最简单，只要使试样大小不超过仪器规定（如试样直径最大为 25 mm，最厚不超过

20 mm 等），然后用双面胶带将其粘在载物盘上，再用导电银浆连通试样与载物盘，以确保导电良好，等银浆干了（一般用台灯近距离照射 10 min，如果银浆没干透，则在蒸金室抽真空时会不断挥发出气体，使得抽真空过程变慢）之后，就可放到扫描电子显微镜中直接进行观察。在制备试样过程中，还应注意以下几点。

（1）为减轻仪器污染和保持良好的真空环境，试样尺寸要尽可能小些。

（2）切取试样时，要避免因受热引起试样的塑性变形，或在观察面生成氧化层。要防止机械损伤或引进水、油污及尘埃等污染物。

（3）观察试样表面以及各种断口间隙处是否存在污染物，要用无水乙醇、丙酮或超声波清洗法清理干净。这些污染物会掩盖图像细节、引起试样荷电及使图像质量变坏。

（4）故障构件断口或电器触点处存在的油污、氧化层及腐蚀产物不要轻易清除。观察这些物质，往往对分析故障产生的原因有益。如确信这些异物是故障后才引入的，可用塑料胶带或醋酸纤维素薄膜粘贴几次，再用有机溶剂冲洗，即可将其去除。

（5）试样表面的氧化层一般难以去除，必要时可通过化学方法或阴极电解方法使试样表面基本恢复原始状态。

上样与观察方向示意如图 3-24 所示，为了一次可以多观察几个试样，一般同时在载物盘上放 5~8 个同类型的试样。为了快速在电子显微镜中找到所要的试样，可在 1 号试样的胶带上剪一个角，再按照逆时针顺序放上试样，观察时也按照逆时针顺序。

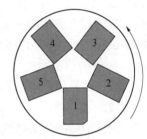

图 3-24　上样与观察方向示意

2）非导电性材料试样的制备

非导电性的块状材料试样的制备也比较简单，基本可以像导电性块状材料试样的制备一样。要注意的是，在涂导电银浆的时候，一定要从载物盘一直连到块状材料试样的上表面，因为在观察时，电子束是直接照射在试样的上表面的。

3）粉末状试样的制备

首先在载物盘上粘上双面胶带，然后取少量粉末试样放在胶带上的靠近载物盘圆心部位，用吹气橡胶球朝载物盘径向朝外方向轻吹（注意，不可用嘴吹气，以免唾液粘在试样上，也不可用工具拨粉末，以免破坏试样表面形貌），以使粉末均匀分布在胶带上，也可以把黏结不牢的粉末吹走，以免污染镜体。在胶带边缘涂上导电银浆，以连接试样与载物盘，等银浆干了之后，就可以进行最后的喷金处理。注意，无论是导电还是不导电的粉末试样，都必须进行喷金处理，因为试样即使导电，但是在粉末状态下，颗粒间紧密接触的概率是很小的，除非采用价格较昂贵的碳导电双面胶带。

4）溶液试样的制备

对于溶液试样，一般采用薄铜片作为载体。首先在载物盘上粘上双面胶带，然后粘上干净的薄铜片，再把溶液小心滴在铜片上，等干燥（一般用大功率灯近距离照射 10 min）之后，观察析出的试样量是否足够，如果不够就再滴一次，再次干燥之后就可以涂导电银浆和喷金。

2. 喷金

利用扫描电子显微镜观察高分子材料（塑料、纤维和橡胶）、陶瓷、玻璃及木材、羊毛等不导电或导电性很差的非金属材料时，一般要事先用真空镀膜机或离子溅射仪在试样表面上蒸涂（沉积）一层重金属导电膜，这样既可以消除试样荷电现象，又可以增加试样表面导电导热性，减少电子束造成的试样损伤，提高二次电子发射率。除用真空镀膜机制备导电膜外，利用离子溅射仪制备试样表面导电膜能收到更好的效果。溅射过程是在真空度为0.2~0.02 Torr（1 Torr＝133.332 Pa）的条件下，在阳极（试样）与阴极（金靶）之间加500~1 000 V 直流电压，使残余气体产生电离后的阳离子及电子在极间电场作用下，分别移向阴极和阳极。在阳离子轰击下，金靶表面迅速产生金粒子溅射，并在不断地遭受残余气体散射的过程中，金粒子从各个方向落到处于阳极位置的试样表面，形成一定厚度的导电膜，整个过程只需1~2 min。离子溅射法设备简单，操作方便，喷涂导电膜具有较好的均匀性和连续性，是目前广泛采用的方法。此外，利用离子溅射仪对试样进行选择性减薄（蚀刻）或清除表面污染物等工作也很有效。

3. 试样的前期处理

扫描电子显微镜试样的前期处理主要包括表面清洁、固定、漂洗和脱水等。每一过程的处理方法基本上都是沿用透射电子显微镜试样的处理方法，下面介绍清洁和固定处理方法。

1）清洁

对试样的清洁可根据不同的试样采用不同的方法，其中常用的方法如下。

（1）表面正常干燥的试样，如叶、花瓣、茎等标本，可用吹气球或用除尘器吹净，也可用软毛笔轻扫等方法除去表面的灰尘和其他杂物。需注意不要损伤试样，吹风和清扫的力量取决于试样的硬度和污染的程度。

（2）一般的动植物组织，可用蒸馏水、生理盐水或缓冲液漂洗或冲洗。至于采用何种清洗液清洗，要视组织本身对清洗液渗透压变化的敏感程度而定，如用缓冲液清洗时，应与配制固定液的缓冲液一致，否则会因性质不同而产生化学反应从而影响固定效果。

（3）对于有油脂分泌物和蜡质覆盖层的试样，如毛发、蚜虫等，应采用有机溶剂反复浸洗。

（4）对于一些附有黏液的组织，可采用酶解法或其他试剂处理来清洗，如一般组织可用木瓜蛋白酶和淀粉酶清洗，肠黏膜可用糜蛋白酶清洗，用胰蛋白酶可分离和清洗胃黏膜的细胞。有些组织也可用试剂进行清洗，如要分离神经细胞可用稀释的乙二胺四醋酸处理，用甘油和稀释的乙醇延长浸渍时间，可以从分泌乳腺中除去乳汁等。

（5）对于微小的试样，要用离心法或放在用镍过滤网制的小容器中清洗。

（6）对于特殊的试样，要用特殊的方法进行清洗。

2）固定

试样的固定、漂洗和脱水等处理所用的试剂和方法基本上与透射电子显微镜的试样相同，但由于扫描电子显微镜观察的是试样的表面，主要是要求保持试样表面的原貌，因此，其试样的固定、漂洗和脱水过程也与透射电子显微镜试样处理有不同之处。戊二醛、高锰酸钾等为常见的固定液。

3.5.5　实验报告要求

（1）简要说明扫描电子显微镜的基本原理及各部分作用。
（2）举例说明试样的制备方法。

3.5.6　思考题

（1）扫描电子显微镜试样的制备过程有哪些注意事项？

（2）扫描电子显微镜试样制备的基本要求有哪些？

3.6　扫描电子显微镜的操作

3.6.1　实验目的

（1）学习扫描电子显微镜的操作方法。
（2）利用扫描电子显微镜对铝粉的形貌进行观察。

3.6.2　实验原理

　　扫描电子显微镜原理是由电子枪发射并经过聚焦的电子束在试样表面扫描，激发试样产生各种物理信号，经过检测、视频放大和信号处理，在荧光屏上获得能反映试样表面各种特征的扫描图像。

　　扫描电子显微镜是由电子光学系统（镜筒）、信号收集和显示系统以及电源系统和真空系统等部分组成。为了获得较高的信号强度和好的扫描像，电子光学系统中电子枪发射的扫描电子束应具有较高的亮度和尽可能小的束斑直径。常用的电子枪有三种形式：普通热阴极三极电子枪、六硼化镧阴极电子枪和场发射电子枪。前两种属于热发射电子枪；后一种则属于冷发射电子枪，也叫场发射电子枪，其亮度最高、电子源直径最小，是高分辨率扫描电子显微镜的理想电子源。电子光学系统中电磁透镜的功能是把电子枪的束斑逐级聚焦缩小，因照射到试样上的电子束斑越小，其分辨率就越高。扫描电子显微镜通常有三个电磁透镜：前两个是强透镜，缩小束斑；第三个是弱透镜，焦距长，便于在试样室和聚光镜之间装入各种信号探测器。为了降低电子束的发散程度，每级电磁透镜都装有光阑；为了消除像散，装有消像散器。试样室中有试样台和信号探测器，试样台还能使试样做平移、倾斜、转动等运动。电子光学系统中扫描系统的作用是提供入射电子束在试样表面上以及阴极射线管电子束在荧光屏上的同步扫描信号。

　　信号收集和显示系统会收集试样在入射电子作用下产生的各种物理信号，例如二次电子、背散射电子、特征 X 射线、阴极荧光和透射电子等。不同的物理信号要用不同类型的检测器。检测器大致可分为三大类，即电子检测器、阴极荧光检测器和 X 射线检测器。

　　电源系统包括用于稳压、稳流及安全保护的电路，提供扫描电子显微镜各部分所需电能。真空系统由机械泵和分子涡轮泵来实现。开机后先由机械泵抽低真空度，约 20 min 后由分子涡轮泵抽真空，约几分钟后就能达到高真空度。此时才能放试样进行测试，在放试样或更换灯丝时，阀门会将镜筒部分、电子枪室和试样室分别分隔开，这样保持镜筒部分真空不被破坏。

3.6.3　主要实验设备及材料

　　KYKY-EM6200 型扫描电子显微镜，粉末试样。

3.6.4 实验内容及步骤

1. 开机准备

（1）开启电子交流稳压器电源开关，电压指示应为 220 V，开启冷却循环水装置电源开关。

（2）开启试样室真空开关，开启试样室准备状态开关。

（3）开启控制柜电源开关。

2. 试样处理

在试样台上蘸上少量的导电胶，用棉签蘸取少量干燥的固体试样涂在导电胶上，然后去除多余未黏在导电胶上的粉末。因为本试样为铝粉，导电性能好，故不需要喷金。

3. 工作程序

（1）开启试样室进气阀，控制开关抽真空。将试样放入试样室后，将试样室进气阀控制开关关闭，抽真空。

（2）打开工作软件，加高压至 5 kV（不导电试样）。

（3）将图像选区调为全屏。

（4）调节显示器"对比度""亮度"至适当位置。

（5）调节聚焦旋钮至图像清晰。

（6）放大图像选区至高倍状态。

（7）消去 x 轴方向和 y 轴方向的像散。

（8）选择适当的"扫描速率"观察图像。

（9）根据要求进行观察和拍照。

（10）做好实验记录及仪器使用记录。

3.6.5 实验报告要求

（1）简要说明扫描电子显微镜的基本操作方法。

（2）简述扫描电子显微镜的结构及原理。

3.6.6 思考题

（1）简要说明扫描电子显微镜的操作注意事项。

（2）根据自己的了解，举例说明不同种类电子显微镜的异同。

3.7 试样的断口观察

3.7.1 实验目的

（1）了解扫描电子显微镜在断口形貌分析中的作用。

（2）通过对不同断口形貌的分析，掌握用扫描电子显微镜分析断口形貌的方法。

3.7.2　实验原理

1. 形貌衬度一、二次电子像及其衬度原理

表面形貌衬度是利用对试样表面形貌变化敏感的物理信号作为调制信号，得到的一种像衬度。因为二次电子信号主要来自试样表层 5~10 nm 深度范围，它的强度与原子序数没有明确的关系，但对微区刻面相对于入射电子束的位向却十分敏感。二次电子像分辨率比较高，适用于显示形貌衬度。

在扫描电子显微镜中，若入射电子束强度 i_p 一定，则二次电子信号强度 i_s 随试样表面的法线与入射电子束的夹角（倾斜角）θ 增大而增大，或者说二次电子产额 δ（$\delta = i_p / i_s$）与试样倾斜角 θ 的余弦成反比，即如果试样由三个小刻面 A、B、C 所组成，由于 $\theta_C > \theta_A > \theta_B$，因此 $\delta_C > \delta_A > \delta_B$。结果在荧光屏上小刻面 C 的像比 A 和 B 都亮。在断口表面的尖棱、小粒子、坑穴边缘等部位，会产生较多的二次电子，其图像较亮；在沟槽、深坑及平面处产生的二次电子少、图像较暗，由此而形成明暗清晰的断口表面形貌衬度。

2. 典型断口形貌观察

断口的微观观察经历了光学显微镜（观察断口的实用倍数在 50~500 倍之间）、透射电子显微镜（观察断口的实用倍数在 1 000~40 000 倍之间）和扫描电子显微镜（观察断口的实用倍数在 20~10 000 倍之间）三个阶段。因为断口是一个凹凸不平的粗糙表面，观察断口所用的显微镜要具有最大限度的焦深、尽可能宽的放大倍数范围和高的分辨率。扫描电子显微镜最能满足这些要求，故近年来对断口观察大多用扫描电子显微镜进行。

通过断口的形貌观察与分析，可研究材料的断裂方式（穿晶、沿晶、解理、疲劳断裂等）与断裂机理，这是判别材料断裂性质和断裂原因的重要依据，特别是在材料的失效分析中，断口分析是最基本的手段。通过断口的形貌观察，还可以直接观察到材料的断裂源、各种缺陷、晶粒尺寸、气孔特征及分布、微裂纹的形态及晶界特征等。

几种典型断口的扫描电子显微镜图像介绍如下。

1）韧性断口

韧性断口的重要特征是在断面上存在"韧性"花样，形状有等轴形、剪切长形和撕裂长形等。

2）解理断口

典型的解理断口有"河流"花样。众多的台阶汇集成"河流"花样，"上游"的小台阶汇合成"下游"的较大台阶，河流的"流向"就是裂纹扩展的方向。"舌状"花样或"扇贝状"花样也是解理断口的重要特征之一。

3）准解理断口

准解理断口实质上是由许多解理面组成的，在扫描电子显微镜图像上有许多短而弯曲的撕裂棱线条和由点状裂纹源向四周放射的"河流"花样，断面上也有凹陷和二次裂纹等。

4）脆性沿晶断口

沿晶断裂通常是脆性断裂，其断口的主要特征是有晶间刻面的"冰糖状"花样。但某些材料的沿晶断裂也可显示出较大的延性，此时断口上除呈现沿晶断裂的特征外，还会有

"韧性"花样存在，出现混合花样。

5）疲劳断口

疲劳断口在扫描电子显微镜图像上呈现一系列基本上相互平行、略带弯曲、呈波浪状的条纹（疲劳辉纹）。每一个条纹是一次循环载荷所产生的，疲劳条纹的间距随应力场强度因子的大小而变化。

3.7.3　主要实验设备及材料

KYKY-EM6200 型扫描电子显微镜，多种不同断裂机理下断裂的拉伸或冲击试样。

3.7.4　实验内容及步骤

1. 扫描电子显微镜开机操作步骤

（1）打开机械泵，打开压缩机，确保 V1 阀关闭。

（2）打开电气柜总开关（红色旋钮），打开电气控制系统开关（绿键）。

（3）打开计算机，运行 KYKY-EM6200 软件，单击操作界面中的"启动"按钮，使按钮变为红色，真空系统自动进入预抽真空状态（V2 灯亮），真空指示值将显示在操作界面上。

（4）注意，运行软件前，必须打开电气控制系统。

（5）真空系统进入高真空度状态（V2、V3、TMP 灯亮）后，等待一定时间。当操作界面上的真空指示值背景由棕色变为绿色，且真空指示值优于所设置阈值时，即可以开始工作。真空度阈值建议优于 5.0×10^{-5} Torr，否则会影响灯丝寿命。

2. 扫描电子显微镜看像操作步骤

（1）手动 V1 阀用户可手动拉开 V1 阀（镜筒中间位置的阀），气动 V1 阀用户可单击软件操作界面上的"V1"按钮，使按钮变为绿色。V1 阀打开后，可看到操作界面中的"对比度"控件立刻变为可操作状态，等待约 2 s 后，可看到"高压""偏压""灯丝电流"变为可操作状态。

（2）调节对比度，直到在屏幕上能看到小麻点为止，或者将数值调到 50 左右。

（3）用鼠标操作高压滚动条加高压，一般导电好的试样可加到 20~25 kV 或者 30 kV，导电性不好的试样加到 15 kV。注意，加高压时，在 10 kV 以上要慢慢逐步增加高压到所需的数值。

（4）用鼠标操作灯丝滚动条加灯丝电流，为延长灯丝的使用寿命，灯丝在加载电流时要注意控制加载速度。电流由 0 加到 2 A 时，加载速度控制在 ≤0.25A/s；由 2 A 加到饱和点时，加载速度控制在 ≤0.1A/s。在加载灯丝电流过程中，要时刻注意图像亮度的变化情况，如果继续加载灯丝电流，图像亮度不再增加，则说明灯丝电流已经达到饱和值，此时可以将电流退回到束流刚达到饱和值时的大小，以最大限度延长灯丝寿命。灯丝电流的饱和值推荐范围为 2.4~2.6 A。

（5）灯丝束流建议控制在 200 以内。如果束流过大，则可以通过调整偏压来控制其大小；如果束流过小，则应检查灯丝安装高度是否过高。建议灯丝安装高度为 0.4~0.7 mm，在此范围内可以进行调节，调节最小梯度为 0.1 mm。

（6）调节电对中，拖动操作界面上的电对中 x 轴、y 轴两个方向的滑块，使图像最亮。

（7）聚焦并仔细调节物镜电压大小，使图像聚焦清楚。可先粗调，当看清楚图像的大概轮廓的时候再细调，使图像的细节更加清晰。以高倍数看图像时，还可以微调。

3. 扫描电子显微镜关机操作步骤

（1）确认灯丝电流、对比度和高压都归零，关闭 V1 阀。

（2）单击操作界面上的"启动"按钮，使按钮变为灰色，软件系统将自动关闭各真空阀门，退出软件并关闭计算机。

（3）关闭电气控制系统开关（绿键），关闭电气柜总开关（红钮），关闭机械泵和压缩机。

（4）注意，关闭电气控制系统开关（绿键）前，必须退出软件。

3.7.5　实验报告要求

（1）给出某个断口形貌从低倍到高倍的系列图像。

（2）给出不同断裂机理断口形貌的图像，并对它们进行适当的比较分析。

3.7.6　思考题

分析不同断口形貌所对应的断裂机理。

3.8　扫描电子显微镜的背散射电子像及高倍组织观察

3.8.1　实验目的

（1）掌握扫描电子显微镜成分衬度背散射电子像的原理、特点及在材料研究中的应用。

（2）利用 KYKY-EM6200 型扫描电子显微镜观察分析试样形貌。

3.8.2　实验原理

扫描电子显微镜的主机工作于二次电子成像模式，但是二次电子信号与背散射电子关系密切，而且一种图像只是试样的一种再现形式，所以研究纯背散射电子像是很有意义的。

1. 背散射电子的成像

本书提到的背散射电子是指能量大于 50 eV 的全部背散射电子。由于试样的背散射系数 η 随元素的原子序数增加而增加，因此背散射电子像可以反映试样表面微区平均原子序数衬度。试样平均原子序数高的微区在图像上较亮，这样在观察形貌组织的同时也反映了成分的分布。背散射电子能量较高，离开试样表面后沿直线轨迹运动，出射方向基本不受弱电场影响，因而探头检测到的背散射电子强度要比二次电子的低得多，并且有阴影效应。由于产生背散射电子试样深度范围较大，以及信息检测效率较低，因此图像的分辨率比二次电子像要低。

2. 背散射电子像的衬度

1）成分衬度和形貌衬度

背散射电子信号随原子序数的变化比二次电子的变化显著得多，因此图像应有较好的成分衬度。但是与二次电子像类似，成分衬度与形貌衬度通常同时存在，需要加以分离。背散射电子信号与试样形貌的关系取决于两个因素：第一，试样表面的不同倾角会引起发射电子数的不同，即使倾角一定但高度有突变，背散射电子数也会改变；第二，由于探测器方位不同而收集到信号电子数不同。

2）磁衬度

由背散射电子显示的磁衬度通常称为第二类磁衬度，它是由铁磁体磁畴的磁感应强度对背散射电子的洛伦兹（Lorentz）作用力所形成的。

3. 背散射电子成像的分辨率

一般来说，当电子束垂直入射时，背散射电子像的分辨率受其信号电子的总发射宽度所限制。目前商用探头的指标一般为：平均原子序数分辨率 $\Delta Z < 1$，空间分辨率 $\delta = 8$ nm。

3.8.3　主要实验设备及材料

KYKY-EM6200 型扫描电子显微镜，待测试样。

3.8.4　实验内容及步骤

1. 背散射电子像观察

不同型号的扫描电子显微镜，其背散射电子探测器有所不同，大体上可分为三种类型：第一种是和二次电子共用一个探测器，只是改变探测器收集极上的电压值来排除二次电子信号；第二种是有单独的背散射电子接收附件，在操作时将背散射电子探测器送到镜筒里去，并接通相应的前置放大器；第三种是采用两个单独设置的背散射电子探测器对称地安置在试样上方，单独的背散射电子探测器通常采用 P-N 半导体制成。

KYKY-EM6200 型扫描电子显微镜接收背散射电子像的方法是将背散射电子检测器送入镜筒中，将信号选择开关转到"BSE"位置，接通背散射电子像的前置放大器。

2. 金相试样深浸蚀后的高倍组织观察

金相试样深浸蚀后，在扫描电子显微镜下进行高倍组织观察，不仅可以得到与透射电子显微镜复型技术相似的效果，而且可以得到富有立体感的图像。根据需要选择不同的腐蚀剂对金相试样进行深浸蚀，选择要保留的相，溶解掉不需要的相。保留相凸出在外，只留一小部分埋在基体中。目前广泛采用的深浸蚀方法有酸浸深腐蚀、热氧化腐蚀、离子刻蚀、离子轰击浸蚀等。针对低熔点合金，还可以采用选择升华方法将可挥发的基体变成气相挥发出去，而保留不挥发相，对不挥发相进行观察。深浸蚀后的金相试样特别适用于对夹杂物及第二相的形态和分布进行观察。

3.8.5　实验报告要求

（1）简述扫描电子显微镜分析中背散射电子成像的原理。

（2）说明扫描电子显微镜成分衬度背散射电子像的特点，以及它与二次电子像的异同。

3.8.6　思考题

（1）金相试样深浸蚀后的高倍组织观察有哪些注意事项？

（2）说明扫描电子显微镜在金相组织分析中的特点及应用。

3.9　材料差热分析实验

3.9.1　实验目的

（1）了解差热分析的基本原理及仪器装置。

（2）学习使用差热分析方法测试材料的差热曲线。

3.9.2　实验原理

差热分析的基本原理是：在程序控制温度下，将试样与参比物在相同条件下加热或冷却，测量试样与参比物之间的温差与温度的关系，从而给出材料结构变化的相关信息。物质在加热过程中由于脱水、分解或相变等物理化学变化，经常会产生吸热或放热效应。差热分析就是通过精确测定物质加热（或冷却）过程中伴随物理化学变化的同时产生热效应的大小以及产生热效应时所对应的温度，来达到对物质进行定性、定量分析的目的。

差热分析仪构造示意如图 3-25 所示。进行实验时，把试样与参比物（参比物在整个实验温度范围内不应该有任何热效应，其导热系数、比热等物理参数应尽可能与试样相同，参比物又称惰性物质、标准物质或中性物质）置于电炉单元中两个试样座（R、S）内，由温度程序控制单元对炉膛内温度进行加热控制。当试样加热过程中产生吸热或放热效应时，试样的温度就会低于或高于参比物的温度，试样座下方差热电偶就会通过差热放大单元输出相应的温差热电势。如果试样加热过程中无热效应产生，则温差热电势为零。通过检流计偏转与否来检测温差热电势的正负，就可推知是吸热还是放热效应。通过参比物对应的热电偶连接的记录仪单元装置，就可检测出物质发生物理化学变化时所对应的温度。不同的物质，产生热效应的温度范围不同，差热曲线的形状亦不相同。把试样的差热曲线与相同实验条件下的已知物质的差热曲线进行比较，就可以定性地确定试样的矿物组成。差热曲线的峰（谷）面积

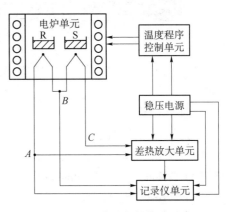

图 3-25　差热分析仪构造示意

的大小与热效应的大小相对应，根据热效应的大小，可对试样进行定量估计。

3.9.3 主要实验设备及材料

Q20 型差示扫描量热仪，专用坩埚，镊子，药勺，电子分析天平，试样。

3.9.4 实验内容及步骤

1. 开机

（1）打开氮气阀，确认输出压力为 0.08 MPa 左右。

（2）打开制冷机电源开关。

（3）打开仪器电源开关，仪器开始自检，大约 2 min 后，仪器前面的绿色指示灯亮，自检完成。

（4）打开计算机。

（5）单击桌面上的仪器控制图标，完成联机。

（6）采用 RCS 制冷系统，按图 3-26 所示的步骤启动制冷机。

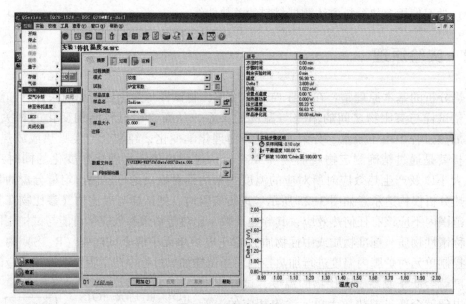

图 3-26 启动制冷机

（7）在菜单栏中执行"控制/转至待机温度"命令，大约 15 min 后可以开始实验或校准。

2. 实验步骤

实验步骤设置界面如图 3-27 所示，进行如下操作。

（1）单击"Summary"选项卡。

（2）"Mode"选择"Standard"。

（3）"Test"选择"Custom"。

（4）在"Sample Name"文本框中输入待测试样名。

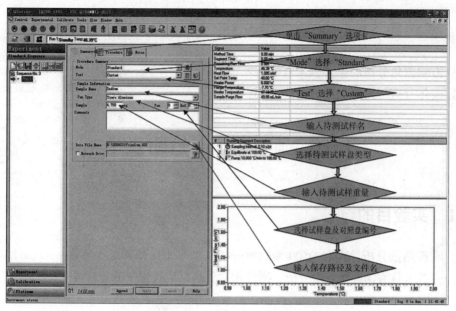

图 3-27 实验步骤设置界面

（5）在"Pan Type"下拉列表中选择待测试样盘类型。

（6）在"Sample"文本框中输入试样质量，在"Pan"数值框中选择试样盘编号，在"Ref"数值框中选择对照盘编号。

（7）单击"Date File Name"后的按钮，输入数据保存路径，注意文件名不能是中文及特殊字符。

（8）单击"Procedure"按钮，"Test"选择"Custom"。

（9）单击"Editor"按钮，会出现方法编辑器，单击右边的"方法命令"按钮，命令将出现在左边的程序栏中。编辑程序栏中的步骤，将不用的步骤删除，完成后单击"OK"按钮。

（10）单击绿色的"启动"按钮，程序开始运行。

3. 关机

（1）在菜单栏中执行"控制/事件/关闭"命令，在打开的对话框中单击"转至待机温度"按钮。

（2）等待"法兰温度"高于房间内温度，在菜单栏中执行"控制/关闭仪器"命令，在打开的对话框中单击"开始"按钮。

（3）待仪器前面的指示灯熄灭后，关闭仪器的电源开关。

（4）关闭氮气。

3.9.5 实验报告要求

（1）简述差热分析的基本原理及差热分析仪各部件的主要功能。

（2）绘制试样的差热曲线，并对结果进行分析讨论。

3.9.6　思考题

（1）影响差热分析的主要因素有哪些？
（2）差热分析与简单热分析有何不同？

3.10　材料热重分析实验

3.10.1　实验目的

（1）掌握热重分析原理和 Q500 型热重分析仪的基本结构和工作原理。
（2）对五水硫酸铜进行热重分析，测量化学分解反应过程中的分解温度，绘制热重曲线。

3.10.2　实验原理

热分析是物理化学分析的基本方法之一。利用热分析可以研究物质在加热过程中发生相变或其他物理化学变化时所伴随的能量、质量和体积等一系列的变化，可以确定其变化的实质或鉴定矿物。热分析方法的种类很多，比较常用的有差热分析法、热重分析法、差示扫描量热法。

热重分析是在程序控制温度下，测量物质质量与温度关系的一种技术。热重分析实验得到的曲线称为热重曲线。热重曲线以温度作横坐标，以试样的质量作纵坐标，显示试样的绝对质量随温度的恒定升高而发生的一系列变化。这些变化表征了试样在不同温度范围内发生的挥发组分的挥发，以及在不同温度范围内发生的分解产物的挥发。图 3-28 所示为 $CaC_2O_4 \cdot H_2O$ 的热重曲线，可以看到有三个非常明显的失去质量的阶段。第一个阶段表示水分子的失去；第二个阶段表示 CaC_2O_4 分解为 $CaCO_3$；第三个阶段表示 $CaCO_3$ 分解为 CaO。当然，$CaC_2O_4 \cdot H_2O$ 的热失重比较典型，实际上许多物质的热重曲线很可能无法如此明了地区分为各个阶段，甚至会成为一条连续变化的曲线。这时，测定曲线在各个温度范围内的变化速率就显得格外重要，它是热重曲线的一阶导数，称为微分热重曲线，微分热重曲线能很好地显示这些速率的变化。

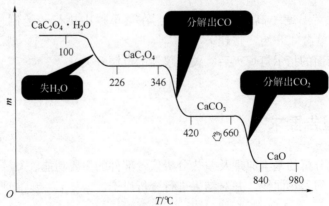

图 3-28　$CaC_2O_4 \cdot H_2O$ 的热重曲线

在差热分析中，随着程序温度的升高，五水硫酸铜分三个阶段脱水，分别脱去2个、2个、1个水，大致温度分别在45 ℃、100 ℃和212 ℃。这些热分解、热失重现象也可以在热重曲线中得到验证。五水硫酸铜的热重曲线如图3-29所示。

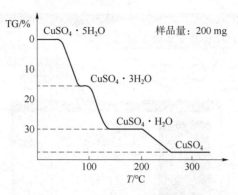

图3-29 五水硫酸铜的热重曲线

3.10.3 主要实验设备及材料

Q500型热重分析仪，专用坩埚，镊子，药勺，电子分析天平，$CuSO_4 \cdot 5H_2O$（分析纯）。

3.10.4 实验内容及步骤

1. 校正程序

（1）校正周期是4~6周，根据使用仪器的频繁程度，一年内至少校正仪器一次，每次使用前应校正仪器。

（2）开机。首先打开高纯氮气瓶阀门，调节出口压力为0.1 MPa，打开仪器电源开关，等待仪器触摸屏显示"TA"字样，打开计算机，双击桌面上的"TA instruments explorer"图标，进入热重分析仪操作界面，如图3-30所示。

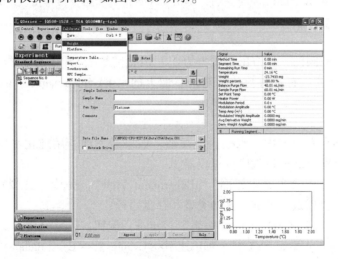

图3-30 热重分析仪操作界面

进行质量校正，在菜单栏中执行"Calibrate/Weight"命令，在打开的对话框中按照提示单击"Load pan"按钮，再单击"Next"按钮，等待对话框中出现"Standby and Stable"后，单击"Accept"按钮，如图3-31所示。

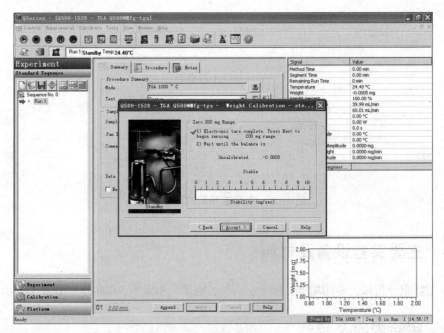

图3-31　进行质量校正

根据提示，首先单击"Unload pan"按钮，然后在试样盘中放入100 mg的砝码，单击"Load pan"按钮，再单击"Next"按钮，等待出现"Standby and Stable"后，单击"Accept"按钮，根据提示单击"Unload pan"按钮并取走100 mg的砝码，然后单击"Load pan"按钮并单击"Next"按钮，等待出现"Standby and Stable"后，单击"Accept"按钮。根据提示单击"Unload pan"按钮，然后在试样盘中放入1 g的砝码，单击"Load pan"按钮，再单击"Next"按钮，等待出现"Standby and Stable"后，单击"Accept"按钮，再单击"Finish"按钮。

2. 实验部分

1）开机

打开高纯氮气瓶阀门，调节出口压力为0.1 MPa，然后打开仪器电源开关，等待仪器触摸屏显示"TA"字样，打开计算机，双击桌面上的"TA instruments explorer"图标，进入仪器操作界面。

2）仪器编程

实验前先检查水交换器内的水是否变浑浊，如果变浑浊，用纯化水更换，并添加3～4滴防腐剂，然后根据仪器校正程序校正仪器。

清空试样盘，打开"实验主界面"（Experiment View），完成"主要信息"（Summary）下面的信息填写，包括试样名称、盘的类型和存盘路径。

单击"程序"（Procedure）下的"编辑"（Editor）按钮，热重分析主要用到下面的命令："升温至××℃"（Equilibrate to ××℃）；"加热速率××℃/min至××℃"（Ramp××℃/min to××℃）。

3）关机

等待仪器显示温度低于50℃时，在菜单栏中执行"Control/Shutdown"命令，这时会自动退出操作界面，等待仪器触摸屏显示"Instrument Shutdown Complete"后，关闭仪器总开关。

3.10.5　实验报告要求

（1）简述热重分析仪的基本结构和工作原理。
（2）分析五水硫酸铜的热重曲线。

3.10.6　思考题

（1）热重分析与差热分析的区别是什么？
（2）热重分析测试对试样的要求有哪些？

3.11　透射电子显微镜的结构、工作原理及明暗场成像

3.11.1　实验目的

（1）结合透射电子显微镜实物，加深对透射电子显微镜工作原理的了解。
（2）选用合适的试样，通过明暗场像操作的实际演示，了解明暗场成像原理。

3.11.2　实验原理

透射电子显微镜是一种具有高分辨率、高放大倍数的电子光学仪器，被广泛应用于材料科学等研究领域。透射电子显微镜以波长极短的电子束作为光源，电子束经由聚光镜系统的电磁透镜后聚焦成一束近似平行的光线穿透试样，再经成像系统的电磁透镜成像和放大，然后电子束投射到主镜筒最下方的荧光屏上，形成所观察的图像。在材料科学研究领域，透射电子显微镜主要用于材料微区的组织形貌观察、晶体缺陷分析和晶体结构测定。

透射电子显微镜根据加速电压不同，通常可分为常规电子显微镜（100 kV）、高压电子显微镜（300 kV）和超高压电子显微镜（500 kV）。提高加速电压，可缩短入射电子的波长，有利于提高电子显微镜的分辨率，同时有利于提高对试样的穿透能力。这样不仅可以放宽对试样厚薄的要求，而且厚试样与近二维状态的薄试样相比，更接近三维的实际情况。

尽管近年来商品电子显微镜的型号繁多，高性能多用途的透射电子显微镜不断出现，但总体说来，透射电子显微镜一般由电子光学系统、真空系统、电源及控制系统，以及其他附属设备四大部分组成。下面介绍其中的重要部分及明暗场成像原理。

1. 电子光学系统

电子光学系统通常又称为镜筒，是电子显微镜的最基本组成部分，是用于提供照明、成像、显像和记录的装置。整个镜筒自上而下顺序排列着电子枪、双聚光镜、试样室、物镜、中间镜、投影镜、观察室、荧光屏及照相室等。

2. 真空系统

为保证电子显微镜正常工作，要求电子光学系统处于真空状态下。电子显微镜的真空度一般应保持在 10^{-5} Torr，这需要机械泵和扩散泵两级串联才能实现。目前的透射电子显微镜常增加一个离子泵以提高真空度。如果电子显微镜的真空度达不到要求，会出现以下问题：

（1）电子与空气分子碰撞改变运动轨迹，影响成像质量；

（2）栅极与阳极间空气分子电离，导致极间放电；

（3）阴极炽热的灯丝迅速氧化烧损，缩短使用寿命甚至无法正常工作；

（4）试样易于氧化污染，产生假成像。

3. 电源及控制系统

电源部分主要提供两部分电源：一是用于电子枪加速电子的小电流高压电源；二是用于各透镜励磁的大电流低压电源。目前，先进的透射电子显微镜多已采用自动控制系统，其中包括真空系统操作的自动控制、从低真空到高真空的自动转换、真空与高压启闭的联锁控制，以及用计算机控制参数选择和镜筒合轴对中等。

4. 明暗场成像原理

晶体薄膜试样明暗场像的衬度（即不同区域的亮暗差别）是由于试样相应的不同部位结构或取向的差别导致衍射强度的差异而形成的，因此称其为衍射衬度。根据衍射衬度机制形成的图像称为衍衬像。如果只允许透射束通过物镜光阑成像，则称为明场像；如果只允许某支衍射束通过物镜光阑成像，则称为暗场像。就衍射衬度而言，试样中不同部位结构或取向的差别，实际上表现在满足或偏离布拉格条件程度上的差别。满足布拉格条件的区域衍射束强度较高，透射束强度相对较低，该区域在明场像中呈暗衬度；偏离布拉格条件的区域衍射束强度较低，透射束强度相对较高，该区域在明场像中显示亮衬度。暗场像中的衬度与选择哪支衍射束成像有关。如果在一个晶粒内，在双光束衍射条件下，明场像与暗场像的衬度恰好相反。

3.11.3 主要实验设备及材料

透射电子显微镜，待测试样。

3.11.4 实验内容及步骤

（1）在明场像下寻找感兴趣的视场。

（2）插入选区光阑，围住选择的视场。

（3）按下"衍射"按钮，转入衍射操作方式，取出物镜光阑，此时荧光屏上将显示选区内晶体产生的衍射花样。为获得较强的衍射束，可适当地倾转试样，调整其取向。

（4）倾斜入射电子束方向，使用于成像的衍射束与透射电子显微镜光轴平行，此时该衍射斑点应位于荧光屏中心。

（5）插入物镜光阑，套住荧光屏中心的衍射斑点，转入成像操作方式，取出选区光阑。此时，荧光屏上显示的图像即为该衍射束形成的暗场像。

通过倾斜入射束方向，把成像的衍射束调整至光轴方向，这样可以减小球面像差，获得高质量的图像，用这种方式形成的暗场像称为中心暗场像。在倾斜入射束时，应将透射斑移至原强衍射斑位置，而弱衍射斑相应地移至荧光屏中心，变成强衍射斑点，这一点应该在操作时引起注意。

3.11.5　实验报告要求

（1）简述透射电子显微镜的基本结构。
（2）绘图并举例说明明暗场成像的原理。

3.11.6　思考题

实验操作过程中有哪些注意事项？简述原因。

3.12　透射电子显微镜的试样制备

3.12.1　实验目的

（1）掌握塑料-碳二级复型试样的制备方法。
（2）掌握制备薄膜试样的双喷电解减薄法和离子减薄法。

3.12.2　实验原理

1. AC 纸的制作

所谓 AC 纸，就是醋酸纤维素薄膜。它的制作方法是：①按质量比配制 6% 醋酸纤维素丙酮溶液，为了使 AC 纸质地柔软、渗透性强并具有蓝色，再向配制溶液中加入 2% 磷酸三苯脂和几粒甲基紫；②待上述物质全部溶入丙酮中且形成蓝色半透明的液体后，再将它调制均匀，等气泡逸尽后，适量地倒在干净、平滑的玻璃板上，倾斜转动玻璃板，使液体大面积展平；③用一个玻璃钟罩扣在玻璃板上，让钟罩下边与玻璃板间留有一定间隙，以保护 AC 纸的清洁和控制干燥速度；④若醋酸纤维素丙酮溶液蒸发过慢，则 AC 纸易吸水变白，若干燥过快，AC 纸又会产生龟裂，所以要根据室温、湿度，确定钟罩下边和玻璃间的间隙大小；⑤经过 24 h 后，把贴在玻璃板上已干透的 AC 纸边沿用薄刀片划开，小心地揭下 AC 纸，将它夹在书本中备用。

2. 塑料-碳二级复型试样的制备方法

（1）在腐蚀好的金相试样表面滴上一滴丙酮，贴上一张稍大于金相试样表面的 AC 纸（厚 30~80 μm），如图 3-32（a）所示，注意不要留有气泡和皱褶。若金相试样表面起伏较大，可在丙酮完全蒸发前适当加压。静置片刻，最好在灯泡下烘烤 15 min 左右，使之干燥。

（2）小心地揭下已经干透的 AC 纸复型，即第一级复型，将第一级复型复制面朝上平整地贴在衬有纸片的胶纸上，如图 3-32（b）所示。

（3）把滴上一滴扩散泵油的白瓷片和贴有第一级复型的载玻片置于镀膜机真空室中。按镀膜机的操作规程，先以倾斜方向"投影"铬，再以垂直方向喷碳，如图 3-32（c）所示，其膜厚度以无油处白色瓷片变成浅褐色为宜。

（4）打开真空室，从载玻片上取下复合复型，将要分析的部位小心地剪成 2 mm×2 mm 的小方片，置于盛有丙酮的磨口培养皿中，如图 3-32（d）所示。

（5）AC 纸从碳复型上全部被溶解掉后，第二级复型（即碳复型）将漂浮在丙酮液面上，用铜网布制成的小勺把碳复型捞到清洁的丙酮中洗涤，再移到蒸馏水中，依靠水的表面张力使卷曲的碳复型展平并漂浮在水面上。用镊子夹持支撑铜网把它捞起，如图 3-32（e）所示。将支撑铜网放到过滤纸上，干燥后即可置于电子显微镜中观察。AC 纸在溶解过程中，常常由于它的膨胀使碳膜畸变或破坏。为了得到较完整的碳复型，可采用下述方法。

①使用薄的或加入磷酸三苯脂及甲基紫的 AC 纸。

②用 50％乙醇冲淡的丙酮溶液或加热（≤55 ℃）的纯丙酮溶解 AC 纸。

③保证在优于 $2.66×10^{-3}$ Pa 的高真空度条件下喷碳。

④在溶解 AC 纸前用低温石蜡加固碳膜，即把剪成小方片的复合复型碳面与熔化在烘热的小玻璃片上的低温石蜡液贴在一起，待石蜡液凝固后，放在丙酮中溶解掉 AC 纸，然后加热丙酮（≤55 ℃）并保温 20 min，使石蜡全部熔掉，碳复型将漂浮在丙酮液面上，再经干净的丙酮和蒸馏水的清洗，捞到试样支撑铜网上，这样就获得了完整的碳复型。

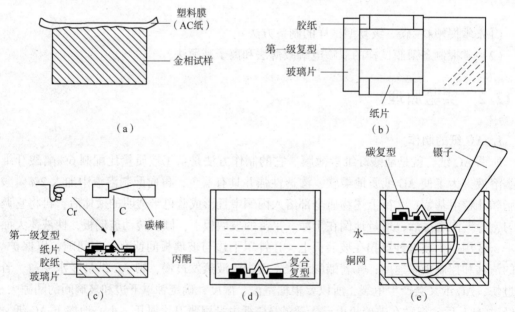

图 3-32 塑料-碳二级复型试样的制备方法

3.12.3 主要实验设备及材料

透射电子显微镜，待测试样。

3.12.4　实验内容及步骤

制备薄膜试样最常用的方法是双喷电解减薄法和离子减薄法。

1. 双喷电解减薄法

1）双喷电解减薄仪

双喷电解减薄仪主要由三部分组成：电解冷却与循环部分、电解抛光减薄部分以及观察试样部分。

（1）电解冷却与循环部分。

通过耐酸泵把低温电解液经喷嘴打在试样表面，低温循环电解使其减薄。这样既不会使试样因过热而氧化，又可得到表面平滑而光亮的薄膜。

（2）电解抛光减薄部分。

电解液由泵打出后，通过相对的两个铂阴极玻璃嘴喷到试样表面。喷嘴直径为 1 mm，试样放在由聚四氟乙烯制作的夹具上。试样通过直径为 0.5 mm 的铂丝与不锈钢阳极之间保持电接触，调节喷嘴位置，使两个喷嘴位于同一直线上。

（3）观察试样部分。

电解抛光时，一根光导纤维管把外部光源传送到试样的一个侧面。当试样刚一穿孔时，透过试样的光通过在试样另一侧的光导纤维管传到外面的光电管，切断电解抛光射流，并发出报警声。

2）试样制备过程

（1）切薄片。用电火花（Mo 丝）线切割机床或锯片机，从试样上切割下厚为 0.2 ~ 0.3 mm 的薄片。在冷却条件下热影响区很薄，一般不会影响试样原来的显微组织形态。

（2）预减薄。预减薄分为机械磨薄和化学减薄两类。

机械磨薄时，用砂纸手工磨薄至 50 μm，注意均匀磨薄，试样不能扭折，以免产生过大的塑性变形，引起位错及其他缺陷密度的变化。具体操作方法为：用 502 胶将切片粘到玻璃块或其他金属块的平整平面上，用系列砂纸（从 300 号粗砂纸至金相 4 号砂纸）将其磨至一定程度后，反转继续研磨。注意，试样反转时，通过丙酮溶解或用火柴微微加热，使膜与磨块脱落。反转后，将试样重新粘到磨块上，重复上述过程，直至试样切片膜厚达到 50 μm。

化学减薄是直接适用于切片的减薄，减薄快速且均匀。但事先应磨去 Mo 丝切割留下的纹理，同时磨片面积应尽量大于 1 cm²。普通钢用 HF、H_2O_2 及 H_2O 的混合溶液（比例为 1∶4.5∶4.5），约 6 min 即可减薄至 50 μm，且效果良好。

将预减薄的厚度均匀、表面光滑的试样膜片在小冲床上冲成直径为 3 mm 的小圆片备用。

（3）电解抛光减薄。电解抛光减薄是最终减薄，用双喷电解减薄仪进行。目前，双喷电解减薄仪已经规范化。将预减薄的直径为 3 mm 的试样放在试样夹具上，要保证试样与铂丝接触良好，将试样夹具放在喷嘴之间，调整试样夹具、光导纤维管和喷嘴在同一水平面上，喷嘴与试样夹具距离大约为 15 mm 且喷嘴垂直于试样。电解液循环泵马达转速应调节到能使电解液喷射到试样上。按试样材料的不同，配不同的电解液。需要在低温条件下电解抛光时，可先放入干冰和乙醇冷却，温度控制在 -20 ~ -40 ℃之间，或采用半导体冷阱等专门装置。由于试样材料与电解液的不同，最佳抛光规范要发生改变。最有利的电解抛光条件可通过在电解液温度及流速恒定时，作电流-电压曲线确定。

（4）试样制成后，应立即在乙醇中进行两次漂洗，以免残留电解液腐蚀金属薄膜表面。从抛光结束到漂洗完毕动作要迅速，争取在几秒内完成，否则将前功尽弃。

（5）试样制成后，应立即观察，暂时不观察的试样要妥善保存，可根据薄膜抗氧化能力选择保存方法。若薄膜抗氧化能力很强，只要保存在干燥器内即可。易氧化的试样要放在甘油、丙酮、无水乙醇等溶液中保存。采用双喷电解减薄法制得的薄膜有较厚的边缘，中心穿孔有一定的透明区域，不需要放在电子显微镜铜网上，可直接放在试样台上观察。

2. 离子减薄法

离子减薄法不仅适用于用双喷电解减薄法所能减薄的各种试样，而且还适用于减薄双喷电解减薄法所不能减薄的试样，如陶瓷材料、高分子材料、矿物、多层结构材料、复合材料等。如用双喷电解减薄法穿孔后，孔边缘过厚或穿孔后试样表面氧化，皆可用离子减薄法继续减薄直至试样厚薄合适或去掉氧化膜为止。用于高分辨率电子显微镜观察的试样，通常双喷穿孔后再进行离子减薄，只要严格按操作规范减薄，就可以得到薄而均匀的观察区。该法的缺点是减薄速度慢，制备一个试样通常需要十几个小时甚至更长，而且试样有一定的温升，如操作不当，试样会受到辐射损伤。

1）离子减薄仪

离子减薄仪由工作室、电系统、真空系统三部分组成。

工作室是离子减薄仪的一个重要组成部分，由离子枪、试样台、显微镜、微型电动机等组成。在工作室内沿水平方向有一对离子枪，试样台上的试样中心位于两枪发射出来的离子束中心，离子枪与试样的距离为 25～30 mm。两个离子枪均可以倾斜，根据减薄的需要，可调节枪与试样的角度，通常调节成 7°～20°。试样台能在自身平面内旋转，以使试样表面均匀减薄。为了在减薄期间随时观察试样被减薄的情况，在试样下面装有光源，在工作室顶部安装有显微镜，当试样被减薄透光时，打开光源，在显微镜下可以观察到试样透光的情况。

电系统主要包括供电、控制及保护三部分。

真空系统保证工作室高真空。

2）离子减薄仪的工作原理

稀薄气体氩气在高压电场作用下辉光放电产生氩离子，氩离子穿过阴极中心孔时受到加速与聚焦，高速运动的离子射向装有试样的阴极，把原子打出试样表面以减薄试样。

3）离子减薄程序

（1）切片。从大块试样上切下薄片。对于金属、合金、陶瓷，切片厚度应不小于0.3 mm，对于岩石和矿物等脆、硬试样，要用金刚石刀片或金刚石锯切下在毫米数量级的薄片。

（2）研磨。用汽油等介质去除试样油污后，用黏结剂将清洗的试样粘在玻璃片上研磨，直至试样厚度小于 30 μm 为止，操作过程同双喷电解减薄法中试样的预减薄过程。

（3）将研磨后的试样切成直径为 3 mm 的小圆片。

4）装入离子减薄装置进行离子减薄

为提高减薄效率，一般在减薄初期先采用高电压、大束流、大角度（20°），以获得大陡坡的薄化，这个阶段约占整个制样时间的一半，然后减少高压束流与角度（一般采用15°），使大陡坡的薄化逐渐削为小陡坡直至穿孔，最后以 7°～10°的角度、适宜的电压与电流继续减薄，以获得平整而宽阔的薄区。

3.12.5　实验报告要求

（1）简述塑料–碳二级复型试样的制备方法。
（2）试述双喷电解减薄仪的结构原理及金属薄膜试样制备的操作方法与步骤。

3.12.6　思考题

（1）试述离子减薄仪的结构及工作原理。
（2）薄膜试样的制备方法有哪些？

3.13　选区电子衍射与晶体取向分析

3.13.1　实验目的

（1）通过选区电子衍射的实际操作演示，加深对选区电子衍射原理的了解。
（2）选择合适的薄晶体试样，掌握利用电子衍射花样测定晶体取向的基本方法。

3.13.2　实验原理

简单地说，选区电子衍射借助设置在物镜像平面的选区光阑，可以对产生衍射的试样区域进行选择，并对选区范围的大小加以限制，从而实现形貌观察和电子衍射的微观对应。选区光阑用于挡住光阑孔以外的电子束，只允许光阑孔以内视场所对应的试样微区的成像电子束通过，使得在荧光屏上观察到的电子衍射花样仅来自选区范围内晶体的贡献。实际上，选区形貌观察和电子衍射花样不能完全对应，也就是说，选区电子衍射存在一定误差，选区以外试样晶体对衍射花样也有贡献。选区范围不宜太小，否则将带来太大的误差。对于 100 kV 的透射电子显微镜，最小的选区电子衍射范围约为 0.5 μm，加速电压为 1 000 kV 时，最小的选区范围可达 0.1 μm。

3.13.3　主要实验设备及材料

电子衍射仪，待测试样。

3.13.4　实验内容及步骤

（1）在成像的操作方式下，使物镜精确聚焦，获得清晰的形貌物像。
（2）选用并插入尺寸合适的选区光阑，围住被选择的视场。

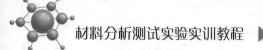

（3）减小中间镜电流，使其物平面与物镜背焦面重合，转入"衍射"操作方式。对于近代的电子显微镜，此步操作可按"衍射"按钮自动完成。

（4）移出物镜光阑，在荧光屏上显示电子衍射花样，可供观察。

（5）需要拍照记录时，可适当减小第二聚光镜电流，获得更趋近平行的电子束，使衍射斑点尺寸变小。

3.13.5　实验报告要求

（1）绘图说明选区电子衍射的基本原理。

（2）举例说明利用选区电子衍射进行晶体取向分析的方法。

3.13.6　思考题

选区电子衍射有哪些应用？试举例说明。

3.14　X射线荧光光谱分析

3.14.1　实验目的

（1）了解X射线荧光光谱仪的结构和工作原理。

（2）掌握X射线荧光分析法用于物质成分分析的方法和步骤。

（3）学会用X射线荧光分析法确定试样中的主要成分。

3.14.2　实验原理

利用初级X射线光子或其他微观离子激发待测物质中的原子，使之产生荧光（次级X射线），可以进行物质成分分析和化学态研究。按激发、色散和探测方法的不同，X射线荧光分析法可分为X射线光谱法（波长色散）和X射线能谱法（能量色散）。

3.14.3　主要实验设备及材料

主要实验设备及材料如表3-2所示。

表3-2　主要实验设备及材料

序号	名称	型号	件数
1	Si（Li）探测器	SLP-10-190P	1
2	高压电源	ORTEC 556	1
3	55FeX射线源	几十微居	1

续表

序号	名称	型号	件数
4	238Pu 激发源	毫居级	1
5	能谱放大器	CANBERRA 2026	1
6	微机	组装	1
7	多功能多道卡	ORTEC 8K	1
8	二维步进电动机控制器	SC-2B	1
9	超薄电控平移台	TAS30C	1
10	测量架	加工	1
11	分析用标准试样	配置	1

3.14.4 实验内容及步骤

1. 实验参数选择

1）阳极靶的选择

选择阳极靶的基本要求：尽可能避免靶材产生的特征 X 射线激发试样的荧光辐射，以降低衍射花样的背底，使图样清晰。不同靶材的使用范围如表 3-3 所示。

表 3-3 不同靶材的使用范围

靶材	使用范围
Cu	除黑色金属试样以外的一般无机物、有机物
Co	黑色金属试样
Fe	黑色金属试样
Cr	黑色金属试样（用于应力测定）
Mo	测定钢铁试样或利用透射法测定吸收系数大的试样
W	单晶的劳厄照相

必须根据试样所含元素的种类，来选择最适宜的特征 X 射线波长（靶）。当 X 射线的波长稍短于试样成分元素的吸收限时，试样强烈地吸收 X 射线，并激发产生成分元素的荧光 X 射线，背底增高，其结果是峰背比（信噪比）P/B 低（P 为峰强度，B 为背底强度），衍射图难以分清。

X 射线衍射所能测定的 d 值范围，取决于所使用的特征 X 射线的波长。X 射线衍射所需测定的 d 值范围大都为 $0.1 \sim 1$ nm。为了使这一范围内的衍射峰易于分离而被检测，需要选择合适波长的特征 X 射线。一般测试使用铜靶，但因 X 射线的波长与试样的吸收有关，可根据试样物质的种类分别选用 Co、Fe 或 Cr 靶。此外还可选用 Mo 靶，这是由于 Mo 靶的特征 X 射线波长较短，穿透能力强，如果希望在低角处得到高指数晶面衍射峰，或为了减少

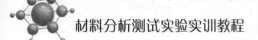

吸收的影响等，均可选用 Mo 靶。

2）管电压和管电流的选择

工作电压设定为 3~5 倍的靶材临界激发电压，选择管电流时，功率不能超过 X 射线管额定功率，较低的管电流可以延长 X 射线管的寿命。X 射线管经常使用的负荷（管压和管流的乘积）为最大允许负荷的 80% 左右。但是，当管压超过激发电压 5 倍以上时，强度的增加率将下降。所以在相同负荷下产生 X 射线时，在管压约为激发电压 5 倍以内时要优先考虑管压，在更高的管压下其负荷可用管流来调节。靶元素的原子序数 Z 越大，激发电压就越高。由于连续 X 射线的强度与管压的平方呈正比，特征 X 射线与连续 X 射线的强度之比，随着管压的增加接近一个常数，当管压超过激发电压的 4 倍时反而变小，所以管压过高，信噪比 P/B 将降低，这是不可取的。

3）滤波片的选择

$Z_滤 < Z_靶 - (1\sim2)$。如 $Z_靶 < 40$，则 $Z_滤 = Z_靶 - 1$；如 $Z_靶 > 40$，则 $Z_滤 = Z_靶 - 2$。

4）扫描范围的确定

不同的测定目的，其扫描范围也不同。当选用 Cu 靶进行无机化合物的相分析时，扫描范围一般为 2°~90°（2θ）；对于高分子有机化合物的相分析，其扫描范围一般为 2°~60°；在定量分析、测定点阵参数时，一般只对欲测衍射峰扫描几度即可。

5）扫描速度的确定

常规物相定性分析常采用每分钟 2°或 4°的扫描速度，在进行点阵参数测定、微量分析或物相定量分析时，常采用每分钟 0.5°或 0.25°的扫描速度。

2. 试样制备

X 射线衍射分析的试样主要有粉末试样、块状试样、微量试样、薄膜试样、纤维试样等。试样不同，分析目的不同（定性分析或定量分析），则试样制备方法也不同。

1）粉末试样

X 射线衍射分析的粉末试样必须满足这样两个条件：晶粒要细小，试样无择优取向（取向排列混乱）。所以通常将试样研细后使用，可用玛瑙研钵研细。定性分析时，粒度应小于 40 μm（350 目）。定量分析时，应将试样研细至 10 μm 左右。较方便地确定 10 μm 粒度的方法是：用拇指和中指捏住少量粉末并碾动，两手指间没有颗粒感觉的粒度大致为 10 μm。

常用的粉末试样架为玻璃试样架，在玻璃板上蚀刻出试样填充区为 20 mm×18 mm。玻璃试样架主要用于粉末试样较少时（少于 500 mm³）。填充时，将试样粉末一点一点地放进试样填充区，重复这种操作，使粉末试样在试样架里均匀分布，并用玻璃板压实，要求试样面与玻璃表面齐平。如果试样的量少到不能充分填满试样填充区，可在玻璃试样架凹槽里先滴一薄层用醋酸戊酯稀释的火棉胶溶液，然后将粉末试样撒在上面，待干燥后测试。

2）块状试样

先将块状试样表面研磨抛光，大小不超过 20 mm×18 mm，然后用橡皮泥将试样粘在铝试样支架上，要求试样表面与铝试样支架表面平齐。

3）微量试样

取微量试样放入玛瑙研钵中将其研细，然后将研细的试样放在单晶硅试样支架上（切割单晶硅试样支架时使其表面不满足衍射条件），滴数滴无水乙醇，使微量试样在单晶硅片上分散均匀，待乙醇完全挥发后即可测试。

4）薄膜试样

将薄膜试样剪成合适大小，用胶带纸粘在玻璃试样支架上即可。

3. 试样测试

1）开机前的准备和检查

将制备好的试样插入衍射仪试样台，盖上顶盖并关闭防护罩。开启水龙头，使冷却水流通。应关闭 X 光管窗口，管电流管电压表指示应在最小位置，接通总电源。

2）开机操作

开启衍射仪总电源，启动循环水泵。待数分钟后，打开计算机 X 射线衍射仪应用软件，设置管电压、管电流至需要值，设置合适的衍射条件及参数，开始试样测试。

3）停机操作

测量完毕，关闭 X 射线衍射仪应用软件，取出试样。15 min 后关闭循环水泵，关闭水源，关闭衍射仪总电源及线路总电源。

4）数据处理

测试完毕后，可将试样测试数据存入磁盘供随时调出处理。原始数据需经过曲线平滑、谱峰寻找等数据处理步骤，最后打印出待分析试样衍射曲线和 d 值、2θ、强度、衍射峰宽等数据供分析鉴定。

3.14.5　实验报告要求

（1）简述 X 射线荧光光谱仪的结构和工作原理。
（2）试述用 X 射线荧光分析法确定试样中的主要成分的过程。

3.14.6　思考题

（1）采用 X 射线光谱法测量元素周期表中的轻质元素存在较大困难的原因是什么？
（2）X 射线光谱法测量有哪些优势和不足之处？

3.15　紫外-可见分光光谱分析

3.15.1　实验目的

（1）学会使用 UV-2550 型紫外-可见分光光度计。
（2）掌握紫外-可见分光光度计的定量分析方法。
（3）学会利用紫外-可见光谱技术进行有机化合物特征和定量分析的方法。

3.15.2 实验原理

基于物质对 200~800 nm 光谱区辐射的吸收特性建立起来的分析测定方法，称为紫外-可见吸收光谱法或紫外-可见分光光度法。紫外-可见吸收光谱是由分子外层电子能级跃迁产生，同时伴随着分子的振动能级和转动能级的跃迁，因此吸收光谱具有带宽。紫外-可见吸收光谱的定量分析采用朗伯-比尔定律，被测物质的紫外吸收的峰强与其浓度成正比，即

$$A = \lg \frac{I_0}{I} = \lg \frac{1}{T} = \varepsilon bc \qquad (3-5)$$

式中：A——吸光度；

I、I_0——透过试样后光的强度和测试光的强度；

ε——摩尔吸光系数；

b——试样厚度；

c——浓度。

紫外吸收光谱是由分子中的电子跃迁产生的。按分子轨道理论，在有机化合物分子中，这种吸收光谱取决于分子中成键电子的种类、电子分布情况。根据其性质不同，可分为 3 种电子：形成单键的 σ 电子；形成不饱和键的 π 电子；氧、氮、硫、卤素等杂原子上的未成键的 n 电子。当它们吸收一定能量 ΔE 后，将跃迁到较高的能级，占据反键轨道。分子内部结构与这种特定的跃迁是有着密切关系的，使得分子轨道分为成键 σ 轨道、反键 σ^* 轨道、成键 π 轨道、反键 π^* 轨道和 n 轨道，其能量由低到高的顺序为：$\sigma < \pi < n < \pi^* < \sigma^*$。

紫外-可见分光光度计的原理是光源发出光谱，经单色器分光，然后单色光通过试样池，达到检测器，把光信号转变成电信号，再经过信号放大、模/数转换，数据传输给计算机，由计算机软件处理。

3.15.3 主要实验设备及材料

UV-2550 型紫外-可见分光光度计，1 cm 石英比色皿一套，UVProbe 软件，配置好的 10 μg/mL、15 μg/mL、20 μg/mL 以及未知浓度的甲基紫溶液，甲基红溶液。

3.15.4 实验内容及步骤

(1) 打开电源，开启紫外-可见分光光度计上的开关，打开 UVProbe 软件，让其自检，约 5 min 后，对仪器相关参数进行设置。设置波长范围为 200~400 nm，高速检测，间隔为 0.5 nm。

(2) 空白对比实验。取一定量的蒸馏水装进 1 cm 石英比色皿至 2/3，在 Win-UV 主显示窗口下单击所选图标的基线，以扫描蒸馏水的测定吸收曲线。

(3) 取一定浓度的水杨酸溶液，装进石英比色皿中，放到紫外-可见分光光度计中，获得波长-吸收曲线，读取最大吸收的波长数据和吸光度，得到其标准图谱。

(4) 用同样的方法测定一定浓度的水杨酸溶液，获得波长-吸收曲线，读取最大吸收的

波长数据和吸光度，得到其标准图谱。

（5）用同样的方法测定未知溶液，获得波长–吸收曲线，读取最大吸收的波长数据和吸光度，得到其图谱。

（6）进行数据处理和分析。

（7）对结果进行讨论。

3.15.5　实验报告要求

（1）简述紫外–可见分光光度计的定量分析原理。

（2）分析甲基紫的 λ_{max} 比甲基红的 λ_{max} 大的原因。

3.15.6　思考题

根据物质吸收曲线，思考如何利用紫外吸收光谱进行定性分析。

3.16　原子吸收光谱分析

3.16.1　实验目的

（1）了解原子吸收光谱仪的基本构造、原理及方法。

（2）了解利用原子吸收光谱仪进行实验的条件的选择。

（3）掌握原子吸收光谱分析中试样的预处理方法。

（4）学会应用原子吸收光谱分析定量测量试样中的常/微量元素含量。

3.16.2　实验原理

在原子吸收光谱分析中，分析方法的灵敏度、精密度、干扰是否严重，以及分析过程是否简便快速等，在很大程度上依赖于所使用的仪器及所选用的测量条件。因此，原子吸收光谱法测量条件的选择是十分重要的。

原子吸收光谱法的测量条件包括吸收线的波长、空心阴极灯的灯电流、火焰类型、雾化方式、燃气和助燃气的比例、燃烧器高度，以及单色器的光谱通带等。

本实验通过铜的测量条件，如灯电流、燃气和助燃气的比例、燃烧器高度和单色器狭缝宽度的选择，确定这些测量条件的最佳值。

当光源发射的某一特征波长的辐射通过原子蒸气时，被原子中的外层电子选择性地吸收，透过原子蒸气的入射辐射强度减弱，其减弱程度与蒸气相中该元素的基态原子浓度成正比。

当实验条件一定时，蒸气相中的原子浓度与试样中该元素的含量（浓度）成正比。因此，入射辐射减弱的程度与该元素的含量成正比。原子吸收光谱分析法就是根据物质产生的原子蒸气对特定波长光的吸收作用来进行定量分析的。

3.16.3　主要实验设备及材料

AA700型原子吸收光谱仪，铜标准溶液，铬标准溶液，容量瓶若干，微量移液器及一次性吸头，铜空心阴极灯，铬空心阴极灯，去离子水及试样。

3.16.4　实验内容及步骤

（1）试样预处理。

（2）标准溶液的配制。分别配制浓度为 0.0、0.1、1.0、3.0、5.0、8.0 μg/L 的铜标准溶液。

（3）测吸光度。按照原子吸收光谱仪操作规程开动仪器，采用标准曲线法，依次测量标准系列溶液和待测溶液的吸光度。本次实验在原子吸收光谱仪的基础上，采用标准曲线法测量试样中铜元素的含量。铜的测量条件：入射波长为 324.8 nm，灯电流为 15 mA，狭缝宽度为 0.7 nm，空气的流量为 17 L/min，乙炔的流量为 17 L/min。

以纯净水作为空白溶液，分别测量系列标准溶液的吸光度，绘出标准曲线，并计算特征浓度和检出限。

（4）测定法。分别精密吸取对照品溶液与试样溶液各 10 μL，注入色谱仪，根据测得的吸光度，由标准曲线求出试样中待测元素的含量。

3.16.5　实验报告要求

（1）简述测量条件选择实验的意义。

（2）试述选择各项最佳条件的原则。

3.16.6　思考题

（1）简述空心阴极灯的工作原理。

（2）简述原子吸收光谱仪的工作原理。

3.17　红外光谱分析

3.17.1　实验目的

（1）了解红外光谱仪的工作原理。

（2）掌握红外光谱法用于物质成分分析的方法和步骤。

3.17.2　实验原理

红外光谱是研究分子振动和转动信息的分子光谱，它反映了分子化学键的特征吸收频率，可用于化合物的结构分析和定量测定。

根据实验技术和应用的不同，一般将红外光区划分为三个波区：近红外区（13 158 ~ 4 000 cm^{-1}），中红外区（4 000 ~ 400 cm^{-1}）和远红外区（400 ~ 10 cm^{-1}），一般的红外光谱在中红外区进行检测。

用红外光谱对化合物进行定性分析的常用方法有已知物对照法和标准谱图查对法。

3.17.3　主要实验设备及材料

FT-IR 型傅里叶红外光谱仪，手压式压片机，压片模具，磁性试样架，可拆式液体池，KBr 盐片，红外灯，玛瑙研钵，苯甲酸（分析纯），无水丙酮，KBr（光谱纯）。

3.17.4　实验内容及步骤

1. 固体试样苯甲酸的红外光谱的测绘（KBr 压片法）

（1）取干燥的苯甲酸试样约 1 mg 于干净的玛瑙研钵中，在红外灯下研磨成细粉，再加入约 150 mg 干燥的 KBr，一起研磨至二者完全混合均匀，颗粒粒度为 2 μm 左右。

（2）取适量的混合试样置于干净的压片模具中，堆积均匀，用手压式压片机用力加压约 30 s，制成透明试样薄片。

（3）将试样薄片装在磁性试样架上，放入 FT-IR 型傅里叶红外光谱仪的试样室中，先测空白背景，再将试样置于光路中，测量试样红外光谱图。

（4）扫谱结束后取出试样架，取下薄片，将压片模具、试样架等擦洗干净，置于干燥容器中保存好。

2. 液体试样丙酮的红外光谱的测绘（液膜法）

用滴管取少量液体试样丙酮，滴到液体池的一块盐片上，盖上另一块盐片（稍转动驱走气泡），使试样在两盐片间形成一层透明薄液膜，固定液体池后将其置于红外光谱仪的试样室中，测定试样红外光谱图。

3. 数据处理

（1）对所测谱图进行基线校正及适当平滑处理，标出主要吸收峰的波数值，储存数据后打印谱图。

（2）用计算机进行图谱检索，并判别各主要吸收峰的归属。

3.17.5　实验报告要求

（1）简述 FT-IR 型傅里叶红外光谱仪的结构和工作原理。

（2）分析待测试样的红外光谱图，标记各主要吸收峰的归属及依据。

3.17.6　思考题

（1）用压片法制样时，为什么要求将固体试样研磨到颗粒粒度在 2 μm 左右？为什么要求 KBr 粉末干燥、避免吸水受潮？

（2）对于高聚物固体材料，很难研磨成细小的颗粒，采用什么制样方法比较可行？

（3）芳香烃的红外特征吸收在谱图的什么位置？

（4）羟基化合物谱图的主要特征是什么？

第二篇
综合应用篇

第 4 章　金属材料分析测试综合实训

　　海洋平台（见图4-1）是在海洋上进行作业的场所，是海洋石油钻探与生产所需的平台，主要分为钻井平台和生产平台两大类。我国海洋油气开发装备产业经历了几十年的发展历程，取得了非凡的成绩。海洋油气开发装备用的金属材料主要包括海洋油气钻采平台等大型海洋结构物用金属材料、海洋油气钻采设备用金属材料、海洋油气输送和贮藏设备用金属材料。我国高端船舶及海工装备用钢研制近年来取得突破并实现装船，如宝钢、鞍钢自主研发的特种钢成功打破技术壁垒替代进口，为我国超大型集装箱整船"中远海运双子座"供货。这些金属材料是通过何种热处理工艺制备，采用什么检测方法的呢？通过本章的学习，我们就会明白。

图4-1　海洋平台

4.1　实训守则

　　（1）学生在开始实训前，必须按照实训指导教师的要求，认真学习相关知识，明确实训目的、意义、内容及实训要求，做好实训准备。

　　（2）进入实训场地时必须按实训要求着装，操作前必须穿好工作服、戴好防护用品，头发长的同学必须戴好工作帽。禁止穿裙子、短裤、背心、高跟鞋、凉鞋、拖鞋，戴围巾上岗操作。

（3）实训过程要集中精神，专心听讲，认真做好实训笔记，严格按要求实训，努力提高专业操作技能。

（4）学生在实训期间，必须严格遵守作息时间和学院有关请假制度，不得迟到、早退和旷课。

（5）服从指导教师安排，在指定场地和工位上进行实训操作，不得串岗、离岗，严禁喧哗、打闹、吸烟，不得做与实训无关的事。

（6）严格遵守实训安全操作规程，必须在指定的设备上进行实训，未经实训指导教师允许，不得私自动用设备。

（7）注意设备操作及安全用电，不得擅自操作，未经允许，严禁操作电气开关，以防发生伤害事故或造成经济损失。

（8）爱护实训设备和工器具，保持工作场地整洁，用过的工、夹、量具要摆放整齐，丢失及非正常损坏的物品要按有关规定主动赔偿。

（9）实训完毕，学生应在教师指导下认真做好设备检查及卫生打扫，整理实训使用的工具，按照实训管理规定摆回原处，关闭水电、门窗，发现问题及时报告实训指导教师，经实训指导教师检查合格后方可离开实训场地。

（10）实训结束后，学生必须按实训指导教师要求认真完成实训作业和实训报告。

4.2　实训目的与任务

4.2.1　实训目的

金属材料实训是使学生达到工程师素质的基本训练。在实际工作中，无论是一个科研项目的探索性实验，还是一种材料的性能实验，一般都由一系列的单项实验组成，都要按计划一个一个地做，然后根据各项实验现象或数据分析判断，得出最终实验结果或结论。为此，在做每个实验时，要有整体实验的概念，要考虑每个实验之间的联系、每个实验可能对最终实验结果产生的影响。

现代金属材料的种类很多，研究方法、生产方法和质量检验方法也有区别。由于教学时间和实验条件的限制，要全面涉足是不可能的，突出重点、兼顾其他是唯一的选择。另外，从思维方式和技术方法这两个角度来看，各种金属材料的科研、生产和质量检验也有许多相同之处，因此在教学上以点带面是可能的。学生通过认真做一些经过精选、具有代表意义的实验，举一反三，融会贯通，就会具备适应将来工作岗位的能力。

4.2.2　实训任务

1. 完善本专业的知识结构

对材料类专业的学生来说，在大学期间主要是学习材料科学与工程方面的基本理论，材料制备与材料性能测试的基本知识和基本技能，掌握材料性能的变化规律，为正确设计材料、生产材料和合理应用材料打好基础。

金属材料实训课是"金属材料学"课程的后续课程。从某种意义上说，实验也是材料工学知识的具体应用与深化。通过实验教学环节，使学生巩固在理论课中所学的材料制备、各种基本物理化学性能及测量这些性能的理论知识，加深对本专业的认识和理解，完善本专业的知识结构，从而达到专业应有的水平。这对于学生今后在材料科学与工程领域从事有关实际工作具有重要意义。

2. 培养和提高能力

金属材料实训课程的主要任务是：培养学生的自学能力，使其能够自行阅读实验教材，按教材要求做好实验前的准备，尽量避免"跟着老师做实验，老师离开就停转"的现象；提高学生的动手能力，使其能借助教材和仪器说明书，正确使用仪器设备，能够利用工学理论对实验现象进行初步分析判断，能够正确记录和处理实验数据、绘制曲线、说明实验结果、撰写合格的实验报告等；提高学生的创新能力，使其能够利用所学的工学知识，或根据小型科研或部分实际生产环节的需求，完成简单的设计性实验。素质的教育与培养是学生接受大学教育的重要一环。实验教学不仅是让学生理论联系实际，学习科研方法，进而提高科研能力，还要使学生具有较高的科研素质。

4.3　金属材料热处理制备

4.3.1　钢的退火与正火

1. 实验目的

（1）熟悉退火与正火的原理和操作方法。

（2）掌握碳钢退火与正火后的组织。

（3）了解工艺条件对碳钢退火与正火组织和性能（硬度）的影响。

2. 实验原理

机械零件的一般加工工艺为：毛坯（铸、锻）→预备热处理→机加工→最终热处理。退火与正火工艺主要用于预备热处理，只有当工件性能要求不高时，才作为最终热处理工艺。

1）钢的退火

退火是将钢加热到临界温度以上，保温一定时间，然后缓慢冷却（如炉冷），获得接近平衡组织的工艺。退火的主要目的是调整钢材硬度、改善切削加工性能、消除内应力、细化晶粒，为最终热处理做好组织准备。

常用的退火工艺主要有完全退火、等温退火、球化退火、扩散退火、去应力退火、再结晶退火。

（1）完全退火是将钢件加热至 Ac_3 以上 30~50 ℃，经完全奥氏体化后，进行缓慢冷却，以获得近于平衡组织的热处理工艺。完全退火主要用于亚共析钢，目的是细化晶粒、均匀组织、消除内应力、降低硬度和改善钢的切削加工性。

（2）等温退火是将钢件加热至 Ac_3 以上 $30\sim50$ ℃，经完全奥氏体化后，快冷到略低于 Ar_2 的温度停留，待珠光体相变完成后出炉空冷。等温退火可缩短工件在炉内停留时间，缩短退火周期，提高生产效率，实际生产中常采用等温退火替代完全退火。

完全退火工艺与等温退火工艺的加热时间，可根据工件的有效厚度来计算，并需考虑装炉量和装炉方式加以修正。在装炉量不大的情况下，箱式炉中的加热时间 $t(\min)$ 可按下式计算：

$$t=K\times D \tag{4-1}$$

式中：D——工件的有效厚度，mm；

K——加热系数，min/mm，对于碳钢，K 为 $1.5\sim1.8$ min/mm，对于合金钢，K 为 $1.8\sim2.0$ min/mm。

保温时间可按每 25 mm 厚度保温 1 h，或者每 1 t 装炉量保温 1 h 来计算。

等温退火工艺的等温时间可由钢的 C 曲线查得，不过要比 C 曲线上的时间长些。碳钢一般为 $1\sim2$ h，合金钢一般为 $3\sim4$ h。

（3）球化退火是使钢中碳化物球化，获得粒状珠光体的一种热处理工艺，主要用于共析钢、过共析钢和合金工具钢。其目的是降低硬度、均匀组织、改善切削加工性，并为淬火做组织准备。

球化退火可分为以下三种方式。

①普通球化退火：将高碳钢工件加热到 $Ac_1+(20\sim30)$ ℃，保温一定时间后，随炉缓冷至 600 ℃ 以下，再在空气中冷却下来，如图 4-2 中曲线 a 所示。

②等温球化退火：它是将高碳钢工件钢加热到 $Ac_1+(20\sim30)$ ℃，保温一定时间后，再快速冷却到 $Ac_1-(20\sim30)$ ℃，长时间等温后，出炉冷却，如图 4-2 中曲线 b 所示。

③循环球化退火：有的钢采用一次球化退火难以达到球化目的，则可进行循环球化退火，如图 4-3 所示，即将钢加热到球化温度保温后，冷却到略低于 Ar_1 的温度，保温后再加热到球化温度，这样重复几次便能得到球化组织。

实际生产中，球化退火加热工艺的加热温度为 $Ac_1+(20\sim30)$ ℃，即在 $Ac_1\sim Ac_{cm}$ 之间的两相区内加热，大部分钢的球化退火加热温度都在 $740\sim870$ ℃ 之间。

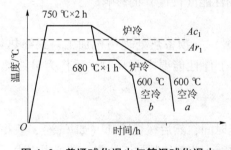

图 4-2　普通球化退火与等温球化退火

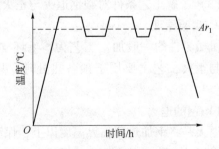

图 4-3　循环球化退火

（4）扩散退火又称均匀化退火，是将钢件加热至略低于固相线的温度下长时间保温，然后缓慢冷却以消除化学成分不均匀现象的热处理工艺。其目的是消除铸件在凝固过程中产生的枝晶偏析及区域偏析，使成分和组织均匀化。

实际生产中，扩散退火工艺的加热温度 $T=Ac_3+(150\sim250)$ ℃。

钢中合金含量越高，加热温度也要高些，但是一般要低于固相线 100 ℃左右，以防止过烧，铸锭的加热温度可比铸件高 100 ℃左右。其经验数据如下：碳素钢铸件 950~1 000 ℃，低合金钢铸件 1 000~1 050 ℃，高合金钢铸件 1 050~1 100 ℃，高合金钢铸锭 1 100~1 250 ℃。扩散退火时间一般为 10~15 h，时间越长，工件烧损越严重，耗费能量越多，成本也会增加。

（5）去应力退火是将钢加热到低于 Ar_1 以下的某一温度，保温后，缓慢冷却到 200 ℃以下出炉空冷的热处理工艺。其目的是消除材料经变形加工以及铸造、焊接过程引起的残余内应力，此外还可降低硬度，提高尺寸稳定性，防止工件变形和开裂。去应力退火通常加热到 500~650 ℃，时间 2~4 h。

（6）再结晶退火是把冷变形后的金属加热到再结晶温度以上并保持适当的时间，使变形晶粒重新转变为均匀等轴晶粒而消除加工硬化的热处理工艺。钢经冷冲、冷轧或冷拉后会产生加工硬化现象，使钢的强度、硬度升高，塑性、韧性下降，切削加工性能和成型性能变差。经过再结晶退火，消除了加工硬化，钢的机械性能恢复到冷变形前的状态。

2）钢的正火

正火是将钢加热到临界点（Ac_3 或 Ac_{cm}）以上 30~50 ℃，保温一定的时间，进行完全奥氏体化，然后在空气中冷却得到珠光体类组织的热处理工艺。

从实质上说，正火是退火的一个特例。两者只是转变的过冷度不同，正火时的过冷度较大，会发生伪共析转变，因此组织中的珠光体量较多，而且片层较细。

正火后的组织，当钢中含碳量为 0.6%~1.4% 时，在正火组织中不出现先共析相，只存在伪共析的珠光体或索氏体；在含碳量小于 0.6% 的钢中，正火后还会出现少量铁素体。

正火的主要应用如下：细化晶粒，消除热加工过程中产生的过热缺陷；改善低碳钢的切削加工性能；用于高碳钢，消除网状碳化物，便于球化退火；用于一些受力不大、性能要求不高的中碳钢零件，作为最终的热处理。

实际生产中，正火工艺的加热温度和加热时间如下。

（1）加热温度：低碳钢，$T=Ac_3+(50~100)$℃；中碳钢，$T=Ac_3+(30~50)$℃；高碳钢，$T=Ac_{cm}+(30~50)$℃。并且钢中含碳量越低，正火温度越高。

（2）加热时间如下：

$$t=K \times D \tag{4-2}$$

式中：t——加热时间，min；

　　　D——工件的有效厚度，mm；

　　　K——加热系数，min/mm，对于碳素钢，$K=1.5$ min/mm，对于合金钢，$K=2$ min/mm。

3. 主要实验设备及材料

1）实验设备

实验用箱式电阻加热炉，布氏硬度机，洛氏硬度机，金相显微镜，金相制样设备。

2）实验材料

45 钢、T8 钢、T12 钢的退火试样（尺寸为 $\phi10$ mm×15 mm），钳子，铁丝等。

4. 实验内容

1）钢的退火

（1）分成儿个小组，按组领取实验试样，并打上钢号，以免混淆。

（2）测定试样热处理前的硬度值，并做好记录。

（3）普通退火操作。将45钢试样加热到840~860 ℃，T8钢、T12钢试样加热到760~780 ℃，保温15 min后，进行炉冷至500 ℃后出炉空冷。

（4）等温退火操作。将45钢试样加热到830~850 ℃，T8钢、T12钢试样加热到760~780 ℃，保温15 min后分别快速放入680 ℃炉中等温停留30~40 min，随后进行空冷处理。

（5）分别测定45钢、T8钢、T12钢经普通退火和等温退火处理后的硬度，并做好相应的记录。

（6）分别制备热处理前后的金相试样，并在金相显微镜下观察各试样的组织。

2）钢的正火

（1）按组领取正火实验试样，并打上钢号，以免混淆。

（2）测定试样热处理前的硬度值，并做好记录。

（3）正火操作，将45钢试样加热到830~850 ℃，T8钢试样加热到760~780 ℃，T1钢试样加热到850~870 ℃，保温15 min后，进行空冷处理。

（4）分别测定45钢、T8钢、T12钢经正火处理后的硬度，并做好相应的记录。

（5）分别制备热处理前后的金相试样，并在金相显微镜下观察各试样的组织。

3）注意事项

（1）退火处理时，不要随意触动电炉及温度控制器的电源部分，以防触电及损坏设备。

（2）正火处理时，试样要用夹钳夹紧，动作要迅速，夹钳不要夹在测定硬度的表面上，以免影响硬度值。

（3）测定硬度前，必须用砂纸将试样表面的氧化皮除去并磨光。对于每个试样，应在不同部位测定三次硬度，并计算其平均值。

5. 实验报告要求

（1）每人写一份实验报告，报告应包括实验目的、实验原理、主要实验设备及材料、实验方法与步骤、实验结果与分析。

（2）严格按照实验步骤进行实验，列出全套硬度数据，绘出或拍出各种热处理后的组织图，并根据热处理原理对各种热处理组织的成因进行分析。

（3）分析退火与正火工艺参数对碳钢退火及正火后组织和性能（硬度）的影响，并阐明硬度变化的原因。

（4）指出实验过程中存在的问题，并提出相应的改进方法。

6. 思考题

（1）采用何种热处理工艺可以提高亚共析钢中珠光体的含量，从而提高其强度和硬度？

（2）粒状珠光体的形成机理是什么？

（3）退火与正火由于加热和冷却不当会产生哪几种缺陷？

4.3.2　钢的淬火与回火

1. 实验目的

（1）掌握钢的淬火与回火原理及操作方法。

（2）了解淬火与回火的种类及应用。

（3）了解淬火工艺条件对淬火组织与性能（硬度）的影响。

（4）了解回火的工艺参数对碳钢回火后组织和性能（硬度）的影响。

2. 实验原理

机械零件的一般加工工艺为：毛坯（铸、锻）→预备热处理→机加工→最终热处理。淬火与回火工艺通常用于最终热处理。

淬火是将钢件加热到临界点以上，保温一定时间，然后在水或油等冷却介质中快速冷却而得到马氏体的热处理工艺。淬火钢的组织主要为马氏体，还有少量残余奥氏体和未溶的碳化物。

淬火后必须进行回火，以达到下列目的：

采用淬火+低温回火工艺提高工模具等零件的硬度和耐磨性；

采用淬火+高温回火工艺提高齿轮、轴类等零件的强韧性；

采用淬火+中温回火工艺提高弹簧等的弹性；

采用淬火工艺处理永久磁铁，提高其磁性。

1）钢的淬火工艺

淬火工艺主要包括淬火加热温度、加热时间和冷却条件等几方面的问题。工艺参数的确定应遵循一定的原则。

（1）淬火加热温度 T。对于亚共析钢，$T=Ac_3+(30\sim50)℃$；对于共析钢和过共析钢，$T=Ac_1+(30\sim50)℃$。对于亚共析钢，必须加热到 Ac_3 以上进行完全淬火。这是因为亚共析钢在 $Ac_1\sim Ac_3$ 之间加热淬火时，由于铁素体分布在强硬的马氏体中间，会严重降低钢的强度和韧性，这是不允许的。对于过共析钢，都必须在 $Ac_1\sim Ac_{cm}$ 之间加热进行不完全淬火，并使淬火组织中保留一定数量的细小弥散的碳化物颗粒，以提高其耐磨性。在生产中，不允许将过共析钢加热到 Ac_{cm} 以上进行完全淬火。这是因为如果碳化物完全进入奥氏体中，马氏体中将出现过多的残余奥氏体，会造成多方面的害处。而且淬火后会得到粗针马氏体，显微裂纹增多，钢的脆性增大。还会由于淬火应力的变大，增加工件变形开裂的倾向。

（2）淬火加热时间 t。计算淬火加热时间的方法很多，最常用的是根据工件的有效厚度来计算：

$$t=K\times D \tag{4-3}$$

式中：D——工件的有效厚度，mm，具体如表4-1所示；

K——加热系数，可根据表4-2的加热时间经验公式选取。

表4-1　工件的有效厚度确定

工件形状	$D<h$	$D>h$	$\dfrac{D-d}{2}>h$	$\dfrac{D-d}{2}<h$	$\dfrac{2L}{3}$ L
有效厚度	D	h	h	$\dfrac{D-d}{2}$	D

表 4-2　加热时间经验公式

加热设备类型	材料品种	加热时间 $t(\min)$ 经验公式
盐浴炉	碳素结构钢	$t=(0.2\sim0.4)D$
	碳素工具钢与合金钢	$t=(0.3\sim0.5)D$
	合金工具钢	$t=(0.5\sim0.7)D$
空气电阻炉	碳素钢	$t=(1\sim1.2)D$
	合金钢	$t=(1.2\sim1.5)D$

（3）淬火冷却介质和方式。淬火工艺中冷却是一关键的工序，为了获得马氏体组织，钢淬火时一般都需采取快冷，使其冷却速度大于临界冷却速度，以避免过冷奥氏体发生分解，但并不是冷却速度越大越好。根据连续冷却 C 曲线，只需要在 C 曲线鼻尖处快冷，而在 M_s 附近尽量缓冷，以达到既获得马氏体组织，又减小内应力、防止淬火变形和开裂的目的。所以，钢在淬火时间时，最理想的冷却曲线如图 4-4 所示。但是现实中很难找到符合理想冷却曲线的冷却介质。实际生产中，正确选择淬火介质的原则是：在保证淬硬的前提下，尽量选择较缓和的淬火介质，以减少淬火变形和开裂。几种常用淬火介质的冷却速度如表 4-3 所示。

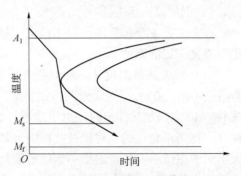

图 4-4　最理想的冷却曲线

表 4-3　几种常用淬火介质的冷却速度

淬火介质	冷却速度/($℃\cdot s^{-1}$)		淬火介质	冷却速度/($℃\cdot s^{-1}$)	
	650~550 ℃ 区间	300~200 ℃ 区间		650~550 ℃ 区间	300~200 ℃ 区间
水（18 ℃）	600	270	10%NaCl（18 ℃）	1 100	300
水（26 ℃）	500	270	10%NaOH（18 ℃）	1 200	300
水（50 ℃）	100	270	10%NaCl（50 ℃）	800	270
水（74 ℃）	30	200	10%NaOH（18 ℃）	750	300
肥皂水（18 ℃）	30	200	矿物油（18 ℃）	150	30
10%油水（18 ℃）	70	200	变压器油（18 ℃）	120	25

在生产中，为使工件淬火后达到要求的硬度和淬硬层深度，又要防止变形和开裂，除要选择合适的淬火介质外，还必须采取正确的淬火冷却方式，进行正确的淬火操作。常用的淬火冷却方式有单液淬火、双液淬火、预冷淬火、分级淬火和等温淬火，不同淬火方式的冷却曲线如图 4-5 所示。

①单液淬火。工件在一种淬火介质中一直冷却到底，冷却曲线如图 4-5 中曲线 1 所示，如水冷或油冷淬火。

②双液淬火。工件先在一种快速冷却介质中冷却，当冷却到 300 ℃ 左右时，立即转入另一种缓和的介质中冷却，以降低马氏体区的冷却速度，从而减小淬火应力，防止变形开裂，冷却曲线如图 4-5 中曲线 2 所示。

③预冷淬火。工件从加热炉中取出，先预冷到一定温度再进行淬火，可以减小工件内外温差，从而减小淬火内应力，防止变形和开裂。

④分级淬火。把加热到规定温度的工件放入温度为

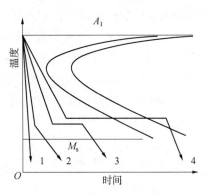

图 4-5　不同淬火方式的冷却曲线

M_s 附近的盐浴或碱浴中，停留 3~5 min，使其表面与心部的温度均匀后，取出空冷，以获得马氏体组织，冷却曲线如图 4-5 中曲线 3 所示。分级冷却可使工件内外温度较为均匀，同时进行马氏体转变，大大减小淬火应力，防止变形和开裂。

⑤等温淬火。把加热的工件放入温度稍高于 M_s 点的盐浴或碱浴中，保温足够长的时间，使其发生下贝氏体转变后出炉空冷，冷却曲线如图 4-5 中曲线 4 所示。等温淬火用于中高碳钢，目的是获得下贝氏体，以提高强度、硬度、韧性和耐磨性。低碳钢一般不采用等温淬火，因为低碳贝氏体不如低碳马氏体的性能好。

2）钢的回火工艺

回火是将淬火钢加热到低于临界点 A_1 的某温度，保温一定时间，使淬火组织转变为稳定的回火组织，然后以适当的方式冷却到室温的一种热处理工艺。

回火的目的如下：

（1）消除钢淬火形成的内应力；

（2）提高钢的韧性，降低钢的脆性；

（3）稳定淬火组织，消除淬火后的残余奥氏体；

（4）通过不同的回火温度，调整达到所要求的力学性能。

淬火碳钢在不同温度范围回火所发生的组织转变可分为以下五个有区别而又互相重叠的阶段：

（1）马氏体中 C 原子偏聚阶段（100 ℃ 以下）；

（2）马氏体分解阶段（100~300 ℃）；

（3）残余奥氏体的分解阶段（200~300 ℃）；

（4）碳化物转变阶段（250~400 ℃）；

（5）碳化物聚集长大及铁素体的回复、再结晶阶段（400 ℃ 以上）。

根据工件性能要求不同，钢的回火可分为以下几种。

（1）低温回火。回火温度 150~250 ℃，回火时间 2 h 以上。回火后得到的是马氏体基体上分布着细片状碳化物的组织，即回火马氏体组织。低温回火主要用于要求高硬度及耐磨的各种高碳钢和合金钢的工具、模具、量具、轴承以及渗碳淬火件、表面淬火件等。

（2）中温回火。回火温度 350~500 ℃，回火时间 2 h 以上。回火后得到的是铁素体与极细的颗粒状渗碳体组成的组织，即回火屈氏体。中温回火主要用于各种弹簧、弹簧夹头及

某些要求强度较高的零件，如刀杆、轴套、夹具附件等。

（3）高温回火。回火温度 500～650 ℃，回火时间 2 h 以上。高温回火后得到在多边形铁素体基体上分布着颗粒状 Fe_3C 的组织，即回火索氏体，具有良好的综合机械性能。淬火后进行高温回火又称为调质处理，广泛应用于各种重要的机器结构和交变负荷下的零件，如连杆、螺栓、齿轮及轴类，也可用于精密零件，如丝杠、量具、模具等的预先热处理。

3. 主要实验设备及材料

1）实验设备

实验用箱式电阻加热炉，实验用盐浴炉，洛氏硬度机，金相显微镜，金相制样设备。

2）实验材料

45 钢、T8 钢、T12 钢的退火试样（尺寸为 $\phi10$ mm×15 mm），冷却剂（水、10 号机油，使用温度约 20 ℃），钳子，铁丝等。

4. 实验内容

1）实验步骤

（1）分成几个小组，按组领取实验试样，并打上钢号，以免混淆。

（2）测定试样热处理前的硬度值，并做好记录。

（3）淬火操作，将 45 钢试样加热到 830～850 ℃，T8 钢、T12 钢试样加热到 760～780 ℃，保温 15 min 后分别进行水冷、油冷处理。

（4）分别测定 45 钢、T8 钢、T12 钢经淬火处理后的硬度，并做好相应的记录。

（5）分别制备热处理前后的金相试样，并在金相显微镜下观察各试样的组织。

（6）回火操作。分别将 45 钢、T8 钢、T12 钢的淬火试样进行回火处理，将其加热到 200 ℃、400 ℃和600 ℃，保温 90 min 后，进行空冷或水冷处理。

（7）分别测定 45 钢、T8 钢、T12 钢经淬火及不同温度回火处理后的硬度，并做好相应的记录。

（8）分别制备淬火及不同温度回火后的金相试样，并在金相显微镜下观察各试样的组织。

2）注意事项

（1）采用箱式电阻加热炉进行淬火加热时，为防止氧化脱碳，可在炉膛中适当加入少量木炭铁屑。

（2）淬火冷却时，试样要用夹钳夹紧，动作要迅速，并要在冷却介质中不断搅动。夹钳不要夹在测定硬度的表面上，以免影响硬度值。

（3）测定硬度前，必须用砂纸将试样表面的氧化皮除去并磨光。对于每个试样，应在不同部位测定三次硬度，并计算其平均值。

5. 实验报告要求

（1）每人写一份实验报告，报告应包括实验目的、实验原理、主要实验设备及材料、实验方法与步骤、实验结果与分析。

（2）严格按照实验步骤进行实验，列出全套硬度数据。绘出或拍出各种热处理后的组织图，并根据热处理原理对各种热处理组织的成因进行分析。

（3）分析含碳量、加热温度、冷却速度等因素对碳钢热处理后组织和性能（硬度）的影响，分析回火工艺参数对碳钢回火后组织和性能（硬度）的影响。

（4）根据所测得硬度数据，画出工艺参数与硬度的关系曲线，并阐明硬度变化的原因。

（5）指出实验过程中存在的问题，并提出相应的改进方法。

6. 思考题

（1）工件淬火时为什么会产生变形或开裂？如何预防变形或开裂？

（2）低合金钢与高合金钢的淬火加热温度应如何设定？

（3）为什么高碳钢工件在淬火后必须立即进行回火处理？

4.3.3 材料选用与热处理工艺设计

1. 实验目的

（1）掌握材料选用的基本原则和方法，学会根据零件的性能要求选择材料。

（2）了解零件选材后制定热处理工艺的基本思路和方法。

（3）理解材料选用与热处理工艺的关系。

2. 实验原理

1）材料选用的原则

机械零件的材料选用是一项十分重要的工作。选材是否恰当，特别是一台机器中关键零件的选材是否恰当，将直接影响到产品的使用性能、使用寿命及制造成本。要做到合理选用材料，就必须全面分析零件的工作条件、受力性质和大小，以及失效形式，然后综合各种因素，提出能满足零件工作条件的性能要求，再选择合适的材料并进行相应的热处理，以满足性能要求。

选用工程材料的基本原则是：不仅要充分考虑材料的使用性能能够适应机械零件的工作条件要求、使机器零件经久耐用，同时要兼顾材料的加工工艺性能、经济性与可持续发展性，以便提高零件的生产率、降低成本、减少能耗、减少乃至避免环境污染等。

（1）使用性原则：按照零件的设计使用功能来选材。首先根据零件的工作环境条件确定其服役性能要求，并分析零件的受力状态及主要失效形式，不断加以改善；按照零件的机械性能要求来选择合适材料，应具体考虑零件的结构尺寸、加工条件、技术要求等因素。

（2）工艺性原则：零件加工的工艺性能范畴包括铸造性能、焊接性能、压力加工性能、切削加工性能、表面处理及热处理工艺性等。可根据材料性能要求合理选择加工方法，制定出切实可行的最优工艺路线。

（3）经济性原则：应综合考虑零件材料对产品功能与成本的影响，以求获得最佳的技术经济效益。

钢的热处理工艺性主要包括淬透性、淬硬性、回火脆性、过热敏感性、氧化脱碳及变形开裂倾向等，以上性能均与材料的化学成分和组织有关，是材料选用及工艺制定的重要依据。

2）材料选用的一般方法

材料的选择是一个比较复杂的决策问题。它需要设计者熟悉零件的工作条件和失效形式，掌握有关的工程材料的理论及应用知识、机械加工工艺知识以及较丰富的生产实际经验，通过具体分析，进行必要的实验和选材方案对比，最后确定合理的选材方案。一般来说，根据零件的工作条件，找出其最主要的性能要求，以此作为选材的主要依据。

零件材料的合理选择通常按照以下步骤进行。

（1）对零件的工作条件进行周密的分析，找出主要的失效方式，从而恰当地提出主要性能指标。一般应主要考虑力学性能，特殊情况还应考虑其他性能。

（2）调查研究同类零件的用材情况，并从其使用性能、原材料供应和加工等方面分析选材是否合理，以此作为选材的参考。

（3）根据力学计算，确定零件应具有的主要力学性能指标，正确选择材料。这时要综合考虑所选材料应满足失效抗力指标和工艺性的要求，同时需考虑所选材料在保证实现先进工艺和现代生产组织方面的可能性。

（4）确定热处理方法或其他强化方法，并提出所选材料在供应状态下的技术要求。

（5）审核所选材料的经济性，包括材料费、加工费、使用寿命等。

（6）关键零件投产前应对所选材料进行实验，可通过实验室实验、台架实验和工艺性能实验等，最终确定合理的选材方案。

（7）在中、小型生产的基础上接受生产考验，以检验选材方案的合理性。

3. 主要实验设备及材料

1）实验设备

实验用箱式电阻加热炉，实验用盐浴炉，布氏、洛氏硬度机，金相显微镜，淬火水槽、油槽，钳子，铁丝。

2）实验材料

45 钢、40Cr 钢、65 钢、T8 钢、T12 钢等试样，部分零件及性能要求如表 4-4 所示。

表 4-4　部分零件及性能要求

序号	零件名称	硬度	选材
1	压铸模	45~55HRC	
2	锤锻模	33~38HRC	
3	丝锥、板牙	59~64HRC	
4	弹簧	45~50HRC	
5	汽车齿轮	齿面 58~62HRC 心部 33~48HRC	
6	汽车半轴	37~44HRC	
7	轴承套圈	60~65HRC	
8	游标卡尺	60~65HRC	
9	冷作模具	58~60HRC	

4. 实验内容

1）实验步骤

（1）分成几个小组，每个小组根据表 4-4 所列出的零件，选择一个零件。

（2）根据所选定的零件，分析该零件的工作条件及失效形式，提出应当具有的性能要求。

（3）根据材料选用的原则和方法，选择能够满足性能要求的合适的材料，并填入表 4-4 中。

（4）制定该产品的加工工艺路线，制定正确合理的热处理工艺（加热温度、保温时间、冷却方式等）并对热处理工艺进行必要的分析。

（5）根据实验室的现有设备条件，在和指导教师讨论后，对所确定的热处理工艺方案进行热处理操作。

（6）检测各零件经不同热处理后的组织与性能（硬度）是否达到设计要求。

2）注意事项

（1）开启炉门或装取试样时要断电，装取试样后，炉门要及时关好，并立即通电。

（2）加热试样时，应尽量靠近热电偶端点附近，以保证热电偶测出的温度接近试样温度。淬火冷却时，将试样迅速入油或入水，并不停地移动试样，注意不要露出液面。

（3）测硬度前要将试样的氧化皮磨掉。

5. 实验报告要求

（1）每人写一份实验报告，报告应包括实验目的、实验原理、主要实验设备及材料、实验方法与步骤、实验结果与分析。

（2）写出材料选择和热处理工艺制定的依据。

（3）分析所选零件的工作条件，提出力学性能要求，选择材料成分及组织，制定零件的制造工艺流程，分析工艺中所用热处理的种类和作用，说明制定热处理工艺参数的理由。

（4）对所制定的热处理工艺进行实验，验证所选的零件所用材料经热处理后能否满足性能要求。

（5）指出实验过程中存在的问题，并提出相应的改进方法。

6. 思考题

（1）在机械零件的制造过程中，常采用锻造制备零件毛坯，分析锻造工艺对其后的热处理质量有何影响。

（2）机械零件结构设计与热处理工艺性有何关系？

4.4　金属材料显微组织分析

4.4.1　金相显微试样的制备

1. 实验目的

（1）了解金相显微试样的制备过程及金相显微组织的显示方法。

（2）掌握钢铁金相显微试样的制备过程及方法。

2. 实验原理

金相显微试样的制备包括取样、镶嵌、磨制、抛光、浸蚀五个步骤。

1）取样

取样是进行金相显微分析中很重要的一个步骤，显微试样的选取应根据研究的目的，取其具有代表性的部位。例如，在检验分析失效零件的损坏原因时（废品分析），除了在损坏部位取样，还需要在距离破坏处较远的部位截取试样，以便比较；在研究铸件组织时，由于偏析现象的存在，必须从表面层到中心，同时取样进行观察；对于轧制和锻造材料，则应截取横向（垂直于轧制方向）及纵向（平行于轧制方向）的金相试样，以便于分析比较表面层缺陷及非金属夹杂物的分布情况；对于一般经热处理后的零件，由于金相组织比较均匀，试样截取可在任一截面进行。试样的尺寸通常采用直径为 12～15 mm，高度（或边长）为 12～15 mm 的圆柱或方形。

试样的截取方法视材料的性质不同而异：软的金属可用手锯或锯床切割；对于硬而脆的材料（如白口铸铁），则可用锤击打；对于极硬的材料（如淬火钢），则可采用砂轮切片机或脉冲加工等切割。不论采用哪种方法，在切取过程中均不宜使试样温度太过升高，以免引起金属组织的变化，影响分析结果。

2）镶嵌

对于尺寸过于细小的试样，以及丝、片、带、管等形状不规则和有特殊需要（如观察表层组织）的试样，可以进行镶嵌。镶嵌试样的方法很多，如夹具夹持镶嵌、夹具配垫片夹持镶嵌、低熔点合金镶嵌、塑料或电木镶嵌等，如图 4-6 所示。

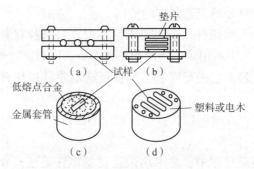

图 4-6　镶嵌试样示意

（a）夹具夹持镶嵌；（b）夹具配垫片夹持镶嵌；（c）低熔点合金镶嵌；（d）塑料或电木镶嵌

目前多采用塑料或电木镶嵌。用塑料镶嵌试样所用塑料有热固性、热塑性两类。前者为胶木粉或电木粉，不透明，有多种颜色（一般是黑色的）。这种塑料比较硬，但抗酸、碱等腐蚀性能比较差。后者为半透明或透明，抗酸、碱等腐蚀性能好，但较软。用这两种塑料镶嵌试样时，应将其放入镶片机上的镶嵌压膜内加热，加热温度对于热固性塑料为 110～150 ℃，对热塑性塑料为 140～160 ℃，并同时加压，保持一定时间后，去除压力，将镶嵌试样从压模中顶出。这种镶嵌方法速度快，但必须加热加压，可能使某些金相组织发生变化，如淬火马氏体组织被回火等。当试样需要观察几个面时，不能进行镶嵌。

3）磨制

试样的磨制一般分为粗磨与细磨，目的是获得平整光洁的表面，为抛光做准备。

（1）粗磨（磨平）。试样在磨制前，先用砂轮磨平或用锉刀（有色金属材料）锉平。磨制时，应使试样的磨面与砂轮侧面保持平行，缓缓地与砂轮接触，并均匀地对试样加适当的压力。在磨制过程中，试样应沿砂轮径向往返缓慢移动，避免在一处磨而使砂轮出现凹槽导致试样不平。试样磨面一般要倒角，并将其磨面棱角去掉（要保留棱角的，如渗碳层检验用的除外），以免细磨及抛光时撕破砂纸或刮破抛光布料，甚至造成试样从抛光机上飞出伤人。当试样表面平整后，粗磨就完成了，然后将试样用水冲洗擦干。

（2）细磨。粗磨后的试样仍保留有较粗较深的磨痕，需要进行细磨。细磨是将经粗磨后的试样，在由粗到细的砂纸上进行磨制。

细磨分为手工磨和机械磨两种。手工磨是将砂纸放在玻璃板上，将试样先用较粗的砂纸磨，磨制方向应和砂轮的磨痕方向垂直，直至原磨痕消除为止。当前一道砂纸的磨痕全部被磨掉后，才能更换下一道较细的砂纸。更换砂纸时，必须将试样清理干净，避免将砂粒带到砂纸上，使试样划出较深划痕。每次更换砂纸后，试样的磨制方向也应进行相应改变（一般转 90°），如此进行下去，直到磨面达到抛光前的粗糙度为止。

机械磨是在预磨机上进行，把砂纸紧固在转盘上，试样在其上磨制。机械磨制速度快，效率高，但要注意安全。

4）抛光

试样的抛光是最后一道磨制工序，其目的是去掉试样表面上的磨痕，得到光亮而无磨痕的镜面。试样的抛光一般分为机械抛光、电解抛光和化学抛光。

（1）机械抛光。机械抛光是在专用抛光机上进行的。抛光机主要由电动机和抛光盘组成，转速为 300~500 r/min。抛光盘上铺以细帆布、呢绒等抛光织物。抛光时，应在抛光盘上不断滴注抛光液或抛光剂，通常采用 Al_2O_3 或 Cr_2O_3 等细粉末（粒度为 0.3~1 μm）在水中的悬浮抛光液或由极细金刚石粉制成的膏状抛光剂。机械抛光就是靠极细的抛光粉与磨面产生相对磨削和滚压作用来消除磨痕的。操作时，将试样磨面均匀地压在旋转的抛光盘上（可先轻后重）并沿盘的边缘到中心不断径向往复移动，抛光时间一般为 3~5 min，抛光后的试样表面应看不出任何磨痕而呈光亮的镜面。需要指出的是，抛光时间不宜过长，压力不可过大，否则将会产生变形层而导致组织分析得出错误的结论。抛光结束后，用水冲洗试样并用棉花擦干或吹风机吹干，若只需要观察金属中的各种夹杂物或铸铁中的石墨形状，则可将试样直接置于金相显微镜下观察。

（2）电解抛光。电解抛光是靠电化学的作用在试样表面形成一层"薄膜层"而获得光滑平整的磨面，其优点在于它只产生纯化学的溶解作用，而无机械力的影响，因此可避免机械抛光时引起表面层金属的变形或流动，从而能够较正确地显示出金相组织的真实性。这种抛光法对于有色金属及其他硬度低、塑性大的金属效果较好，如铝合金、高锰钢、奥氏体不锈钢等。电解抛光时，把磨光的试样浸入电解液中，接通试样（阳极）与阴极之间的电源（通常用直流电源），阴极可采用不锈钢片，并与试样抛光面保持一定的距离（25~300 mm），当电流密度足够时，试样磨面即产生选择性溶解，此时靠近阳极的电解液在试样的表面形成一层厚度不一的薄膜。由于薄膜本身具有较大的电阻，并与其厚度成正比，如果试样表面高低不平，则凸出部分电流密度最大，由此金属被迅速地溶入电解液中，凸出部分趋于平坦，最后形成平整光滑的表面。电解抛光的效果取决于电流密度、温度及抛光时间这些，参数多由实验确定，电解抛光时间可由数秒至 10 min。抛光完毕后，将试样自电解液中取出，切断电源并迅速投入水中冲洗。

（3）化学抛光。化学抛光实质上与电解抛光类似，也是一个表层溶解过程，但它纯粹是靠化学药剂对于不均匀表面所产生的选择性溶解而获得光亮的抛光面。

化学抛光的优点是操作简便，不需要专用设备，成本低，且不产生表面扰乱等；缺点是抛光液易失效，夹杂物易蚀掉，抛光面平整度质量差，只能在低倍数下做常规检验工作。化学抛光兼有化学浸蚀作用，其成品可以立即在金相显微镜下观察。实践证明，软金属利用化学抛光要比机械抛光和电解抛光效果好。

5）浸蚀

经抛光后的试样磨面，如果直接放在显微镜下观察，则只能看到一片亮光，除某些夹杂物或石墨外，无法辨别各种组织的组成物及其形态特征。因此，必须使用浸蚀剂对试样表面进行"浸蚀"，才能清楚地显示出显微组织。

最常用的金相组织显示方法是化学浸蚀法。化学浸蚀法的主要原理就是利用浸蚀剂在试样表面产生化学溶解作用或电化学作用（微电池原理）来显示金属的组织，它们的浸蚀方式则取决于组织中组成相的性质和数量。

对纯金属和单相合金来说，浸蚀仍是一个纯化学溶解过程。由于金属及合金的晶界上原子排列混乱，并具有较高的能量，因此晶界处较容易被浸蚀而呈现凹沟。同时，由于每个晶粒原子排列的位向不同，所以各自的溶解速度各不一样，致使被浸蚀的深浅程度也有区别，在垂直光线照射下，将显示出明暗不同的晶粒。

对两相以上的合金组织来说，浸蚀则主要是一个电化学腐蚀过程。由于各组成相的成分不同，各自具有不同的电极电位，当试样浸入具有电解液作用的浸蚀剂中，就在两相之间形成无数对"微电池"，具有正电位的一相成为阴极，在正常电化学作用下不会受浸蚀而保持原有的光滑表面。当光线照射到凹凸不平的试样表面时，由于各处对光线的反射作用程度不同，在显微镜下就能观察到各种不同的组织及组成相。

浸蚀方法通常是将试样磨面浸入浸蚀剂中，也可用棉花蘸上浸蚀剂擦试样表面，浸蚀时间要适当，一般使试样磨面发灰时就可停止。如果浸蚀不足，可重复浸蚀，浸蚀完毕后应立即用清水冲洗，然后用棉花蘸上乙醇擦拭磨面并吹干。至此，金相显微试样的制备工作全部结束，可在显微镜下进行组织观察和分析研究。

（1）单相合金的浸蚀。单相合金（包括纯金属）的组织是由不同晶粒组成的。由于各个晶粒的位向不同，因此存在着晶界。晶界处的电极电位一般和晶粒内的不同，而且具有较大的化学不稳定性。因此在和化学试剂作用时溶解得比较快，不同位向的晶粒，溶解程度也不同。单相合金晶界、晶粒浸蚀结果如图4-7所示，可以看到晶界处凹下去，光线不能被完全反射进入目镜，呈现黑色，晶粒内也因表面倾斜程度不同而有不同深浅。

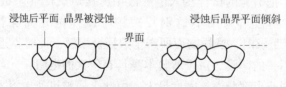

图4-7　单相合金晶界、晶粒浸蚀结果

（2）两相合金的浸蚀。两相合金的浸蚀是由于化学成分不同、结构不同，导致电化学性质不同、电极电位也不同的相组成了微电池。具有较高负电位的相成为阳极，溶解得快，逐渐凹下去；具有较高正电位的相则成为阴极，一般不易溶解，基本上保持原有平面。作为阳极的相如果表面凹下去使其不平滑，则在显微镜下呈现暗黑色。两相合金浸蚀后各相的显示如图4-8所示。

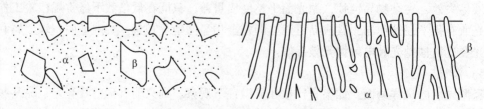

图4-8　两相合金浸蚀后各相的显示

3. 主要实验设备及材料

金相显微镜，砂轮机，抛光机，吹风机，试样，不同型号的砂纸，抛光粉悬浮液，乙醇，3%～4%硝酸乙醇溶液，棉花，镊子。

4. 实验内容

1）实验步骤

（1）领取待磨制试样。

（2）用砂轮打磨试样，获得平整磨制平面。

（3）用不同粒度的金相砂纸，按从粗到细的顺序磨制试样。

（4）机械抛光至表面光亮，获得光亮镜面，并用水和无水乙醇清洗试样表面。

（5）用浸蚀剂（4%的硝酸溶液）浸蚀试样表面，并用吹风机冷风吹干。

（6）用金相显微镜观察试样，评价试样制备质量。

2）注意事项

（1）每次更换砂纸时，试样应旋转一定角度。

（2）抛光时，注意试样在抛光盘上的位置，应根据抛光盘转动方向放在不同位置进行抛光。

（3）抛光时，注意防止试样飞出伤人。

（4）试样浸蚀前一定要清洗干净。

（5）配置浸蚀剂时注意安全。

（6）试样浸蚀后应清洗并吹干。

5. 实验报告要求

（1）每人写一份实验报告，报告应包括实验目的、实验原理、主要实验设备及材料、实验方法与步骤、实验结果与分析。

（2）简述金相组织分析原理。

（3）绘制试样浸蚀前后的显微组织。

（4）总结实验中存在的问题。

6. 思考题

（1）金相试样截取方法通常有哪几种？选用不同截取方法的原则是什么？

（2）金相试样有几种抛光方法？它们各有什么特点？

（3）金相试样的显示有几种？原理分别是什么？怎样判断试样腐蚀的深浅程度？

4.4.2　铁碳合金平衡组织的观察

1. 实验目的

（1）识别和研究铁碳合金（碳钢和白口铸铁）在平衡状态下的显微组织。

（2）分析含碳量对铁碳合金显微组织的影响，加深理解成分、组织与性能之间的相互关系。

2. 实验原理

铁碳合金是人们最常使用的金属材料，研究铁碳合金的显微组织是研究钢铁材料的基础。铁碳合金平衡状态的组织是指合金在极为缓慢的冷却条件下（如退火状态）所得到的组织，其相变过程均按 $Fe-Fe_3C$ 相图（见图 4-9）进行，也可以根据该相图来分析铁碳合金的显微组织。

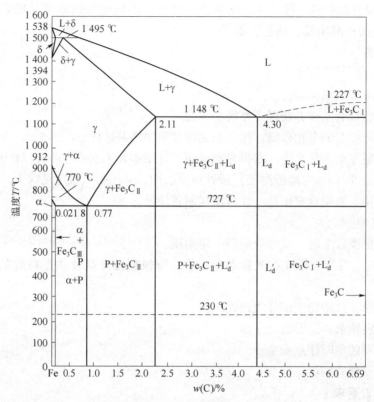

图 4-9 Fe-Fe₃C 相图

由图可知，所有碳钢和白口铸铁在室温的组织均由铁素体（F）和渗碳体（Fe₃C）这两个基本相组成。只是因含碳量不同，铁素体和渗碳体的相对数量、析出条件以及分布情况有所不同，因而呈不同的组织形态。

碳钢和白口铸铁在金相显微镜下具有下面几种基本组织。

1）铁素体

铁素体是碳在 α-Fe 中的固溶体，其为体心立方晶格，具有磁性及良好的塑性，硬度较低。

2）渗碳体

渗碳体是铁与碳形成的一种具有复杂晶格的间隙化合物，其含碳量为 6.69%，硬度为 800HBW。当用 3%～4% 硝酸乙醇溶液浸蚀后，渗碳体呈亮白色，若用苦味酸钠溶液浸蚀，则渗碳体呈黑色而铁素体仍为亮白色。按铁碳合金成分和形成条件不同，渗碳体呈现不同的形态：一次渗碳体（初生相）直接由液体中析出，在白口铸铁中呈粗大的条片状（记为 Fe₃C_I）；二次渗碳体（次生相）从奥氏体中析出，成网络状沿奥氏体晶界分布（记为 Fe₃C_II）；在 727 ℃ 以下，由铁素体中析出的渗碳体为三次渗碳体（记为 Fe₃C_III）。经球化退火，渗碳体呈颗粒状。

3）珠光体（P）

珠光体是共析转变得到的铁素体和渗碳体的机械混合物，根据形成条件不同，有两种不同的组织形态。

（1）片状珠光体。它是由铁素体与渗碳体交替形成的层片状组织。经硝酸乙醇溶液浸蚀后，在不同放大倍数的显微镜下，可以看到具有不同特征的层片状组织。当放大倍数较高时，能清楚看到珠光体中的铁素体和细条渗碳体。当放大倍数较低时，由于显微镜的分辨率小于渗碳体片厚度，就只能看到一条黑线。当组织较细而放大倍数更低时，珠光体片层就不能分辨，呈黑色。

（2）球状珠光体。球状珠光体组织的特征是在亮白色的铁素体基体上均匀分布着白色的渗碳体颗粒，其边界呈暗黑色。

4）莱氏体（Ld）

莱氏体在室温时是珠光体、二次渗碳体和共晶渗碳体所组成的机械混合物。它是由含碳量为4.3%的共晶白口铸铁在1 148 ℃时发生共晶反应所形成的共晶体（奥氏体和共晶渗碳体），其中奥氏体在继续冷却时析出二次渗碳体，当冷却到727 ℃时，奥氏体转变为珠光体。因此莱氏体的显微组织特征是，在亮白色的渗碳体基底上分布着暗黑色斑点及细条状的珠光体。

根据图4-9可知，在平衡状态下，铁碳合金分为工业纯铁、碳钢（包括亚共析钢、共析钢、过共析钢）、白口铸铁（包括亚共晶白口铸铁、共晶白口铸铁、过共晶白口铸铁）三大类，每一种铁碳合金都具有不同的组织。

1）工业纯铁

含碳量低于0.02%的铁碳合金通常称为工业纯铁，由铁素体和三次渗碳体组成。亮白色基体是铁素体的不规则等轴晶粒，晶界上存在少量三次渗碳体，呈现出白色不连续网状，由于量少，有时看不出。工业纯铁金相显微组织如图4-10所示。

2）碳钢

（1）亚共析钢。亚共析钢的含碳量在0.02%~0.77%范围内，组织由铁素体和珠光体组成。随着含碳量的增加，铁素体的数量逐渐减少，而珠光体的数量则相应增多。亚共析钢金相显微组织如图4-11所示，亮白色为铁素体，暗黑色为珠光体。通过直接在显微镜下观察珠光体和铁素体各自所占面积百分数，可近似地计算出钢的含碳量。例如，在显微镜下观察到有50%的面积为珠光体，50%的面积为铁素体，则此钢含碳量$w(C)=(50\%\times0.77)/100+(50\%\times0.021\,8)/100=0.4\%$，即相当于40钢。

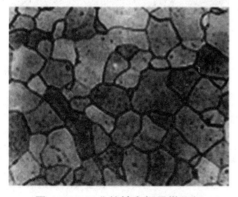
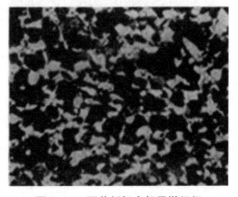

图4-10　工业纯铁金相显微组织　　　　图4-11　亚共析钢金相显微组织

（2）共析钢。含碳量为0.77%的碳钢称为共析钢，由单一珠光体组成，其金相显微组织如图4-12所示。

（3）过共析钢。含碳量超过 0.77% 的碳钢称为过共析钢，它在室温下的组织由珠光体和二次渗碳体组成。钢中含碳量越多，二次渗碳体数量就越多。含碳量为 1.2% 的过共析钢显微组织中存在片状珠光体和网状二次渗碳体，经浸蚀后珠光体呈暗黑色，而二次渗碳体则呈白色网状。过共析钢金相显微组织如图 4-13 所示。

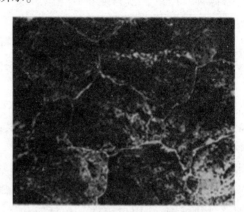

图 4-12　共析钢金相显微组织　　　　图 4-13　过共析钢金相显微组织

若要根据显微组织来区分过共析钢的网状二次渗碳体和亚共析钢的网状铁素体，可采用苦味酸钠溶液来浸蚀。这样二次渗碳体就被染色呈黑色网状，而铁素体和珠光体仍保留白色。

3）白口铸铁

（1）亚共晶白口铸铁。含碳量低于 4.3% 的白口铸铁称为亚共晶白口铸铁，其金相显微组织如图 4-14 所示。在室温下亚共晶白口铸铁的组织为珠光体、二次渗碳体和莱氏体，用硝酸乙醇溶液浸蚀后，在显微镜下呈现黑色枝晶状的珠光体和斑点状莱氏体。

（2）共晶白口铸铁。共晶白口铸铁的含碳量为 4.3%，其金相显微组织如图 4-15 所示，它在室温下的组织由单一的共晶莱氏体组成。经浸蚀后，在显微镜下珠光体呈暗黑色细条及斑点状，共晶渗碳体呈亮白色。

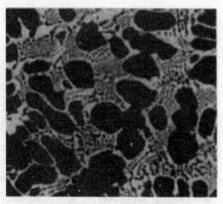

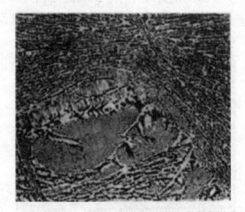

图 4-14　亚共晶白口铸铁金相显微组织　　图 4-15　共晶白口铸铁金相显微组织

（3）过共晶白口铸铁。含碳量高于 4.3% 的白口铸铁称为过共晶白口铸铁，其金相显微组织如图 4-16 所示，在室温时的组织由一次渗碳体和莱氏体组成。用硝酸乙醇溶液浸蚀后，在显微镜下可观察到暗色斑点状的莱氏体基体上分布着亮白色的粗大条片状的一次渗碳体。

3. 主要实验设备及材料

金相显微镜，碳钢和白口铸铁平衡组织试样。

4. 实验内容

1）实验步骤

（1）实验前学生应复习课程中的有关内容和阅读实验指导书，为实验做好理论方面的准备。

（2）打开金相显微镜电源，根据铁碳合金平衡组织特点选用合适的放大倍数。

（3）将试样观察面朝下置于金相显微镜上。

（4）转动显微镜粗调旋钮，待能看见组织后转动微调旋钮，使组织清晰。

（5）观察组织。

图 4-16　过共晶白口铸铁金相显微组织

2）注意事项

（1）操作显微镜时，先用肉眼观察，把物镜尽量靠近试样，再逐步远离试样进行焦距调节，避免物镜和试样接触，损伤物镜。

（2）不观察试样时，观察面向上放置，避免划伤试样表面。

5. 实验报告要求

（1）每人写一份实验报告，报告应包括实验目的、实验原理、主要实验设备及材料、实验内容与步骤、实验结果与分析。

（2）画出所观察显微组织的示意图，并注明材料名称、含碳量、浸蚀剂和放大倍数，显微组织画在直径为 30~50 mm 的圆内，并将组成物名称以箭头引出标明。

（3）根据所观察的显微组织，近似确定每一种亚共析钢的含碳量。$w(C) = (P \times 0.77)/100 + (F \times 0.021\,8)/100$。式中，$P$ 和 F 分别为珠光体和铁素体所占面积（%）。

（4）分析和讨论含碳量对铁碳合金的组织和性能的影响。

（5）写出实验后的感想与体会。

6. 思考题

（1）在 $Fe-Fe_3C$ 系合金中有哪几个基本相？其结构、性能特点如何？

（2）试说明铁碳合金平衡组织中各类渗碳体的形成条件、存在形式及显微组织的特点。

（3）铁素体与奥氏体有什么区别？

4.4.3　非金属夹杂物的鉴别

1. 实验目的

（1）了解钢中常见的各种非金属夹杂物。

（2）熟悉钢中非金属夹杂物的形貌、特性。

（3）掌握使用 TIGER3000 金相图像分析系统鉴定钢中非金属夹杂物及评级的方法。

2. 实验原理

1）非金属夹杂物的产生

钢中非金属夹杂物产生的根源可分两大类：外来非金属夹杂物和内生非金属夹杂物。外来非金属夹杂物是钢冶炼、浇注过程中炉渣及耐火材料浸蚀剥落后进入钢液而形成的；内生非金属夹杂物主要是冶炼、浇注过程中物理化学反应的生成物，如脱氧产物等。常见的内生非金属夹杂物有以下几种：氧化物，常见的为 Al_2O_3；硫化物，如 FeS、MnS、MnS·FeS 等；硅酸盐，如硅酸亚铁（$2FeO·SiO_2$）、硅酸亚锰（$2MnO·SiO_2$）、铁锰硅酸盐（$mFeO·MnO·SiO_2$）等；氮化物，如 TiN、ZrN 等；点状不变形夹杂物。

非金属夹杂物的形态在很大程度上取决于钢材压缩变形程度，因此只有在经过相似程度变形的试样坯制备的截面上才可能进行测量结果的比较。

用于测量非金属夹杂物含量试样的抛光面面积应约为 200 mm^2（20 mm×10 mm），并平行于钢材纵轴，位于钢材外表面到中心的中间位置。

取样方法应在产品标准或专门协议中规定。对于板材，检验面应近似位于其宽度的 1/4 处。如果产品标准没有规定，取样方法如下。

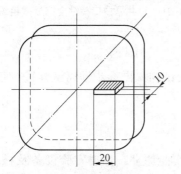

图 4-17　直径或边长≥40 mm 的
钢棒或钢坯的取样

直径或边长≥40 mm 的钢棒或钢坯，检验面为钢材外表面到中心的中间位置的部分径向截面（见图 4-17）；直径或边长为 25~40 mm 的钢棒或钢坯，检验面为通过直径的截面的一半（由试样中心到边缘，见图 4-18）；直径或边长≤25 mm 的钢棒或钢坯，检验面为通过直径的整个截面，其长度应保证得到约 200 mm^2 的检验面积（见图 4-19）；厚度≤25 mm 的钢板，检验面位于宽度 1/4 处的全厚度截面（见图 4-20）；厚度为 25~50 mm 的钢板，检验面为位于宽度的 1/4 且从钢板表面到中心的位置为钢板厚度的 1/2 的截面（见图 4-21）。

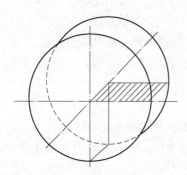

图 4-18　直径或边长为 25~40 mm
的钢棒或钢坯的取样

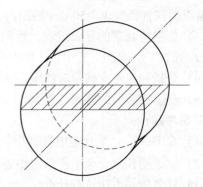

图 4-19　直径或边长≤25 mm
的钢棒或钢坯的取样

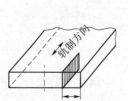

图 4-20　厚度≤25 mm 的钢板的取样

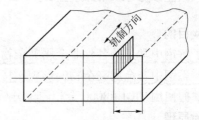

图 4-21　厚度为 25~50 mm 的钢板的取样

2）非金属夹杂物评级原理

将所观察的视场与本标准图谱进行对比，并分别对每类夹杂物进行评级。这些评级图片相当于 100 倍下纵向抛光平面上面积为 0.50 mm² 的正方形视场。

根据夹杂物的形态和分布不同，标准图谱分为 A、B、C、D 和 DS 五大类。这五大类夹杂物代表最常观察到的夹杂物的类型和形态。

（1）A 类（硫化物类）：具有高的延展性，有较宽范围的形态比（长度/宽度）的单个灰色夹杂物，一般端部呈圆角。

（2）B 类（氧化铝类）：大多数没有变形，带角的，形态比小，黑色或带蓝色的颗粒，沿轧制方向排成一行（至少有 3 个颗粒）。

（3）C 类（硅酸盐类）：有高的延展性，有较宽范围的形态比，单个呈黑色或深灰色夹杂物，一般端部呈锐角。

（4）D 类（球状氧化物类）：不变形，带角或圆形的，形态比小，黑色或带蓝色的，无规则分布的颗粒。

（5）DS 类（单颗粒球状类）：圆形或近似圆形，直径大于 13 μm 的单颗粒夹杂物。

3）金相法检验非金属夹杂物的原理和方法

利用金相法检验非金属夹杂物时，常采用下列三种不同的照明。

（1）明场照明。明场照明时，通过目镜观察的视场是明场。可以通过观察夹杂物的形状、分布、大小、数量等项目来识别夹杂物的类型。鉴定非金属夹杂物时，首先按照要求取样，并制备优质金相试样，然后进行低倍观察以获得衬度鲜明的像，并依据纵横两个简明截面的观察结果，区分非金属夹杂物是属于分散分布还是成群分布等形态，低倍观察后再进行高倍观察，研究夹杂物的大小、形状、色泽等。

（2）暗场照明。暗场照明时，通过目镜观察的视场基本上是黑暗的，仅在磨痕、坑洞、夹杂物等表面不平处，因为光线漫反射使一部分光进入物镜成像，所以可以看到一些明亮的像映衬在黑暗的视场内。在暗场下，因为没有金属表面反射光的混淆和遮盖，所以可以辨别夹杂物的透明度以及透明夹杂物的固有色彩。

（3）偏振光照明。由物理学知识可知，自然光在垂直于传播方向的平面内各个方向的振动都相等，而偏振光则是在垂直于传播方向的平面内仅一个方向振动的光，或以不等振幅在各个方向振动的光。

想要得到偏振光，必须使自然光起偏，为此需要使用特殊的附件。显微镜的偏光附件共有两件：一件插在入射光线中，称为起偏镜，它的作用是使光源发出的光线变成偏振光；另一件放在目镜前的观察光程内，称为检偏镜，用来检查偏振光。当偏振光发出的偏振光轴与检偏镜的光轴平行时，透过检偏镜的光最强；当两个光轴垂直正交时，由起偏镜产生的偏振光不透过检偏镜而产生消光现象。改变两偏振镜的交角，就会使视场中光线发生明暗的变化。

采用偏振光照明时，可以辨明夹杂物的透明度与色彩、夹杂物的各向同性与各向异性。

3. 主要实验设备及材料

奥林巴斯 GX71 金相显微镜，TIGER3000 金相图像分析系统，金相试样。

4. 实验内容

1）实验步骤

（1）制备金相试样（无须腐蚀）。

（2）打开金相显微镜，打开计算机，启动 TIGER3000 金相图像分析系统。

（3）启动系统后，在弹出的对话框中选择"视频采样"及"级别评定"选项。

（4）在弹出的对话框中选定评定标准。

（5）选择物镜放大倍数为 10，将试样置于显微镜上。

（6）在计算机屏幕上调清楚图像并找到需要评定的非金属夹杂物。

（7）单击"采样"按钮，在弹出的菜单中执行"图像处理"命令。

（8）在弹出的对话框中选择"二值化处理""灰度处理"选项，调整到合适位置。

（9）单击"自动评级"按钮，完成评级。

2）注意事项

（1）评定非金属夹杂物时，试样不要腐蚀。

（2）注意区分硫化物夹杂物和硅酸盐夹杂物，不要混淆。

（3）试样必须干净，否则一些脏东西会被误认为是夹杂物。

5. 实验报告要求

（1）每人写一份实验报告，报告应包括实验目的、实验原理、主要实验设备及材料、实验方法与步骤、实验结果与分析。

（2）对观察到的非金属夹杂物进行评级分析。

（3）指出实验过程中存在的问题，并提出相应的改进方法。

6. 思考题

（1）观察钢中非金属夹杂物时如何取样？

（2）如何对非金属夹杂物进行评级？

4.4.4　金属材料断口的扫描分析

1. 实验目的

（1）了解扫描电子显微镜的组成结构。

（2）掌握扫描电子显微镜的基本操作方法。

（3）观察不同的断口形貌。

2. 实验原理

断口形貌是指材料断裂后表面的形貌，有宏观形貌和微观形貌两类，前者可通过低倍显微镜观察，后者一般需用扫描电子显微镜观察。材料延性断裂、脆性断裂、疲劳断裂、应力腐蚀断裂或氢脆断裂等不同类型的断裂，都有其特定的微观形貌特征，通过断口形貌分析，有助于揭示材料的断裂原因、过程和机理。

根据材料断裂前塑性变形的大小，材料的断裂分为韧性断裂和脆性断裂。韧性断裂有时也称为塑性断裂，是指断裂前发生较大的塑性变形，断口一般呈暗灰色纤维状；而脆性断裂是指断裂前没有明显的塑性变形，断口较平整，为光亮的结晶状。

3. 主要实验设备及材料

KYKY-EM6200 型扫描电子显微镜，金属断口试样。

4. 实验内容

1）实验步骤

（1）制备好需要观察的试样，采用 45 钢冲击断口试样，冲击之前进行不同工艺的热处理，以便得到韧性断口和脆性断口。

（2）开启总电源，打开扫描电子显微镜开关、计算机并运行相关软件。

（3）放真空，打开试样室放置试样，将试样用导电双面胶粘在试样台上，放置前测定高度（含试样台），在计算机中选择试样高度、试样台直径并单击"确定"按钮，关闭试样室。

（4）抽真空。

（5）真空度达到要求后，打开 V1 阀，调节对比度，加高压，把放大倍数调小，找到需要观察的大致区域。

（6）选择二次电子作为成像信号。

（7）调整放大倍数并聚焦，在慢速扫描模式下观察图像。

（8）拍摄照片并记录。

2）注意事项

（1）不导电试样需要喷涂导电层。

（2）试样不能带磁性。

（3）试样放进去前，应准确测定其高度，并设置相关参数，避免试样与仪器碰撞。

（4）断口应保持干净。

5. 实验报告要求

（1）每人写一份实验报告，报告应包括实验目的、实验原理、主要实验设备及材料、实验方法与步骤、实验结果与分析。

（2）分析断口的形貌并说明是如何产生的。

（3）指出实验过程中存在的问题和注意事项。

6. 思考题

（1）韧性断口宏观形貌和微观形貌是什么？

（2）脆性断口宏观形貌和微观形貌是什么？

4.4.5　能谱仪的结构、原理与使用

1. 实验目的

（1）了解能谱仪的组成结构。

（2）掌握能谱仪的基本操作方法。

（3）利用能谱仪分析材料微区成分。

2. 实验原理

电子探针是一种微区成分分析仪器，它利用被聚焦成小于 1 μm 的高速电子束轰击试样表面，由 X 射线波谱仪或能谱仪检测从试样表面有限深度和侧向扩展的微区体积内产生的特征 X 射线的波长和强度，得到 1 μm³ 微区的定性或定量的化学成分。电子探针结构示意如图 4-22 所示。

电子探针经常作为扫描电子显微镜的附件使用，利用扫描电子显微镜的高放大倍数，实现微区分析。电子探针是利用电子束与试样作用产生的特征 X 射线来分析试样的成分的，其分析的基本依据是莫塞莱定律（Moseley's Law）：

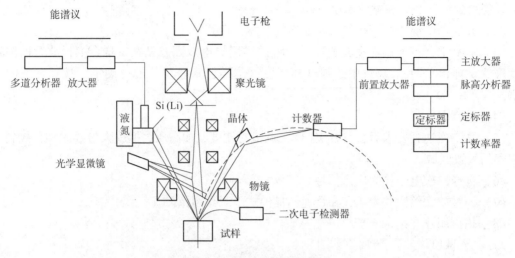

图 4-22　电子探针结构示意

$$\lambda = \frac{K}{(Z-\sigma)^2} \qquad (4-4)$$

式中：K——里德伯常数；

　　　Z——原子序数；

　　　σ——屏蔽因子，是波长。

由式（4-4）可知，特征 X 射线的波长 λ 只与试样的原子序数 Z 有关。如果仪器能分析出特征 X 射线的波长，即为波谱仪；如果仪器能分析出特征 X 射线的能量，即为能谱仪。

因为某种元素的特征 X 射线强度与该元素在试样中的浓度成比例，所以只要测出这种特征 X 射线的强度，就可计算出该元素的相对含量。

能谱仪全称为能量分散谱仪，它是根据不同元素的特征 X 射线具有不同的能量这一特点来对检测的 X 射线进行分散展谱，实现对微区成分分析的。X 射线能谱仪工作原理示意如图 4-23 所示，它主要由 Si（Li）探测器（即锂漂移硅探测器）、FET 前置放大器、放大器、堆积排除器、多道分析器、计算机、数据输出装置和显示器等组成。

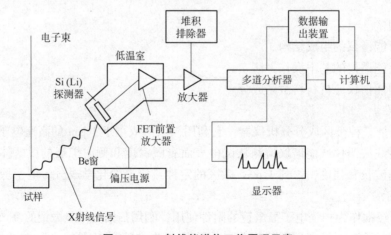

图 4-23　X 射线能谱仪工作原理示意

能谱仪具有分析速度快、灵敏度高、谱线重复性好等优点，而且能谱仪没有运动部件，稳定性好，无须聚焦，所以谱线峰值位置的重复性好且不存在失焦问题，适于粗糙表面的分析。

能谱仪使用的 X 射线探测器是 Si（Li）探测器，其结构如图 4-24 所示。Si（Li）是厚度为 3~5 mm、直径为 3~10 mm 的薄片，是 P 型 Si 在一定的工艺条件下漂移进 Li 制成的。Si（Li）可分为三层，中间是耗尽层（I 区），在制造晶体时，向晶体内注入原子半径小（0.06 nm）、电离能低、易放出价电子的 Li 原子，以中和杂质的作用，形成了一个本征半导体区，这就是 Si（Li）半导体探头。Si（Li）半导体探头是能谱仪中的一个关键部件，它决定了能谱仪的分辨率。要保证探头的高性能，Si（Li）半导体探头必须具有本征半导体的特性：高电阻、低噪声。I 区的前面是一层 0.1 μm 的 P 型半导体，在其外面镀有 20 nm 的金膜。I 区后面是一层 N 型半导体。Si（Li）探测器实际上是一个 P-I-N 型二极管。当试样发射的 X 射线光子进入 Si（Li）半导体探头内，在本征区被 Si 原子吸收，通过光电效应首先使 Si 原子发射出光电子，光电子在电离的过程中产生大量的电子-空穴对。发射光电子后的 Si 原子处于激发态，在其弛豫过程中又放出俄歇电子或 Si 的 X 射线，俄歇电子的能量将很快消耗在探头物质内，产生电子-空穴对。Si 的 X 射线又可通过光电效应将能量转给光电子或俄歇电子，这种过程一直持续到能量消耗完为止，这是光电吸收的过程。在此过程中 X 光子将能量绝大部分转换为电子-空穴对。电子-空穴对在晶体两端外加偏压作用下移动，形成电荷脉冲。

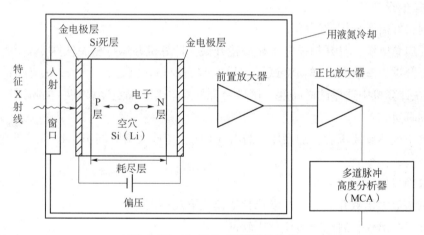

图 4-24　Si（Li）探测器的结构

能谱仪的工作过程如下：来自试样的特征 X 射线穿过薄窗（Be 窗或超薄窗）进入 Si（Li）半导体探头，Si 原子吸收一个 X 射线光子产生一定量的电子-空穴对（该数量与 X 射线光子的能量成正比），同时形成一个电荷脉冲；电荷脉冲经前置放大器、正比放大器、信号处理单元和模数转换器处理后以时钟脉冲形式进入多道脉冲高度分析器；多道脉冲分析器有一个由许多存储单元（称为通道）组成的存储器，与 X 射线光子能量成正比的时钟脉冲数按大小分别进入不同存储单元，每进入一个时钟脉冲数，存储单元记一个光子数，因此通道地址和 X 射线光子能量成正比，而通道的计数为 X 射线光子数；最终得到以通道（能量）为横坐标、通道计数（强度）为纵坐标的 X 射线能量色散谱。

能谱仪有三种分析模式：定点元素全分析、线扫描分析和面扫描分析。

1）定点元素全分析

用扫描电子显微镜进行观察，将待分析的试样微区移到视野中心，然后使聚焦电子束固定照射到该点上，把收集到的 X 射线送入能谱仪进行分析。

2）线扫描分析

把试样要检测的方向调至 x 轴或 y 轴方向，使聚焦电子束在试样扫描区域内沿一条直线进行慢速扫描，同时用计数率计检测某一特征 X 射线的瞬时强度。若显像管射线束的横向扫描与试样上的线扫描同步，用计数率计的输出控制显像管射线束的纵向位置，这样就可以得到某特征 X 射线强度沿试样扫描线的分布。

3）面扫描分析

和线扫描分析相似，面扫描分析是用聚焦电子束在试样表面进行面扫描，将 X 射线谱仪调到只检测某一元素的特征 X 射线位置，用 X 射线检测器的输出脉冲信号控制同步扫描的显像管扫描线亮度，在荧光屏上得到由许多亮点组成的图像，亮点就是该元素的所在处。根据图像上亮点的疏密程度，就可确定某元素在试样表面上分布情况。将能谱仪调整到测定另一元素特征 X 射线位置时，就可得到那一成分的面分布图像。

3. 主要实验设备及材料

配置能谱仪的 KYKY-EM6200 型扫描电子显微镜，待测试样。

4. 实验内容

1）实验步骤

（1）制备好需要分析的试样。

（2）开启总电源，打开扫描电子显微镜开关、计算机并运行相关软件。

（3）打开试样室放置试样，将试样用导电双面胶粘在试样台上，放置前测定高度（含试样台），在计算机中选择试样高度、试样台直径并单击"确定"按钮，关闭试样室。

（4）抽真空。

（5）真空度达到要求后，加高压，打开 V1 阀，把放大倍数调小，找到需要观察的大致区域。

（6）选择成像信号。

（7）调整放大倍数并聚焦，在慢速扫描模式下观察图像。

（8）开启能谱仪，启动能谱仪分析软件。

（9）选定需要分析的区域，采集信号。

（10）分析元素组成并计算其百分含量。

2）注意事项

（1）注意测量试样高度。

（2）能谱分析时参数 CPS 要尽量大。

（3）能谱分析工作距离为 10 mm。

（4）总计数值大于 20 万。

5. 实验报告要求

（1）每人写一份实验报告，报告应包括实验目的、实验原理、主要实验设备及材料、实验方法与步骤、实验结果与分析。

（2）简述能谱仪在材料科学中的应用。

（3）指出实验过程中存在的问题和注意事项。

6. 思考题

（1）分析能谱仪与波谱仪的优缺点。

（2）能谱仪的原理是什么？

4.4.6 透射电子显微镜试样的制备

1. 实验目的

（1）了解透射电子显微镜试样的制备原理。

（2）掌握透射电子显微镜试样的制备方法。

2. 实验原理

电子束的穿透能力不强，这就要求将试样制成很薄的薄膜试样。

电子束穿透固体试样的能力，主要取决于加速电压和试样物质的原子序数。加速电压越高，试样原子序数越低，电子束可以穿透的试样厚度就越大。对透射电子显微镜常用的 $50\sim$ 100 kV 电子束来说，试样的厚度控制在 $100\sim200$ nm 为宜。

透射电子显微镜分析的试样制备方法包括支持膜法、复型法、晶体薄膜法、超薄切片法等，制备高分子材料时，还要染色、刻蚀。下面介绍其中常用方法。

1）复型法

过去，由于缺少必要的制样设备，经常使用复型法。

复型是利用一种薄膜（如碳、塑料、氧化物薄膜）将固体试样表面的浮雕复制下来的一种间接试样，只能作为试样形貌的观察和研究，而不能用来观察试样的内部结构。对于在电子显微镜中易起变化的试样或难以制成电子束可以透过的薄膜的试样，多采用复型法。在材料研究中，常用复型法可分为以下四种：塑料一级复型、碳一级复型、塑料-碳二级复型、萃取复型。

（1）塑料一级复型。在经过表面处理（如腐蚀）的试样表面上滴几滴醋酸甲酯溶液，然后滴一滴塑料溶液（常用火棉胶），刮平，待干后将塑料膜剥离下来，薄膜厚度为 $70\sim$ 100 nm，必要时可进行投影。投影就是人为地在复型表面制造一层密度比较大的元素膜，造成厚度差（约数纳米厚），以改善复型图像的衬度、判断凹凸情况和测定厚度差。具体的做法是将已经制成的复型放在真空镀膜装置的钟罩里（真空度为 $133\sim70$ Pa），复型的表面向上，以倾斜的方向蒸发沉积重金属膜，投影倾斜角为 $15°\sim45°$ 不等。

（2）碳一级复型。在真空镀膜装置中，将碳棒以垂直方向，向试样表面蒸镀 $10\sim20$ nm 的碳膜（其厚度通过洁白瓷片变为浅棕色来控制），然后用针尖将碳膜划成略小于电子显微镜铜网的小块，最后将碳膜从试样上分离开来，必要时可投影。

（3）塑料-碳二级复型。在用醋酸纤维膜（AC 纸）制得的复型正面上再投影、镀碳，然后溶去 AC 纸所得到的复型称为塑料-碳二级复型，其制备过程如图 4-25 所示。

（4）萃取复型。这是在上述三种复型的基础上发展起来的唯一能提供试样本身信息的复型。它利用一种薄膜（现多用碳薄膜），把经过深浸蚀的试样表面上的第二相粒子黏附下来。由于这些第二相粒子在复型膜上的分布仍保持不变，因此可以来观察分析它们的形状、

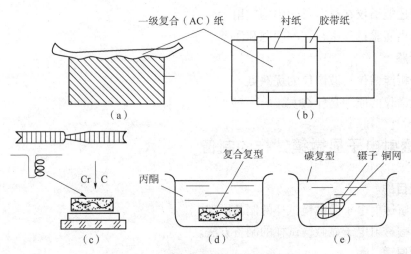

图 4-25　塑料-碳二级复型制备过程

大小、分布和所属物相（后者利用电子衍射）。

2）晶体薄膜法

复型法分辨率较低，不能充分发挥透射电子显微镜高分辨率（0.2～0.3 nm）的效能。使用复型（除萃取复型外）只能观察试样表面的形貌，而不能揭示晶体内部组织的结构。

通过晶体薄膜法，可以在电子显微镜下直接观察分析以晶体试样本身制成的薄膜试样，从而可使透射电子显微镜充分发挥它极高分辨率的特长，并可利用电子衍射效应来成像，不仅能显示试样内部十分细小的组织形貌衬度，而且可以获得许多与试样晶体结构（如点阵类型、位向关系、缺陷组态等）有关的信息。

晶体薄膜法要求如下：

（1）不引起材料组织的变化；

（2）足够薄，否则将引起薄膜内不同层次图像的重叠，干扰分析；

（3）薄膜应具有一定的强度，具有较大面积的透明区域；

（4）制备过程应易于控制，有一定的重复性和可靠性。

晶体薄膜法包括沉淀法、塑性变形法和分解法等，其中的分解法包括下面四类。

（1）化学腐蚀法：在合适的浸蚀剂下均匀薄化晶体获得晶体薄膜。这只适用于单相晶体，对于多相晶体，化学腐蚀优先在母相或沉淀相处产生，造成表面不光滑和出现凹坑，且控制困难。

（2）电解抛光法：选择合适的电解液及相应的抛光制度均匀薄化晶体片，然后在晶体片穿孔周围获得薄膜。这个方法是薄化金属的常用方法。

（3）双喷电解抛光法。将电解液利用机械喷射方法喷到试样上，将其薄化成薄膜。用这种方法获得的薄膜与大块试样的组织结构相同，但设备较为复杂。图 4-26 所示为双喷电解抛光法示意。

（4）离子轰击法。此法利用适当能量的离子束轰击晶体，均匀地打出晶体原子而得到薄膜。离子减薄仪结构复杂，薄化时间长，但这是薄化无机非金属材料和非导体矿物唯一有效的方法。图 4-27 所示为离子减薄仪结构示意。

上述四种方法都要先将试样预先减薄，一般需经历以下两个步骤：

第一步，从大块试样上切取厚度小于 0.5 mm 的薄块，一般用砂轮片、金属丝锯（以酸液或磨料液体循环浸润）或电火花切割等方法；

第二步，利用机械研磨、化学抛光或电解抛光，把薄块减薄成 0.1 mm 的薄片，然后用上述电解抛光和离子轰击等技术，将薄片制成厚度小于 500 nm 的薄膜。

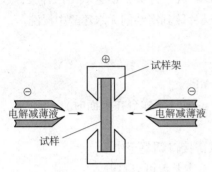

图 4-26　双喷电解抛光法示意

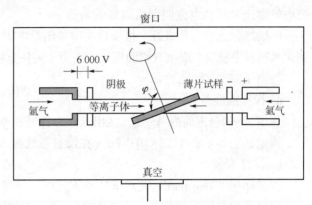

图 4-27　离子减薄仪结构示意

晶体薄膜法比支持膜法和复型法复杂和困难得多，采用如此繁杂的制备过程，目的是尽量避免或减少用机械方法减薄引起的组织结构变化。

机械方法只有确保在最终减薄时能够完全去除这种损伤层才可使用，研究表明，即使是最细致的机械研磨，应变损伤层的深度也达数十微米。

3. 主要实验设备及材料

（1）实验设备：电解双喷减薄仪，凹坑仪，离子减薄仪。

（2）实验材料：电解液（体积比为 10% 的高氯酸乙醇溶液），乙醇，待制备试样。

4. 实验内容

1）粉体材料试样的制备

（1）将粉末研磨、过滤等，使得其粒径控制在 50 nm 以下。

（2）取少量粉末放入装有无水乙醇（根据材料不同，也可选用甲苯、丙酮等）的试管中，用超声波振荡器振荡，使粉末颗粒充分悬浮在溶液中。

（3）将溶液滴到铜网中，干后即可放入透射电子显微镜中观测。

2）块体材料试样的制备

（1）用线切割机将块体材料切割成厚度为 0.5 mm 以下的薄片。

（2）用砂纸将其厚度磨到 0.1 mm 以下。

（3）用试样冲片器将薄片冲成直径为 3 mm 的小圆片，对于陶瓷、半导体以及其他坚硬、脆性的试样，要用超声波圆片切割机切成直径为 3 mm 的小圆片。

（4）用凹坑仪再将小圆片的中心位置凹出一个小坑备用。

（5）减薄。

①双喷减薄。

a. 在双喷槽中倒入双喷液，再倒入液氮。

b. 将需要减薄的金属薄片嵌入试样夹白金电极凹槽中，用镊子夹住双斜面块放入试样夹，推下。斜面压杆使小圆片与白金电极保持良好的接触。

c. 合上总电源 "POWER" 开关，调节喷射泵 "PUMP" 旋钮，使双喷嘴射出的相与电解液柱相接触，在两个喷嘴之间形成一个直径数毫米的小水盘。

d. 试样夹插到电解槽中。

e. 合上电解抛光电源 "POLISH" 开关，顺时针方向旋转抛光电源 "DCPOWER" 旋钮，把电解抛光电压和电流调到所需要的数值。

f. 继续抛光至穿孔报警，报警后立即关闭总电源 "POWER" 开关，迅速取出试样夹，放到无水乙醇中浸洗。取出双斜面压块，用镊子夹住金属小圆片放到清洁的无水乙醇中浸洗。

②离子减薄。

a. 操作前准备。

确定 Ar 钢瓶内尚有 Ar 气，且出气压力控制在 0.18 MPa。

确定真空显示在 $1.33×10^{-4}$ Pa（在没有氯气通入，"stage" 试样台在上面时）。

b. 试样安装。

将试样用 "Duo post" 夹式试样座固定好，并将待减薄接口调整至中心。

在机器的触摸屏面板上，点击 Milling 界面中的 Vent，使上盖可以打开。

以勾形镊子将 "Duo post" 夹式试样座放入仓室，盖上仓室盖子。

向下滑动 "Milling" 界面中的滑条，机器会自动抽好真空，并将试样台降下，使试样座下降到离子减薄的区域。

单击 "Milling" 界面中的 3 keV 处，选择需要的电压。一般旋转速度设为 3 RPM，刚开始可以用高电压 7 keV，之后根据情况加减。

c. 减薄及观察。

单击 "Milling" 界面中的 01：00：00，设定需要的减薄时间。

单击 "Milling" 界面中的 "Single Modulation" 选项，调整到 "Dual Beam Modulation"。

单击 "Milling" 界面中的 "Tilt" 选项，调整左右两枪的角度。可以选择一支枪为正角度，一支枪为负角度。

单击 "Milling" 界面中的 "Start" 开关，开始抛光试样。

抛光结束后，向上滑动 "Milling" 界面中的滑条，将试样台升起后，单击 "Vent" 选项进行放气，然后取出试样。

3）注意事项

（1）一定要等到真空度达到 $1.0×10^{-3}$ Pa 才可以正常工作（在气体流量接近 0.000 sccm，试样台在上面时的真空）。

（2）当拆下离子枪又重新装回后，需要对离子枪进行对中调整。

调整离子束对中。将荧光屏置入机器试样台内，将荧光屏降下，电压设定在 5 keV。单击 "Start" 开关打开高压。单击 "Alignment" 界面中的 "Left Front Beam Sector" 选项，再单击 "Milling" 界面中的 "View" 选项。观察机器试样台内的荧光影像，调整黑色离子枪上的两颗小螺丝，使其离子束在荧光屏的黑点上。

5. 实验报告要求

（1）每人写一份实验报告，报告应包括实验目的、实验原理、主要实验设备及材料、实验方法与步骤、实验结果与分析。

（2）简述透射试样制备种类。

（3）指出实验过程中存在的问题和注意事项。

6. 思考题

（1）复型法有何优缺点？

（2）制备薄膜试样需要注意什么？

4.4.7 透射电子显微镜的构造、操作与观察

1. 实验目的

（1）了解透射电子显微镜的构造。

（2）掌握透射电子显微镜的基本操作方法。

2. 实验原理

1）透射电子显微镜的结构

透射电子显微镜由电子光学系统、真空系统、电源及控制系统以及其他附属设备四部分组成，2100F 型透射电子显微镜的外观如图 4-28 所示。电子光学系统由电子枪、聚光镜、试样室、物镜、中间镜和投影镜、荧光屏和照相装置等部分组成，其结构如图 4-29 所示。

图 4-28 2100F 型透射电子显微镜的外观

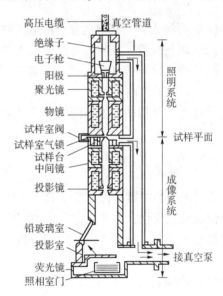

图 4-29 电子光学系统的结构

物镜和投影镜属于强透镜，其放大倍数均为 100 左右，而中间镜属于弱透镜，其放大倍数为 0~20。三级成像的总放大倍数为

$$MT = M_0 \cdot M_I \cdot M_P \tag{4-5}$$

式中：M_0、M_I、M_P——物镜、中间镜和投影的放大倍数。

电磁透镜在成像时会产生像差。像差分为几何像差和色像差两类。几何像差是由于透镜磁场几何形状上的缺陷而产生的像差。色像差是由于电子波的波长或能量发生一定幅度的改变而产生的像差。像差的存在不可避免地要影响电磁透镜的分辨率。

2）透射电子显微镜的成像操作

透射电子显微镜的成像模式有三种，如图 4-30 所示。

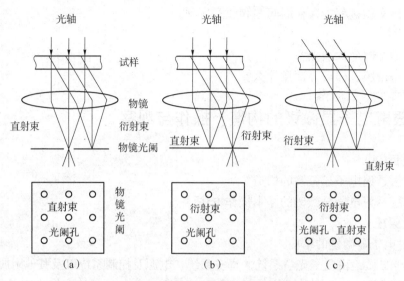

图 4-30　透射电子显微镜的成像模式
（a）明场成像；（b）暗场成像；（c）中心暗场成像

（1）明场成像。在物镜背焦面插入物镜光阑，利用直射电子成像，称为明场成像。

（2）暗场成像。在物镜背焦面插入物镜光阑，利用衍射电子成像，称为暗场成像。

（3）中心暗场成像。入射电子倾斜一定角度，仍用衍射电子成像，称为中心暗场成像，它提高了暗场成像的质量。

像衬度 C 是指图像上不同区域明暗程度的差别，也可定义为两个相邻部分的电子束强度差，即

$$C = \frac{I_1 - I_2}{I_2} = \frac{\Delta I}{I_2} \tag{4-6}$$

透射电子显微镜的像衬度来源于试样对入射电子的散射。当电子波穿越试样时，其振幅和相位都发生变化，这些变化产生像衬度，故像衬度分为振幅衬度和相位衬度。振幅衬度又有两种基本类型：质厚衬度和衍射衬度。它们分别是非晶体试样和晶体试样衬度的主要来源。

（1）质厚衬度。非晶体试样透射电子显微图像衬度是试样微区间存在原子序数或厚度的差异而引起的，称质厚衬度，其原理如图 4-31 所示。

质厚衬度来源于电子的非相干散射。随试样厚度增加，弹性散射增多，故试样上原子序数较大或试样较厚区域，会有更多的电子散射而偏离光轴，在荧光屏上显示为较暗区域。

质厚衬度受物镜光阑孔径和加速电压影响。孔径增大，图像总体亮度增加，但衬度降低。加速电压低，散射角和散射截面增加，较多电子被散射到光阑孔外，衬度提高，亮度降低。

（2）衍射衬度。对晶体试样，将发生相干散射及衍射，故成像过程中，起决定作用的是晶体对电子的衍射。由试样各处衍射束强度的差异形成的衬度称为衍射衬度，简称衍衬。影响衍射强度的主要是晶体取向和结构振幅。

衍衬成像和质厚成像有一重要差别，在形成显示质厚衬度的暗场像时，可以利用任意的散射电子；而形成显示衍射衬度的明场像或暗场像时，为获得高衬度高质量的图像，总是通

过倾斜试样台获得双束条件。所谓双束条件，即在选区衍射谱上除强的直射束外，只有一个强衍射束。

衍射衬度原理如图 4-32 所示。两个取向不同的晶粒，在明场条件下获得衍射衬度。在强度为 I_0 的入射束下，A 晶粒的（hkl）晶面正好能衍射，形成强度为 I_{hkl} 的衍射束，其他晶面则不衍射。B 晶粒所有晶面不衍射。

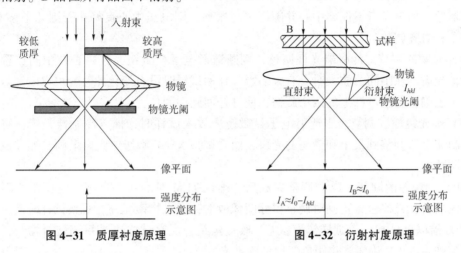

图 4-31　质厚衬度原理　　　　　图 4-32　衍射衬度原理

在明场成像条件下，像平面上 A 晶粒对应区域电子束强度为 $I_A \approx I_0 - I_{hkl}$，B 晶粒对应区域电子束强度 $I_B \approx I_0$；反之，在暗场成像条件下，有 $I_A \approx I_{hkl}$，$I_B \approx 0$，由于荧光屏上亮度取决于电子束强度，故若试样上不同区域衍射条件不同，图像上相应区域亮度不同，形成了衍射衬度。

3. 主要实验设备及材料

2100F 型透射电子显微镜，待观察试样。

4. 实验内容

1）实验步骤

（1）开机程序。开启冷却水循环装置，启动稳压电源，启动主机，透射电子显微镜自动抽真空，等待约 40 min，检查各仪表的读数是否正常。

（2）电子枪合轴。将试样和物镜灯条拉到零位置，加高压观察梁式电流表是否正常，每次等待电流表显示稳定之后继续下一步；添加灯丝，缓慢地将灯丝旋钮转到锁定位置。在扫描模式下调整冷凝器按钮以获得最小和最亮的光斑，然后使枪对中，将光斑拉到中间位置，使光束不偏离中心。

（3）调灯丝相。调整光斑大小，直到看到灯丝的欠饱和图像，即车轮图像（鱼眼图像），将灯丝发射旋钮调整到灯丝饱和，并锁定位置。

（4）粗对焦。关闭透射电子显微镜灯丝后，插入试样和物镜光杆；打开透射电子显微镜的灯丝发射旋钮，将光斑放大到满屏；找到试样，并选中一目标为参照，调整调焦旋钮，直到透射电子显微镜图像清晰无重影。

（5）聚光镜对中调节。关闭透射电子显微镜的灯丝后，拔出试样，拔出灯杆，打开灯丝，减少斑点，检查是否在中心位置；在扫描模式下对齐 X、Y 旋钮来调整点重叠，打开图像抖动键，调整图像抖动旋钮使其重合。

（6）电流中心调节。透射电子显微镜插入试样，找到一个试样作为参考，调整时放大倍数小于 50 000，用目镜观察找到参考物，并聚焦到最清晰的位置；反复旋转对焦旋钮，观察参考试样的状况。如果放大和缩小样本可以看到样本在某个点旋转，则为正常。如果试样向左、向右或上下移动，则需要调整大的对中旋钮，倾斜按钮直接到正常位置。

（7）电压中心调节。在步骤（6）的基础上，放大超过 50 000 倍，找到一参照物，调焦至最清晰像。如果参考不偏离中心并围绕中心振动，则电压中心良好；否则如果参考漂移，则使用左右对齐调整。

（8）光阑的调节。冷凝器光杆调整，判断透射电子显微镜光杆是否在中间位置调整电容器时，光斑不在中间，放大时会有大阴影，移动试样时没有变化此时，可以断定灯指示杆的位置不正确，调整灯杆上的两个旋钮，使灯杆回到中间位置。

（9）聚光镜像散调节。当透射电子显微镜未放入试样时，插入冷凝器光棒，将光斑大小将控制器按钮调整到最小和最亮的光斑，然后调整 X、Y 旋钮使光斑最圆，即完成聚光镜像散的调整。

（10）物镜像散调节。以上调整完成后，确认 TEM 对准状态良好，电压中心对准，无聚焦图像散射，光棒位置正确时调整目标图像散射；插入物镜光棒，观察试样时调整，在高倍（10 万倍以上）找一个试样作为参考，改变焦距，观察试样边缘系统是否均匀，如有散光，调整柱头 X、Y 旋钮和焦距旋钮以消除散光。

（11）试样装卸操作。确认试样加载和卸载过程中透射电子显微镜的状态，将放大倍数调整到较小倍数，灯丝发射调到 OFF，当右旋转手柄设置为气闸时，试样室可以打开，左边有个把手可以上下拉动。

（12）关机程序。放大倍数减小到 10 000 以下，光斑满屏，退灯丝至 OFF；按下工作电压按钮，然后按下高压键；等 15 min 左右，透射电子显微镜面板上的灯全部熄灭，机械泵停止工作，关冷却水装置，关电源开关。

2）注意事项

（1）检查各仪表的读数是否正常，包括以下读数。

①离子泵（SIP）：开灯丝前应保证真空压力小于 4×10^{-5} Pa。

②高压箱：未开高压时，高压箱 SF6（高压绝缘气体）气压表略高于 0.14 MPa；电子枪 SF6 气压表为 0.28~0.32 MPa（主机左侧下方圆表），该压力值不能低于 0.28 MPa，低于该值不能启动。

③水阀压力：左侧 Lens（0.06 MPa），中间 DP 泵（0.06 MPa），右侧 Lens units（0.04 MPa）。

④循环冷却水箱：温度为（18±0.5）℃。

⑤空压机在启动状态：压力表位于主机左侧下方，当黑色指针大于红色指针表示空压泵启动。

⑥主副系统通信连接：若通信中断，操作面板左侧有重启开关。

（2）试样杆拔出前一定要点复位。

（3）如果想拍大晶体高分辨，就算不要拍选区衍射，也要踩正。

（4）TEM 试样杆的插入步骤：插入样品杆至推不动，阀门响一声，将抽气开关拨上，此时黄灯亮，听到"咕噜"声后手再放开，等待绿灯指示灯亮后再等待 3~5 min，然后将试样杆顺时针转动，缓缓推进，再顺时针转动（比第一次转动角度大），试样杆会被吸进。

5. 实验报告要求

（1）每人写一份实验报告，报告应包括实验目的、实验原理、主要实验设备及材料、实验方法与步骤、实验结果与分析。

（2）分析讨论提高透镜分辨率的方法。

（3）分析所观察试样的组织形貌特征。

（4）指出实验过程中存在的问题和注意事项。

6. 思考题

（1）透镜分辨率的物理意义是什么？用什么方法提高透镜的分辨率？

（2）什么是电磁透镜的分辨率？主要取决于什么？为什么电磁透镜要采用小孔径半角成像？

（3）成像系统的主要构成及其特点是什么？

4.5 金属材料性能分析测试

4.5.1 金属硬度测试

1. 实验目的

（1）熟悉硬度测试的基本原理及应用范围。

（2）掌握布氏、洛氏、维氏硬度机的主要结构及操作方法。

2. 实验原理

硬度是衡量金属材料软硬的一个指标。硬度值的物理意义随实验方法的不同而不同。例如，压入法硬度值表示材料表面抵抗另一物体压入时所应起的塑性变形能力；刻划法硬度值表示金属抵抗表面局部破裂的能力；反弹法硬度值表示金属弹性变形功的大小。因此，硬度值实际上是反映材料的弹性、塑性、变形强化率、强度和韧性等一系列不同特性的一个综合性指标。

硬度实验所用设备简单，操作方便。硬度实验仅在材料表面局部区域内造成很小的压痕，不破坏材料，可在零件上直接进行测试。材料的硬度与强度间存在一定的经验关系，并且硬度与切削性、成型性及可焊性等工艺性能也有某些特定联系，可作为选择加工工艺时的参考，因而硬度实验在生产实际和材料工艺研究中得到广泛的应用。

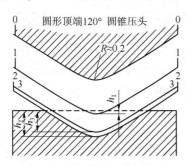

图4-33 洛氏硬度实验的原理

硬度实验方法可分为压入法、刻划法及反弹法，其中应用最为广泛的是压入法。压入法中根据加荷速度不同，分静载荷压入法和动载荷压入法两种。在生产中，使用最广的是静载荷压入法硬度实验，即洛氏硬度（HR）、布氏硬度（HB）、维氏硬度（HV）等。

1）洛氏硬度

洛氏硬度实验是目前应用最广的实验方法。它以压痕深度来确定材料的硬度值指标。洛氏硬度实验的原理如图4-33所示，洛氏硬度实验规范及应用如表4-5所示。

表4-5 洛氏硬度实验规范及应用

标尺	压头类型	初载荷/kgf	主载荷/kgf	总载荷/kgf	常数 K	洛氏硬度范围	应用举例
A	金刚石圆锥	—	50	60	0.21	60~85	高硬度薄件、硬质合金
B	淬火钢球	10	90	100	0.26	24~100	有色金属、可锻铸铁
C	金刚石圆锥	—	140	150	0.2	20~67	热处理结构钢、工具钢

洛氏硬度实验所用压头有两种：一种是锥顶角120°的金刚石圆锥；另一种是直径为l/16 in（1.588 mm）或l/8 in（3.117 6 mm）的淬火钢球。根据金属材料软硬程度不一，可选用HRA、HRB和HRC等不同标尺。

测试洛氏硬度时，需要先预加10 kgf的初载荷，其目的是使压头与试样表面接触良好，以保证测量结果准确，再施加主载荷（如测HRC主载荷为140 kgf）。图4-33中0-0位置为未加载前的压头位置，1-1位置为加上10 kgf初载荷后的位置，此时压入深度为 h_1，2-2位置为加上主载荷后的位置，此时压入深度为 h_2，h_2 包括加载所引起的弹性变形和塑性变形。卸除主载荷后，由于弹性变形恢复而提高到3-3位置，此时压头的实际压入深度为 h_3。洛氏硬度就是以主载荷所引起的残余压痕深度（$h=h_3-h_1$）来表示的。但这样直接以压痕深度的大小表示硬度，将会出现硬的金属硬度值小，而软的金属硬度值大的现象，这与思维习惯不符。为了与习惯上"数值越大硬度越高"的思维一致，采用常数 K 减去 h 的差值表示硬度值。为简便起见，又规定每0.002 mm压入深度作为一个硬度单位，即刻度盘上一小格。

洛氏硬度值的计算式如下：

$$HR = \frac{K-(h_3-h_1)}{0.002} \tag{4-7}$$

式中：h_1——预加初载荷压入试样的深度，mm；

　　　h_3——卸除主载荷后压入试样的深度，mm；

　　　K——常数，采用金刚石圆锥压头时 $K=0.2$（用于HRA、HRC），采用淬火钢球压头时 $K=0.26$（用于HRB）。

2）布氏硬度

（1）布氏硬度实验的原理。布氏硬度实验的原理如图4-34所示。实验时，施加一定大小的载荷 P，将直径为 D 的淬火钢球或硬质合金球压入被测金属表面，保持一定时间，然后卸除载荷，在金属表面留下压痕，测量压痕直径 d，计算压痕表面积 A。将单位压痕面积上承受的平均压力定义为布氏硬度，并用符号HB表示。

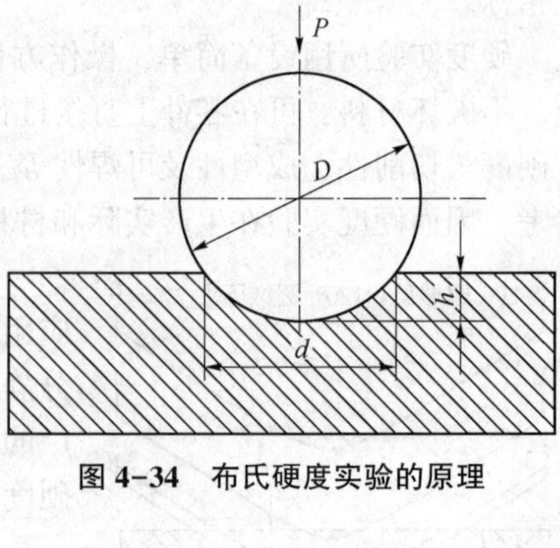

图4-34 布氏硬度实验的原理

布氏硬度值的计算式如下：

$$HB = P/A \tag{4-8}$$

$$HB = \frac{P}{\pi Dh} = \frac{2P}{\pi D(D-\sqrt{D^2-d^2})} \tag{4-9}$$

式中：P——载荷，kgf；

A——压痕面积，mm^2；

  D——压头直径，mm；

  d——压痕直径，mm；

  h——压痕深度，mm。

以上各量中，只有 d 是变量，故只需测出压痕直径 d，根据已知 D 和 P 值就可计算出 HB 值。在实际测量中，也可测出压痕直径 d，直接查表得到 HB 值。布氏硬度值是有单位的，其单位为 kgf/mm^2。

（2）布氏硬度实验的规程。进行布氏硬度实验前，必须事先确定载荷 P 和压头直径 D，只有这样，所得的数据才能进行比较。但由于材料有硬有软，所测试样有厚有薄，如果只采用一个标准的载荷 P（如3 000 kgf）和压头直径 D（如 10 mm），对硬的材料合适，但对软的材料就可能会发生钢球陷入金属材料内的现象。同样，这个载荷和压头直径对厚的工件虽然适合，而对薄的工件就可能发生压透的现象。对于同一种材料，当采用不同的 P 和 D 进行实验时，要保证同一材料的布氏硬度值相同，必须是形成的压入角为常数，即要得到几何形状相似的压痕，为此，应保持 P/D^2 为常数。

当采用不同大小的载荷和不同直径的钢球进行布氏硬度实验时，只要满足 P/D^2 为常数即可，则对同一材料来说，所测布氏硬度值是相同的，并且不同材料间的布氏硬度值可以进行比较。进行布氏硬度实验时，P/D^2 的比值有 30、15、10、5、2.5、1.25、1 共七种。根据金属材料种类、实验硬度范围和要求不同，布氏硬度实验 P/D^2 值有不同的选择，如表 4-6 所示。

进行布氏硬度实验前，应当根据试件的厚度选定压头直径。试件的厚度应大于压痕深度的 10 倍，在试件厚度足够时，应尽可能选用 10 mm 直径的压头。然后根据材料及其硬度范围，参照表 4-6 选择 P/D^2 值，从而计算出实验需用的载荷 P。应当指出，压痕直径 d 应在 $(0.24 \sim 0.6)D$ 范围内，否则实验结果无效，此时应另选 P/D^2 值，重做实验。

表 4-6　布氏硬度实验 P/D^2 值的选择

材料	布氏硬度范围	P/D^2
钢及铸铁	<140	10
	≥140	30
铜及铜合金	<35	5
	35~130	10
	>130	30
轻金属及合金	<35	2.5（1.25）
	35~80	10（5 或 15）
	>80	10（15）

3）维氏硬度

维氏硬度实验的原理和布氏硬度实验相同，也是以单位压痕面积上承受的压力来表示硬度值。不同的是，维氏硬度实验采用了锥面夹角为 136° 的金刚石四方角锥体压头。由于压入角恒定不变，载荷改变时，压痕几何形状相似，因此在维氏硬度实验中，载荷可以任意选择，而所得硬度值相同，这是维氏硬度最大的特点。锥面夹角选 136°，是为了使所测数据与 HB 值能得到最好的配合。因为在进行布氏硬度实验时，压痕直径 d 多半在 $(0.25\sim0.5)D$ 范围内，取平均值为 $0.375D$，这时布氏硬度的压入角为 44°，而锥面夹角为 136° 的四方角锥体压痕的压入角也等于 44°。在中低硬度范围内，维氏硬度与布氏硬度值很接近。

测试维氏硬度时，也是以一定的压力将压头压入试样件表面，保持一定的时间后卸除压力，于是在试样表面留下压痕，维氏硬度实验的原理如图 4-35 所示。

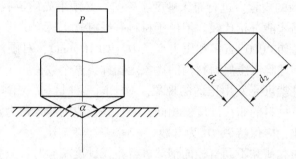

图 4-35 维氏硬度实验的原理

测量压痕两对角线的长度后，取平均值 d，计算压痕面积 A：

$$A = \frac{d^2}{2\sin\left(\dfrac{136°}{2}\right)} = \frac{d^2}{1.854} \tag{4-10}$$

维氏硬度计算式如下：

$$HV = \frac{P}{A} = 1.854\,\frac{P}{d^2} \tag{4-11}$$

式中：P——载荷，kgf；

A——压痕面积，mm^2；

d——压痕对角线长度，mm。

由式（4-11）可以看出，量出压痕对角线长度 d，即可求出 HV 值。HV 值的单位为 kgf/mm^2，现实中一般不标注单位。

3. 主要实验设备及材料

TH550 型洛氏硬度试验机，TH600 型布氏硬度试验机，HVS-1000 型维氏硬度机，读数放大镜，砂轮机，退火低碳钢或中碳钢，淬火钢或高碳钢试样，砂纸。

4. 实验内容

1）洛氏硬度实验

（1）根据试样预期硬度确定压头和载荷，并装入试验机。

（2）开启试验机电源。

（3）将符合要求的试样放置在试样台上，顺时针缓慢转动手轮，使试样气压头缓慢接触，"初载荷"指示灯亮起。

（4）继续缓慢顺时针转动手轮，"初载荷"指示灯将显示"9、8、7……"直至"0"，此时"初载荷"指示灯熄灭，停止转动手轮，将依次亮起"加载""保持""卸载"指示灯。

（5）当"卸载"指示灯熄灭后，读取硬度值。

（6）逆时针转动手轮，卸掉所有载荷。

（7）继续测试两个数据点，两个测试点间距离大于 3 mm。

2）布氏硬度实验

（1）根据试样预期硬度确定压头和载荷，并装入试验机。

（2）开启试验机电源。

（3）将试样放在工作台上，顺时针转动手轮，使压头向试样表面靠近，直至手轮下面螺母产生相对运动（打滑）为止。

（4）按下"开始"按钮，硬度计上将依次亮起"加载""保持""卸载"指示灯。

（5）指示灯熄灭后，逆时针转动手轮降下工作台，取下试样用读数显微镜测出压痕直径 d 值，以此值查表即得出 HB 值或计算 HB 值。

（6）继续测试另外两个数据点。

3）维氏硬度实验

（1）开启电源，打开计算机和测试软件。

（2）将试样置于载物台上。

（3）将物镜移到试样上方，调节焦距至清晰。

（4）移开物镜，将压头置于试样上方，设置载荷大小，按下"加载"按钮。

（5）待加载、卸载完成后，将物镜移到试样上方。

（6）在计算机屏幕上寻找压痕，找到压痕后，可以采用"自动"或"手动"模式测试硬度值。

（7）继续测试另外两个数据点。

4）实验注意事项

（1）测试布氏硬度时，应保证试样表面平整光洁，以使压痕边缘清晰，保证精确测量压痕直径 d。用读数显微镜测量压痕直径 d 时，应从相互垂直的两个方向上进行，取二者的平均值。

（2）测试洛氏硬度时，应根据被测金属材料的硬度高低选定压头和载荷。试样表面应平整光洁，不得有氧化皮或油污，以及明显的加工痕迹。试样厚度应不小于压入深度的 10 倍。两相邻压痕及压痕离试样边缘距离均不小于 3 mm。

5. 实验报告要求

（1）每人写一份实验报告，报告应包括实验目的、实验原理、主要实验设备及材料、实验方法与步骤、实验结果与分析。

（2）严格按照实验步骤，记录所测材料洛氏硬度值、布氏硬度压痕直径 d、维氏硬度压痕对角线长度 d，通过公式计算布氏硬度值和维氏硬度值，分析实验结果，分析影响材料硬度的各种因素。

（3）指出实验过程中存在的问题，并提出相应的改进方法。

6. 思考题

（1）比较布氏硬度、洛氏硬度与维氏硬度测试法的优缺点。

（2）如何理解洛氏硬度 HRC 的测试范围为 20~67？

（3）为什么维氏硬度压头锥面夹角要设定为 136°，而不选择其他角度？

4.5.2　金属冲击韧性测试

1. 实验目的

（1）掌握冲击韧性的测试原理与方法。

（2）了解金属材料冲击韧性与断口形貌的关系。

2. 实验原理

1）冲击实验的原理

许多机器零件和结构在服役时会受到冲击载荷的作用，材料在冲击载荷作用下的变形与断裂行为可以通过冲击实验测定材料的冲击功（A_k）和冲击韧性（α_k）来进行评价。冲击功（又称冲击消耗能）和冲击韧性（又称冲击强度）反映材料抵抗冲击载荷作用而不被破坏的能力。

冲击实验的原理如图 4-36 所示，实验在摆锤式冲击试验机上进行。实验时，先将试样水平放置在支座上，缺口位于摆锤运动的相背方向，并使缺口位于支座中间，如图 4-37 所示。然后将质量为 m 的摆锤抬到一定高度 H_1，该摆锤具有势能 mgH_1，释放摆锤，使摆锤自由转动落下，冲断试样；摆锤继续上摆到高度 H_2，具有势能 mgH_2，二者势能差（$mgH_1 - mgH_2$）为冲断试样所做的功，即试样被冲断过程中所吸收的能量，称为冲击功。冲击功单位为 J，用 A_k 表示。

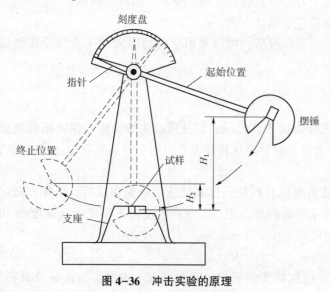

图 4-36　冲击实验的原理　　　　　　　　　　图 4-37　冲击试样放置位置

冲击功 A_k 的计算式如下：

$$A_k = mgH_1 - mgH_2 \tag{4-12}$$

冲击韧性 α_k 则为冲击功 A_k 除以试样缺口处的横截面积：

$$\alpha_k = \frac{A_k}{A} \tag{4-13}$$

式中：A——试样在断口处的横截面面积，cm^2。

冲击韧性 α_k 的单位为 J/cm²。冲击实验使用的标准试样通常为 10 mm×10 mm×55 mm 的 U 形或 V 形缺口试样，分别称为夏比 U 形缺口试样和夏比 V 形缺口试样，习惯上前者简称为梅氏试样，后者为夏氏试样。两种试样的尺寸及加工要求分别如图 4-38 和图 4-39 所示。

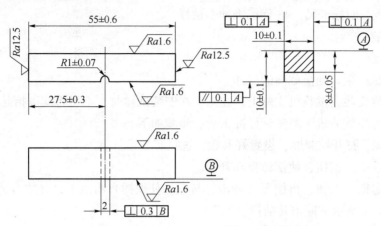

图 4-38　夏比 U 形缺口试样的尺寸及加工要求

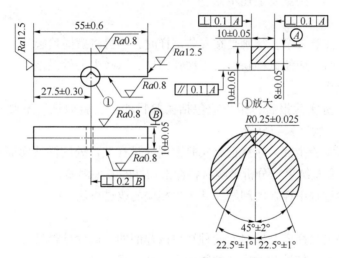

图 4-39　夏比 V 形缺口试样的尺寸及加工要求

2）冲击功及冲击韧性的意义

长期以来，冲击韧性 α_k 一直被视为材料抵抗冲击载荷作用的力学性能指标，用来评定材料的韧性与脆化程度。冲击韧性 α_k 虽然在数值上等于冲击功除以试样缺口处横截面积，表示单位面积的平均冲击功值，但它只是一个数学平均量，不能代表单位面积上消耗的冲击功。因为冲击功的消耗在整个缺口横截面上是不均匀的，实际上冲断试样所消耗的冲击功包括裂纹撕裂功和裂纹扩展功。裂纹撕裂功消耗在缺口附近，使缺口处的材料发生变形以致开裂，形成裂纹，这个过程需要消耗很大的能量，占据了冲击功的绝大部分。裂纹一旦形成，会沿截面扩展，裂纹扩展需要的能量远小于裂纹撕裂所需能量，即裂纹扩展功在数值上远低于裂纹撕裂功。因此，截面上冲击功的消耗并不均匀，冲击韧性没有物理意义，不能代表单位面积上消耗的冲击功。

冲击功为冲断标准试样所消耗的功，具有明确的物理意义，反映材料在有缺口受冲击情况下的韧性与脆化倾向。

3. 主要实验设备及材料

冲击试验机，游标卡尺，45 钢标准冲击试样。

4. 实验内容

1）实验步骤

（1）测量试样缺口处横截面的尺寸。

（2）将试样安装在试验机支座上。注意，在安装试样时，不得将摆锤抬起。

（3）操作冲击试验机，测量试样冲击功，步骤如下。

①打开电源，打开控制屏，设置好参数，选择实验运行。

②按下"取摆"按钮，使摆锤自动升起。

③按下"退销"按钮，再按下"冲击"按钮，使摆锤自由落下，并冲击试样。

④记录屏幕上显示的冲击功数据。

⑤按下"退销"按钮，再按下"放摆"按钮，使摆锤回到平衡位置。

（4）若继续实验，则重复上述步骤。

2）注意事项

（1）实验中应注意安全，特别是在安装试样时，不得将摆锤抬起。

（2）摆放试样时，应使试样缺口对正摆锤刃口，以减少测量误差。

5. 实验报告要求

（1）每人写一份实验报告，报告应包括实验目的、实验原理、主要实验设备及材料、实验方法与步骤、实验结果与分析。

（2）严格按照实验步骤，注意记录实验数据（试样缺口处的横截面面积、冲击功），计算冲击韧性，分析实验结果，分析影响材料冲击韧性的各种因素。

（3）指出实验过程中存在的问题，并提出相应的改进方法。

6. 思考题

（1）为什么冲击试样要开缺口？两种缺口试样的冲击韧性是否具有可比性？

（2）如何理解冲击韧性和冲击功的物理意义和工程意义？

（3）材料在冲击载荷作用下的变形与断裂过程与静载荷条件下的有何不同？

4.5.3　金属拉伸性能测试

1. 实验目的

（1）熟悉金属材料拉伸实验的原理与操作方法。

（2）掌握低碳钢拉伸试样强度和塑性指标的测定方法。

（3）测量低碳钢应力-应变曲线，理解强度和塑性指标的意义及影响因素。

2. 实验原理

1）拉伸曲线和应力-应变曲线

拉伸实验是应用最广泛的力学性能实验之一，由拉伸实验测得拉伸曲线（或应力-应变曲线），从而获得材料的弹性、强度、塑性等一系列力学性能指标。这些性能指标通常是进行工程设计、零件选材、材料评价及质量控制的重要依据，具有重要的工程实际意义。

拉伸实验通常是在拉伸试验机上进行。将试样装夹在试验机上，在轴向缓慢加载，随着载荷不断增加，试样的伸长量也逐渐增大，直至拉断为止。在整个拉伸过程中，材料（以低碳钢为例）将发生弹性变形、屈服现象（微量塑性变形）、大量均匀塑性变形，以及缩颈断裂等变化。拉伸试样所受的载荷 P 和伸长量 Δl 之间的关系曲线称为拉伸曲线，低碳钢拉伸曲线如图4-40所示。在拉伸实验中，利用拉伸试验机所携带的自动记录及绘图装置，可以自动记录并绘制拉伸曲线（P-Δl 曲线）。如果以载荷 P 除以试样的原始截面积 A，伸长量 Δl 除以试样的原始长度 l，由拉伸曲线即可得到应力-应变曲线（σ-ε 曲线），低碳钢应力-应变曲线如图4-41所示。对比拉伸曲线和应力-应变曲线可以看出，两者的形状相同，坐标单位不同。

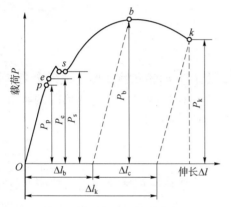

图4-40　低碳钢拉伸曲线

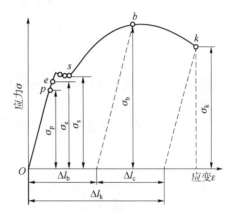

图4-41　低碳钢应力-应变曲线

2）拉伸试样

金属拉伸实验所用试样一般为光滑圆柱试样或板状试样。试样由平行部分、过渡部分和夹持部分组成，平行部分的实验段长度 l 称为试样的标距。若采用光滑圆柱试样，试样平行部分的实验段长度（标距）$l=10d$ 或 $l=5d$，前者称为长试样，后者称为短试样。图4-42所示为拉伸圆形试样，对试样的形状、尺寸和加工的技术要求参见国家标准《金属材料　拉伸试验　第1部分：室温试验方法》（GB/T 228.1—2021）。

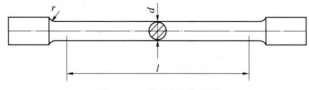

图4-42　拉伸圆形试样

3）拉伸性能指标

（1）强度与弹性指标及其意义。

①弹性模量 E。在应力-应变曲线上直线段（见图4-40中 Op 段）的斜率，即与直线段

横轴夹角 α 的正切值为弹性模量，表示材料抵抗弹性变形的抗力，其计算式如下：

$$E = \tan \alpha \tag{4-14}$$

在弹性变形阶段（见图 4-40 中 Op 段），应力 σ 应变满足胡克定律（Hooke's Law），其计算式如下：

$$\sigma = E\varepsilon \tag{4-15}$$

②比例极限 σ_p。在应力-应变曲线上开始偏离直线时的应力，是发生弹性变形且符合胡克定律的最大应力。试样在拉伸过程中发生弹性变形，并且符合胡克定律的最大载荷 P_p 除以原始横截面面积 A 所得的应力值，其计算式如下：

$$\sigma_p = \frac{P_p}{A} \tag{4-16}$$

③弹性极限 σ_e。由弹性变形过渡到弹-塑性变形时的应力，是不产生塑性变形的最大应力。试样在拉伸过程中发生弹性变形的最大载荷 P_e 除以原始横截面面积 A 所得的应力值，其计算式如下：

$$\sigma_e = \frac{P_e}{A} \tag{4-17}$$

④屈服强度 σ_s（或条件屈服强度 $\sigma_{0.2}$）。材料开始产生明显塑性变形（或残余变形量为 0.2%）的最低应力。试样在拉伸过程中载荷不增加而试样仍能继续产生变形时的载荷（即屈服载荷）P_s 除以原始横截面面积 A 所得的应力值，其计算式如下：

$$\sigma_s = \frac{P_s}{A} \tag{4-18}$$

⑤抗拉强度 σ_b。试样在拉断前所承受的最大应力。拉伸过程试件所能承受最大载荷 P_b 除以原始横截面面积 A 所得的应力值，其计算式如下：

$$\sigma_b = \frac{P_b}{A} \tag{4-19}$$

脆性材料的拉伸最大载荷是断裂载荷，因此其抗拉强度可代表断裂抗力。对塑性材料来说，抗拉强度代表产生最大均匀变形的抗力，也表示材料在静拉伸条件下的极限承载能力。屈服强度和抗拉强度是零件设计的重要依据，也是评价材料强度的重要指标。

（2）塑性性能指标及其意义。塑性是指材料断裂前发生塑性变形的能力。拉伸实验得到的塑性指标有延伸率 δ 和断面收缩率 ψ。

①延伸率 δ。拉断后的试样标距部分所增加的长度与原始标距的百分比，其计算式如下：

$$\delta = \frac{l_1 - l}{l} \times 100\% \tag{4-20}$$

式中：l——试样的原始标距；

l_1——将拉断的试样对接起来后两标点之间的距离。

在使用延伸率评价材料塑性时，应当注意所用试样的尺寸。对于形成颈缩的材料，其伸长量 $\Delta l_1 = l_1 - l$，包括颈缩前的均匀伸长 Δl_b 和颈缩后的集中伸长 Δl_c，即 $\Delta l_1 = \Delta l_b + \Delta l_c$。因此，延伸率也相应地由均匀延伸率 δ_b 和集中延伸率 δ_c 组成。即 $\delta = \delta_b + \delta_c$。研究表明，均匀延伸率取决于材料的成分和组织结构，而集中延伸率与试样几何尺寸有关，即 $\delta_c = \beta \sqrt{A}/l$。

可以看出，试样的 l 越大，集中变形对总延伸率的贡献越小。为了使同一材料的实验结果具有可比性，必须对试样尺寸进行规范化，只要使 $\sqrt{A}/l$ 为一常数即可。工程上规定了两种标准拉伸试样，$l/\sqrt{A}=11.3$ 或 $l/\sqrt{A}=5.65$。对于圆形截面拉伸试样，相应有 $l=10d$ 或 $l=5d$，相应地，延伸率分别用 δ_{10} 和 δ_5 表示，可见 $\delta_5 > \delta_{10}$。

②断面收缩率 ψ。拉断后的试样在断裂处的最小横截面面积的缩减量与原始横截面面积的百分比，其计算式如下：

$$\psi = \frac{A-A_1}{A} \times 100\% \tag{4-21}$$

式中：A——试样的原始横截面面积；

A_1——拉断后的试样在断口处的最小横截面面积。

与延伸率一样，断面收缩率也由均匀变形阶段的断面收缩率和集中变形阶段的断面收缩率两部分组成。与延伸率不同的是，断面收缩率与试样尺寸无关，只取决于材料性质。

（3）拉断后试样长度的测定。试样的塑性变形集中产生在颈缩处，并向两边逐渐减小。因此，断口的位置不同，标距 l 部分的塑性伸长也不同。若断口在试样的中部，发生严重塑性变形的颈缩段全部在标距长度内，标距长度就有较大的塑性伸长量；若断口距标距端很近，则发生严重塑性变形的颈缩段只有一部分在标距长度内，另一部分在标距长度外，在这种情况下，标距长度的塑性伸长量就小。因此，断口的位置对所测得的延伸率有影响。为了避免这种影响，国家标准 GB/T 228.1—2021 对 l_1 的测定进行了如下规定。

①实验前，将试样的标距 l 等分成 10 份。若断口到邻近标距端的距离大于 $l/3$，则可直接测量标距两端点之间的距离作为 l。若断口到邻近标距端的距离小于或等于 $l/3$，则应采用移位法（亦称为补偿法或断口移中法）测定：在长段上从断口点 O 起，取长度基本上等于短段格数的一段，得到点 B，再由点 B 起，取等于长段剩余格数（偶数）的一半得到点 C，如图 4-43（a）所示；或取剩余格数（奇数）减 1 与加 1 的一半，分别得到点 C 与点 C_1，如图 4-43（b）所示。移位后的 l_1 分别为 $l_1=\overline{AO}+\overline{OB}+2\overline{BC}$ 或 $l_1=\overline{AO}+\overline{OB}+\overline{BC}+\overline{BC_1}$。

②测量时，两段在断口处应紧密对接，尽量使两段的轴线在一条直线上。若在断口处形成缝隙，则此缝隙应计入 l_1 内。

③如果断口在标距以外，或者虽在标距之内，但距标距端点的距离小于 $2d$，则实验无效。

3. 主要实验设备及材料

万能试验机，游标卡尺，刻点机，低碳钢拉伸试样。

4. 实验内容

1）试样测量

（1）将试样打上标距点，并刻画上间隔为 10 mm 或 5 mm 的分格线。

（2）在试样标距范围内的中间以及两标距点的内侧附近，分别用游标卡尺在相互垂直的方向上测取试样直径的平均值作为试样在该处的直径，取三者中的最小值作为计算直径。

2）进行实验

（1）把试样安装在万能试验机的上、下夹头之间，估算试样的最大载荷。

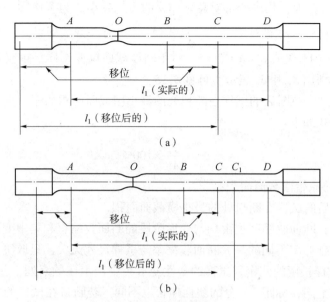

图 4-43　移位法测定 l_1

（2）打开计算机，运行实验软件，设置相关参数，然后开始拉伸实验。

（3）拉断后，取下试样。

3）数据处理

（1）测量拉断后试样的尺寸，将断口吻合压紧，用游标卡尺量取断口处的最小直径和两标点之间的距离。

（2）根据记录的屈服载荷、最大载荷及拉断前后试样的尺寸，计算测试材料的屈服强度、抗拉强度，以及延伸率和断面收缩率。

（3）观察拉断试样的断口，分析材料的断裂行为。

4）注意事项

（1）实验时必须严格遵守实验设备和仪器的各项操作规程。打开万能试验机后，操作者不得离开工作岗位，实验中如发生故障，应立即停机。

（2）实验在静载条件下进行，加载时速度一定要缓慢均匀，不能产生冲击。

5. 实验报告要求

（1）每人写一份实验报告，报告应包括实验目的、实验原理、主要实验设备及材料、实验方法与步骤、实验结果与分析。

（2）严格按照实验步骤，注意记录实验数据，分析实验结果，绘制拉伸曲线和应力-应变曲线，分析影响材料强度、塑性的各种因素。

（3）指出实验过程中存在的问题，并提出相应的改进方法。

6. 思考题

（1）通过拉伸实验可以获得哪些力学性能指标？这些指标有何工程意义？

（2）拉伸曲线和应力-应变曲线有何联系和区别？

（3）拉伸试样的形状和尺寸对拉伸实验结果有什么影响？

4.5.4　金属压缩性能测试

1. 实验目的

（1）了解金属压缩实验的原理与方法。

（2）掌握金属材料压缩屈服强度与抗压强度的测量方法。

2. 实验原理

压缩实验是对试样施加轴向压力，使其产生压缩变形和断裂，并测量材料的强度和塑性。可以认为，压缩与拉伸仅是受力方向相反，因此在拉伸实验中所定义的强度和塑性指标及计算公式也适用于压缩实验，但两者在应力-应变曲线、塑性及断裂形态等方面也存在较大差别。

与拉伸实验相比，塑性材料（如低碳钢）在压缩时也存在弹性极限、屈服强度，但是屈服不像拉伸那样明显，压缩屈服强度与拉伸屈服强度数值接近。从进入屈服阶段开始，试样塑性变形就有较大的增长，试样横截面面积随之增大。由于横截面面积的增大，要维持屈服时的应力，载荷要相应增大，载荷也是上升的，看不到锯齿段。在缓慢均匀加载下，当材料发生屈服时，载荷增长缓慢，这时对应的载荷即为屈服载荷 P_{sc}。要结合自动绘图，绘出压缩曲线中的拐点。低碳钢拉伸与压缩曲线如图 4-44 所示。

压缩脆性材料（如铸铁试样）时，试件在达到最大载荷 P_{bc} 前，将会产生较大的塑性变形，最后被压成鼓形而断裂。试样的断裂有两个特点：一是断口为斜断口；二是按 P_{bc}/A_0 求得的强度极限远比拉伸时的高，是拉伸时的 3～4 倍。铸铁拉伸与压缩曲线如图 4-45 所示。

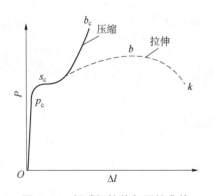

图 4-44　低碳钢拉伸与压缩曲线

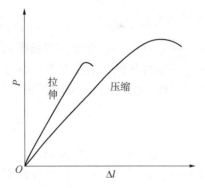

图 4-45　铸铁拉伸与压缩曲线

压缩实验可以按照国家标准《金属材料　室温压缩试验方法》（GB/T 7314—2017）进行，金属压缩试样的形状有圆柱体试样、正方形柱体试样和板状试样三种。其中最常用的是圆柱体试样和正方形柱体试样，如图 4-46 所示。试样长度 l_0 一般为直径 d_0 或边长 b_0 的 2.5～3.5 倍，l_0/d_0 或 l_0/b_0 比值越大，抗压强度越低，因此对实验结果有很大的影响。为使抗压强度的实验结果能互相比较，一般规定 $l_0/\sqrt{A_0}$ 为定值。

进行压缩实验时，通过万能材料试验机可自动记录载荷-变形曲线，并且可测定下列主要的压缩性能指标。

（1）规定非比例压缩应力 σ_{pc}。试样的非比例压缩变形达到规定的原始标距百分比时的

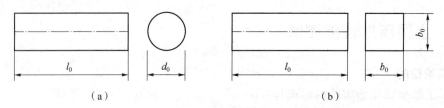

图 4-46 压缩试样

(a) 圆柱体试样；(b) 正方形柱体试样

应力，称为规定非比例压缩应力，如 $\sigma_{pc0.2}$ 表示规定非比例压缩应变 0.2% 时的压缩应力，其计算式如下：

$$\sigma_{pc} = \frac{P_{pc}}{A_0} \tag{4-22}$$

（2）压缩屈服强度 σ_{sc}。塑性好的材料（如低碳钢）在压缩过程中，可以测得压缩屈服载荷 P_{sc}，其压缩屈服强度的计算式如下：

$$\sigma_{sc} = \frac{P_{sc}}{A_0} \tag{4-23}$$

（3）抗压强度 σ_{bc}。脆性材料在压缩过程中，当试样的变形很小时即发生破坏，故只能测其破坏时的最大载荷 P_{bc}，其抗压强度的计算式如下：

$$\sigma_{bc} = \frac{P_{bc}}{A_0} \tag{4-24}$$

（4）相对压缩率 δ_c 的计算式如下：

$$\delta_c = \frac{h_0 - h_1}{h_0} \times 100\% \tag{4-25}$$

式中：h_0——试样的原始高度（或长度）；

h_1——试样压断后对接起来的高度（或长度）。

（5）相对断面扩展率 ψ_c 的计算式如下：

$$\psi_c = \frac{A_1 - A_0}{A_0} \times 100\% \tag{4-26}$$

式中：A_0——试样原始横截面面积；

A_1——压断后试样最大横截面面积。

3. 主要实验设备及材料

万能试验机，游标卡尺，低碳钢和灰铸铁标准压缩试样。

4. 实验内容

1）实验步骤

（1）检查试样两端面的光洁度和平行度，并涂上润滑油。用游标卡尺在试样的中间横截面相互垂直的方向上各测量一次直径，取其平均值作为计算直径。

（2）打开万能试验机，打开计算机，运行实验软件，设置相关参数，运行设备。

（3）压断后，记录相关数据。

2）注意事项

（1）做压缩实验时，在上下压头与试样端面之间存在很大的摩擦力，会影响实验结果和试样断裂形式。为减小摩擦阻力的影响，试样的两端必须光滑平整且相互平行，并应涂润滑剂进行润滑。

（2）加载速度应缓慢均匀。

（3）压缩脆性材料时，注意防止断裂试样飞出伤人。

5. 实验报告要求

（1）每人写一份实验报告，报告应包括实验目的、实验原理、主要实验设备及材料、实验方法与步骤、实验结果与分析。

（2）严格按照实验步骤，注意记录实验数据（压缩前后试样直径、屈服载荷、最大载荷），计算压缩屈服强度、抗压强度、相对压缩率、相对断面扩展率等性能指标，分析实验结果，绘制低碳钢和铸铁压缩曲线和应力–应变曲线，计算并分析影响材料强度、塑性的各种因素。

（3）指出实验过程中存在的问题，并提出相应的改进方法。

6. 思考题

（1）观察灰铸铁的压缩破坏形式，并分析破坏原因。

（2）金属材料在拉伸和压缩条件下的变形和断裂行为有何异同？

（3）评价脆性材料塑性的实验方法有哪些？

4.5.5　金属耐磨性测试

1. 实验目的

（1）掌握磨损实验的原理与方法。

（2）掌握用测重法评价金属磨损量的方法。

（3）了解磨损试验机的结构与操作方法。

2. 实验原理

1）磨损实验的原理

磨损是相互作用的固体表面在相对运动中，接触表面层内材料发生转移和耗损的过程，它是伴随摩擦而产生的。磨损是机械工程中普遍存在的材料失效现象，凡是产生相对摩擦的构件，必然会伴随磨损现象。机械零件磨损形式按其磨损机理不同，可分为磨粒磨损、黏着磨损、疲劳磨损、微动磨损、腐蚀磨损和冲蚀磨损等类型。然而，在实际磨损情况中，往往是几种磨损形式同时存在。磨损实验是测定材料抵抗磨损能力的方法，通过磨损实验，可以比较材料的耐磨性。与其他实验相比，磨损实验受载荷、速度、温度、周围介质、表面粗糙度、润滑和对磨材料等因素的影响很大。

摩擦磨损实验按运动方式不同，可分为滑动摩擦和滚动摩擦两类；按介质不同，又可分为干摩擦、有润滑摩擦和有磨料的摩擦三类；按试样接触形式不同，则可分为平面与平面摩擦、平面与圆柱摩擦、圆柱与圆柱摩擦、平面与球摩擦以及球与球摩擦五类。本实验采用MMU-10G 型摩擦磨损试验机，该试验机采用滑动摩擦方式，可以在无油润滑及浸油润滑，以及改变载荷、速度、时间、摩擦副材料、表面粗糙度等参数的情况下进行实验，从而评定工程材料的摩擦磨损性能。

MMU-10G 型摩擦磨损试验机由主轴驱动系统、试样座及摩擦副、高温炉、液压微机加荷系统、液压油源、油缸活塞、机座、操作面板、电气测量控制系统及强电控制系统等组成。通过计算机对实验数据进行采集、处理，可记录温度、摩擦力、线速度、试验力、摩擦因数与时间的关系曲线。

2）耐磨性能评价

材料耐磨性好坏取决于磨损实验中磨损量的多少。在相同磨损条件下，磨损量越大，材料耐磨性越差。因此，磨损实验的关键就是如何测出磨损量大小。磨损量可用实验前后的试样长度、体积、质量等的变化来表示。测量磨损量的方法有测长法、测重法、人工基准法（刻痕法、压痕法、磨痕法）、化学分析法和放射性同位素法等。目前常用的方法为测重法。

测重法是以试样在磨损实验前后的质量差来表示磨损量的大小，用 Δm 表示：

$$\Delta m = m_0 - m_1 \tag{4-27}$$

式中：m_0——试样磨损前的原始质量；

m_1——试样磨损后的质量。

磨损实验结果受很多因素影响，实验数据分散性较大。因此，在磨损实验中，需测定同一实验条件下的 3~5 个数据点，磨损量取算术平均值。

测量试样质量时，应在万分之一的分析天平上进行，并且试样在称重前（无论磨损前或磨损后）必须用乙醇或丙酮清洗并彻底吹干。

耐磨性是表示材料在一定摩擦条件下磨损量的多少，常用磨损率 W_r 表示，磨损率可以用单位摩擦时间内的磨损量来表示：

$$W_r = \frac{m_0 - m_1}{t} \tag{4-28}$$

式中：t——磨损时间，min。

在进行磨损实验时，经常指定某材料作为对比材料，然后在同样条件下将被测材料与它进行对比实验。耐磨性的评定也可采用相对耐磨性系数或磨损系数表示。磨损系数为相对耐磨性系数的倒数，相对耐磨性系数的计算式如下：

$$相对耐磨性系数 = \frac{对比材料的磨损量}{被测定材料的磨损量} \tag{4-29}$$

3）磨损试样

MMU-10G 型摩擦磨损试验机采用的磨损试样如图 4-47 所示。

3. 主要实验设备及材料

MMU-10G 型摩擦磨损试验机，分析天平（测量精度 0.000 1 g），超声波清洗器，电吹风，恒温干燥箱，磨损试样，丙酮或乙醇。

4. 实验内容

1）实验前准备

（1）依次打开试验机电源、压力油泵，操作主轴转速控制板，使主轴从低速到高速空转 5 min，并检查各部分的工作状况。

（2）用乙醇清洗上试样及上下试样座，安装上试样座及摩擦副。

（3）用刷子清洗下试样，再用乙醇或丙酮加超声波震荡清洗 10 min，吹干后放入 120 ℃恒温干燥箱烘干 2 h。

（4）取出烘干后的下试样，吹冷风冷却，用分析天平测量下试样质量。

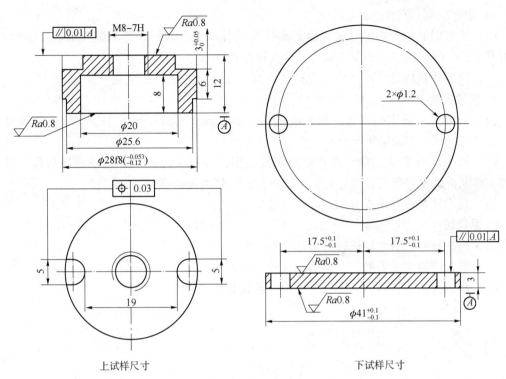

上试样尺寸　　　　　　　　　　　　下试样尺寸

图 4-47　MMU-10G 型摩擦磨损试验机采用的磨损试样

（5）将下试样安装在试样座上，并打开计算机上的软件。

2）试验机操作

（1）在试验机操作面板上进行实验参数设置：在试验力预置拨盘上设置所需的试验力，在时间预置拨盘上设置所需实验时间，在摩擦力拨盘上将摩擦力预设为 299 N，将实验周期拨盘上的实验周期清零。

（2）依次打开压力油泵开关，打开油盒上升开关。

（3）在油盒上升过程中，调节试验力"调零"旋钮，使试验力数显为 0。当上下试样紧密接触后，按下"试验力施加"按钮，加载试验力。

（4）按下"启动转速"按钮，旋转"调速"旋钮，调节转速到目标值。

（5）依次将时间、实验周期清零，同时运行软件，开始实验。

（6）实验完成后，试验机将自动停止。试验机自动停止后，先将"调速"旋钮逆时针旋到最小，并停止软件，在菜单栏中执行"文件/保存实验数据"命令，将实验数据存盘。

（7）按下试验力控制面板中的"卸载"按钮，卸除试验力，依次关掉油盒升降开关和压力油泵开关。

3）试样后处理

（1）实验结束后，取下试样，吹掉磨屑，先用刷子刷洗后，再用丙酮或乙醇加超声波振荡清洗 10 min，清洗完成后，用热风吹干。

（2）将洗净吹干后的试样放入恒温干燥箱彻底烘干，设置温度为 120 ℃，时间为 2 h。

（3）取出烘干后的试样，吹冷风冷却，用分析天平测量磨损后的试样质量，并进行磨损性分析。

4）注意事项

（1）实验时必须严格遵守实验设备和仪器的各项操作规程。开动试验机后，操作者不得离开工作岗位，实验中如发生故障，应立即停机。

（2）实验中试样的清洗和烘干要彻底，否则会影响所测的质量值。

5. 实验报告要求

（1）每人写一份实验报告，报告应包括实验目的、实验原理、主要实验设备及材料、实验内容与步骤、实验结果与分析。

（2）严格按照实验步骤，注意记录实验数据，分析实验结果，记录磨损载荷、转速、时间、温度、试样磨损前后质量的变化等数据，绘制磨损量-时间关系曲线。

（3）指出实验过程中存在的问题，并提出相应的改进方法。

6. 思考题

（1）提高材料耐磨性的途径和方法有哪些？

（2）磨粒磨损和黏着磨损产生的条件和机理是什么？

（3）材料磨损过程可分为哪三个阶段？各具有什么特点？

第5章　高分子材料分析测试综合实训

工程案例

　　作为20世纪最伟大的科学进展之一，高分子科学的建立虽不足百年，但发展非常迅速。随着现代科技的发展和日新月异的高性能多功能材料的出现，高分子材料的应用不再局限于人们日常的衣食住行，已拓展到信息、能源、环境、航空航天、医疗健康等领域。

　　高分子材料有很多传统材料没有的优点，如汽车上的塑料，不但能降低零部件加工、装配及维修费用，还能使汽车更轻量化、节能和环保。例如，某汽车前保险杠（见图5-1）原质量为55.84 kg，使用塑料替代后只有19.98 kg，减少35.86 kg，轻量化率达到了惊人的64%。目前，塑料及其复合材料被认为是最重要的汽车轻质材料。减少汽车自身的质量是降低汽车排放、提高燃油效率的最有效措施之一，汽车的自重每减少10%，燃油的消耗可降低6%~8%。这些制品是通过什么工艺制作、采用什么分析测试手段进行测试的呢？通过本章的学习，我们就会明白。

图5-1　某汽车前保险杠

5.1　实训守则

　　同4.1节实训守则。

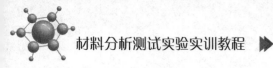

5.2　实训目的与任务

5.2.1　实训目的

高分子材料实训包括基础实验、设计实验和综合性实验。根据当下高分子材料学科和行业发展要求，增加了相关的工业产品性能测试实验，并将最新的实验仪器和大型科研仪器应用到本科生的实验中，使学生适应新工科建设需求和专业工程认证要求。

5.2.2　实训任务

1. 完善本专业的知识结构

高分子材料分析测试综合实训课是为了完善本专业的知识结构，提高学生在高分子材料分析测试方面的实践能力和综合素质。通过该实训课程，学生将有机会深入了解和学习高分子材料的基本原理、常用测试方法和仪器设备的操作技能，更好地理解和巩固所学的理论知识。

2. 培养和提高能力

本章通过综合性实验，使学生能够完成完整的高分子材料加工工业产品的生产与性能测试，着重培养学生的动手能力、创新创业能力和解决复杂工程问题能力。

5.3　材料综合热分析测试

差热分析与差示扫描量热法是相继发展起来被广泛应用的现代热分析技术。

这两种热分析技术在高分子方面的应用特别广泛，它们的主要用途是研究聚合物的相转变、测量结晶温度 T_c、熔化温度 T_m、结晶度 X_c 等结晶动力学参数，测定聚合物的玻璃化转变温度 T_g，研究聚合、固化、交联、氧化、分解等反应，测定反应温度中反应温区、反应热及反应动力学参数等。

1. 实验目的

掌握差热分析、差示扫描量热法的基本原理，学会用差热分析、差示扫描量热法测定聚合物的 T_g、T_c、T_m、X_c。

2. 实验原理

1）差热分析

差热分析仪通常由温度程序控制器、气体控制、差热放大器、显示记录仪等部分组成，如图 5-2 所示。

通过将变换器的两组热电偶反向串接，组成差示热电偶，其端点分别置于试样和参比物盛器的底部，参比物应选择在实验温度范围内不会发生热效应的惰性物质，如 Al_2O_3、MgO、

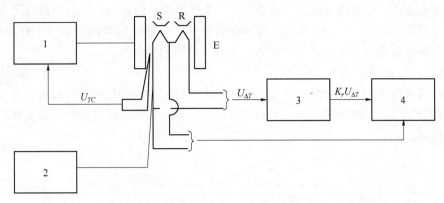

1—温度程序控制器；2—气体控制；3—差热放大器；4—显示记录仪。

图 5-2　差热分析仪的组成

石英、硅油等。当对分别放置有试样与参比物的加热炉进行等速升温时，若试样不发生热效应，在理想情况下，试样温度和参比物温度相等，$\Delta T = 0$（$T_s = T_r$），则差示热电偶无信号输出，记录仪上成直线（基线）。

当试样在某一温度下发生热效应时，$T_s \neq T_r$，即 $\Delta T \neq 0$，则差示热电偶有信号输出，这时就出现差热曲线峰。若以 ΔT 为纵坐标，T 为横坐标，则吸热峰向下，放热峰向上，如图 5-3 所示为差热曲线。

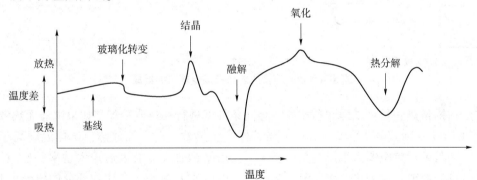

图 5-3　差热曲线

在差热曲线上，由峰的位置可确定发生热效应的温度，由峰面积可确定热效应的大小，由峰的形状可了解有关过程的动力学特性。

设单位质量的热容量为 ΔH，试样与参比物间温度差为 ΔT，则有

$$\Delta H = g \cdot K/m + \int_{t_1}^{t_2} \Delta T \mathrm{d}t \tag{5-1}$$

式中：m——试样量；

K——试样热传导率；

g——试样几何结构参数。

因峰面积与热量变化成比例，用已知反应热的物质在同一条件下测定记录面积比即可定量地求取试样的热量变化，即

$$\Delta Q - K + \int_{t_1}^{t_2} \Delta T \mathrm{d}t = kA \tag{5-2}$$

对于差热分析，K 值随着温度、仪器、操作条件而变，因此用差热分析进行定量分析时效果较差。为了有足够的 ΔT 值显示，而热电偶对试样热效应的响应又较慢，热滞后增大，所以峰的分辨率就差。为了改进上述缺陷，发展了差示扫描量热法。

2）差示扫描量热法

差示扫描量热仪与差热分析仪的工作原理基本相同，不同的是在试样和参比物下面分别增加一个补偿加热丝，此外还增加一个功率补偿放大器。功率补偿式差热扫描量热仪的组成如图 5-4 所示。

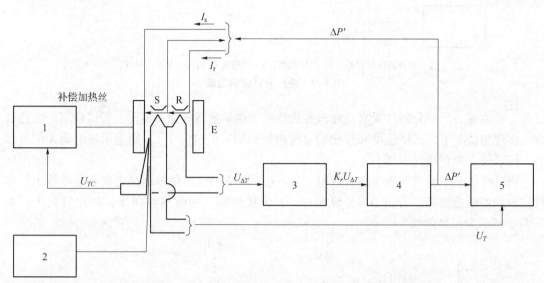

1—温度程序控制器；2—气体控制；3—差热放大器；4—功率补偿放大器；5—记录仪。

图 5-4　功率补偿式差热扫描量热仪的组成

差示扫描量热法是将试样和参比物在相同条件下进行加热或冷却，如果试样无热效应发生，此时 $I_s = I_r$，则其电功率差 $\Delta P = 0$，当试样产生热效应时，如放热，试样温度高于参比物温度，则其差示热电偶产生温差热电势 $U_{\Delta T}$，经差热放大器放大后送入功率补偿放大器，之后经过自动调节补偿加热丝之电流，使试样下的电流 I_s 减小，参比物部分的电流 I_r 增大，则降低试样温度、增高参比物温度，使试样与参比物之间的温差 ΔT 趋于 0，这样使 T_s、T_r 温度始终维持相同，就避免了二者间的热传递。差示扫描量热曲线的纵坐标为试样放热或吸热的速度，即热流速度，其单位是 mJ/s，横坐标是 T，峰的方向与差热曲线相反，吸热峰向上，放热峰向下。试样放热或吸热的热量为 $\Delta Q = \int_{t_1}^{t_2} \Delta P \mathrm{d}t$。

因差示扫描量热法是直接测量热效应的热量，由于试样和基准物与补偿加热丝之间总存在热阻，其补偿之热量有些损失，因此其热效应的热量应是 $\Delta Q = KA$。K 为仪器常数，它可由参比物实验确定。K 不随温度、操作条件而变，这就是差示扫描量热法比差热分析定量性能好的原因。同时，试样和参比物与热电偶之间的热阻可使其尽可能小，从而使差示扫描量热法对热效应响应快、灵敏、峰的分辨率好。差示扫描量热法比差热分析突出的优点，就在于它是以热功率差对温度（时间）作图，所以差示扫描量热法的热谱曲线的峰面积直接和过程的热效应大小有关，从而可进行较好的定量测定。

由于传热情况复杂，测定结果的影响因素较多，主要有以下几种。

（1）仪器的影响因素，主要包括加热炉大小、形状，热电偶粗细、位置，记录纸速度，环境气体，盛器的材质、厚度、形状等。

（2）试样因素，如颗粒大小、形状（粉、片、粒）、吸湿性、导热性、比热、装填密度、数量、结晶度大小等。

（3）升温速度对 T_g 测定影响较大。因为玻璃化转变是一个松弛过程，升温速度过慢，转变不明显，甚至观测不到，升温快则转变明显，但 T_g 移向高温。升温速度对 T_m 测定影响不大，但有的聚合物在升温过程中会发生重组、晶体完善化，使 T_m 和 X_c 都提高。另外，升温速度对峰的形状也有影响：升温速度快，峰尖锐，分辨率好；升温速度慢，基线漂移大。一般升温速度采用 10 ℃/min。

3. 主要实验设备及材料

NETZSCH DSC-200F3 型热分析仪，PET、PP 或 PE 粉末试样。

4. 实验内容

1）DSC 操作程序

（1）启动电源，至少提前 1 h 预热。

（2）打开 N_2 气总阀，调 N_2 流量为 20 mL/min，保护气为 50 mL/min。

（3）设置测定参数。打开 NETZSCH-TA4-5 软件，进入 DSC 200 F3 在线测量。打开仪器设置，选择带盖铝坩埚，关闭软件窗口。

（4）基线测量。在菜单栏中执行"文件/新建"命令，打开 DSC 200 F3 测量参数设置对话框，输入相应的实验参数，开始测量，得到基线曲线。

（5）试样测量：被测试样应为干燥的，经分析天平称量（5~10 mg）放在试样皿中，然后加盖压紧（操作时注意用镊子小心夹取，不得碰触池体），放进加热炉室右方试样池中，左边为基准物池，其中放 Al_2O_3。在基线实验参数条件下，进行试样测量。

（6）利用分析软件进行数据分析。

（7）实验完毕，依次关闭 N_2 气总阀、冷却系统电源、主机电源、计算机电源。

2）仪器能量和温度校正

称取苯甲酸 3~5 mg、α-Al_2O_3 5 mg，分别装入铝坩埚中，加盖压紧，放入测量室中，扫描差示扫描量热曲线，确定 T_m，并与苯甲酸实际的 T_m 比较，得到温度的校正值。测量熔融峰面积，求出仪器校正常数 K，即每单位面积的热量值。已知苯甲酸的 T_m = 122 ℃，ΔH_f = 34 cal/g。

峰面积的求法如下。

（1）称重法。用硫酸纸作面积-质量的标准曲线，再与实验硫酸纸图形对比，此法误差约 20%。

（2）数格法。以 100 个小格相当于 1 cm^2，数出峰形中的小方格数 X，则面积 $A = X/100$（cm^2）。

（3）计算机（求积仪）法。通过机器，可直接求得峰形面积大小。

（4）三角形面积法。峰形接近等腰三角形，可以此法求得面积的值。

校正常数计算式如下：

$$K = \Delta H_f \times m/A$$

式中：ΔH_f——熔融热，cal/g；

m——质量，g；

A——峰面积，cm^2。

3）PET 的测定

称取 PET 试样 5~10 mg，扫描差示扫描量热曲线，由曲线确定 T_g、T_m、T_c，并按下式计算其热熔值 ΔH：

$$\Delta H = KA/m \, (cal/g) \tag{5-3}$$

4）PE 的测定

称取 PE 试样 5~10 mg，扫描差示扫描量热曲线，由曲线确定 T_m、T_c，并按下式求出 PE 的结晶度 X_c：

$$X_c = \Delta H / \Delta H_f^* \times 100\% \tag{5-4}$$

式中：ΔH_f^*——完全结晶的 PE 的熔融热，为 68.4 cal/g。

5. 思考题

（1）差示扫描量热法与差热分析有何异同？

（2）T_g 为何在差示扫描量热曲线上不是峰形图？

（3）为什么试样颗粒大小、装料密度等均影响 T_g 的大小？

5.4　高分子材料成型加工

5.4.1　高分子挤出成型实验

挤出成型是最重要的高分子材料成型方法之一。挤出成型塑料制品产量占所有塑料制品总产量的一半以上。利用挤出成型方法生产的制品不仅包括纯塑料管材、棒材、板材、异型材、丝、网、膜、带、绳等，而且包括由塑料与其他非塑料共同组成的复合制品，如电线电缆、铝塑复合管材及密封嵌条、增强输送带、钢塑窗型材、轻质隔墙板等。

挤出成型是连续性生产过程，由挤出机（主机）、机头（口模）和辅机协同完成。挤出机有单螺杆挤出机和多螺杆挤出机之分，后者是在前者基础上发展起来的，两者均较常用。挤出机在成型过程中的作用是熔融、塑化和输送原料。机头构成熔体流道，引导聚合物分子优先排列，形成适当的结构分布，赋予熔体一定的几何形状和密实度。辅机包括定型装置、冷却装置、牵引装置、切割装置、检测仪器和堆放装置等。定型装置和冷却装置的作用是将熔体结构形态确定保留下来。牵引装置除引离挤出物、维持连续性生产外，还有调节聚合物熔体分子取向，以及控制制品尺寸和物理机械性能的作用。因此，决定挤出成型制品质量的重要因素为塑料本性、设备结构和工艺控制参数。

塑料本性指聚合物品种、相对分子质量及其分布、大分子序列结构、支化结构、改性聚合物种类及其用量、塑料添加剂种类和用量，以及因生产聚合物合成方法导致树脂聚集态结构的差异等。选用不同树脂或树脂牌号，或配用不同的改性塑料或塑料助剂，生产出的产品性能相差很大。

挤出成型不同截面几何形状的制品，需要配用不同结构的挤出机、机头和辅机。不同原材料的挤出成型的工艺控制参数不同，同一种原材料生产不同规格制品的工艺控制参数也不尽相同。

1. 实验目的

（1）了解挤出机的基本结构及各部分的作用，了解挤出工艺过程和造粒加工过程。

（2）了解挤出成型的原理，理解挤出工艺参数对塑料制品性能的影响。

（3）学会分析和处理挤出成型过程中出现的问题。

（4）了解塑料改性的基本知识，如增强、增韧、填充、阻燃、耐寒等。

2. 实验原理

螺杆挤出机是一种广泛应用于塑料、食品和饲料加工等行业的机械生产设备，其工作原理一般是通过螺杆的旋转产生压力与剪切力，使物料经过混合、挤压、剪切等作用后发生物理或化学变化，最后在设备终端挤出成品。

1）挤出成型工艺原理

挤出成型是热塑性塑料成型加工的重要成型方法之一。塑料物料从料斗进入挤出机，在螺杆的转动带动下，将其向前输送，物料在向前运动的过程中，受到料筒的加热、螺杆带来的剪切以及压缩作用，使得物料熔融，因而实现了在玻璃态、高弹态和黏流态的三态间的变化。通常，根据物料在料筒中的变化，挤出成型分为三个阶段：第一阶段，固状树脂原料在料筒的加热和螺杆转动的剪切挤压作用下而熔融；第二阶段，熔融树脂在螺杆压力作用下不断剪切挤压，进一步塑化和均化，最终能从机头被定压、定量地挤出；第三阶段，挤出树脂失去塑性变为固体制品，可为条状、片状、棒状、桶状等。因此，用挤出的方法既可以造粒，也可以生产型材和异型材。

2）造粒

合成出来的树脂大多数是粉末状，粒径过小给后续加工成型造成诸多不便。为满足各种特性需要，需要将树脂与各种助剂炼制成颗粒状，这个过程称为造粒。

造粒的主要优点如下。

（1）加料方便，不需要强制加料器。

（2）颗粒料比粉料密度大，成品性能好。

（3）挥发物和空气含量少，成品不易产生气泡。

3）挤出造粒工艺流程

挤出成型工艺控制参数包括挤出各区段（料筒、机头）温度、挤出速率、压力、冷却水温度、牵引速率等。热塑性树脂挤出造粒工艺流程如图 5-5 所示。挤出过程中，挤出各区段温度应控制在塑料熔融温度至热分解温度之间，各区段温度设置一般从加料口至机头呈逐渐升高，最高温度设置应低于原料热分解温度 15 ℃以上。

4）塑料改性

改性塑料是涉及面广、科技含量高、能创造巨大经济效益的一个塑料产业领域。而塑料改性技术更是深入几乎所有的塑料制品的原材料与成型加工过程。从原料树脂的生产，到多种规格及品种的改性塑料母料，为了降低塑料制品的成本，提高其功能性，离不开塑料改性技术。

普通的塑料往往有自身的特性和缺陷，改性塑料就是给塑料改变一下性质。基本的塑料改性技术包括以下几种。

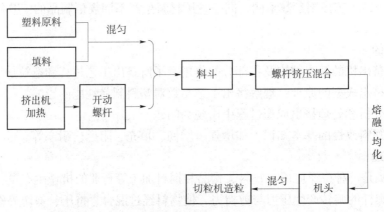

图 5-5　热塑性树脂挤出造粒工艺流程

（1）增强：将玻璃纤维等与塑料共混以增加塑料的机械强度。

（2）填充：将矿物等填充物与塑料共混，使塑料的收缩率、硬度、强度等性质得到改变。

（3）增韧：通过给普通塑料加入增韧剂共混以提高塑料的韧性。增韧改性后的产品如铁轨垫片等。

（4）阻燃：给普通塑料树脂里面添加阻燃剂，可使塑料具有阻燃特性。阻燃剂可以是一种或者是几种阻燃剂的复合体系，如溴加锑系、磷系、氮系、硅系，以及其他无机阻燃体系。

（5）耐寒：塑料在低温下固有的低温脆性，使其在低温环境中应用受限，需要添加一些耐低温增韧剂改变塑料在低温下的脆性，增加其强度和韧性。

3. 主要实验设备及材料

1）实验设备

挤出机（实物如图 5-6 所示，结构如图 5-7 所示），冷却水槽，切粒机等。

（1）传动部分。

传动部分通常由电动机、减速箱和轴承等组成。在挤出的过程中，螺杆转速必须稳定，不能随着螺杆载荷的变化而变化，这样才能保持所得制品的质量均匀一致。

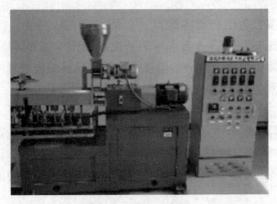

图 5-6　挤出机实物

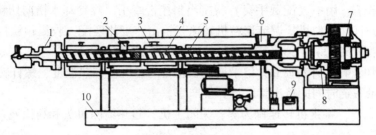

1—机头和口模；2—排气口；3—加热冷却系统；4—螺杆；5—料筒；6—加料装置；
7—传动部分；8—止推轴承；9—润滑系统；10—机架。

图 5-7　挤出机结构

（2）加料装置。

供料一般采用粒料，但也可以采用带状料或者粉料。装料设备通常都使用锥形加料斗。

（3）料筒。

料筒一般为一个金属桶，由合金钢或者内衬为合金钢的复合钢管制成。其基本特点为耐高温、耐压强度较高、坚固、耐磨、耐腐蚀。料筒的长度一般为其直径的 15～30 倍，其长度以使物料得到充分加热和塑化均匀为宜。

（4）螺杆。

螺杆是挤出机的关键部分，螺杆性能的好坏决定了一台挤出机的生产率、塑化质量、填充物的分散性、熔体温度、动力消耗等。通过螺杆的转动对塑料产生挤压的作用，塑料在料筒的移动过程中获得混合和塑化，黏流态的熔体在被挤压而流经口模时，获得所需的形状而成型。

（5）机头和口模。

机头和口模通常为一个整体，习惯上统称为机头。机头的作用是将处于旋转运动的塑料熔体转变为平行直线运动，使塑料进一步塑化均匀，并将熔体均匀而平稳地导入口模，还赋予必要的成型压力，使塑料易于成型，使所得制品密实。口模为具有一定截面形状的通道，塑料熔体在口模中流动时取得所需的形状，并被口模外的定型装置和冷却系统冷却硬化成型。

2）实验材料

聚丙烯颗粒料，助剂（玻璃纤维、弹性体、滑石粉等）。

4. 实验内容

本实验以车用部件（保险杠、仪表盘、门户板等）为例，组织学生分组进行配方、工艺设计，通过查阅文献和实验操作，帮助学生强化塑料改性知识体系。

（1）准备工作。

①将挤出机的机头、料筒以及切粒机清理干净，并安装完毕。

②将挤出机和冷却水槽水阀连接好。

③将原料、助剂称量混合。

（2）预热升温。依次接通总电源和料筒加热开关，调节各区段温度仪表设置值至操作温度。

（3）打开水阀，检测冷却水系统是否漏水。

（4）打开主机。将主电动机调速旋钮调至"0"位，然后启动主电动机。慢慢调高转速，一般在较低转速（25 r/min 左右）先运转几分钟，慢慢加入少量塑料并挤出后，再提高转速。

（5）牵引拉料。用手（配戴手套）将挤出料慢慢牵引，经冷却水槽向切粒机移动。

（6）切粒。打开切粒机，调节切粒机转速与挤出速度相匹配，收集颗粒料。调整各区段参数、控制温度等工艺条件，使其产出颗粒料均匀、光滑。

（7）观察颗粒料的外观质量。记录最佳状态时的各区段加热温度、螺杆转速、切粒机转速等参数。记录一定时间的挤出量，计算生产率。

（8）实验完毕，将主机转速调为零，关闭主机，趁热清除机头和料筒残余料。

注　意

（1）进行挤出操作时，注意设备高温，做好防护措施，防止烫伤。

（2）清理设备时，只能使用铜质工具，防止损坏螺杆和口模等处的光洁表面。

（3）在挤出过程中，要密切关注工艺条件，发现异常，应立即停机检查。

5. 实验报告要求

实验报告应包括下列内容。

（1）挤出机工作原理、设备结构、特点。

（2）实验的工艺条件拟定和实际操作条件记录表。

（3）实验步骤。

（4）挤出成型操作过程中的安全注意事项。

6. 思考题

（1）影响颗粒料表面光泽度的工艺因素有哪些？

（2）改变挤出速度和牵引速度，产量和质量有何变化？实验的最佳控制如何？

5.4.2　高分子注塑成型实验

注塑成型是使热塑性或热固性塑料在注塑机加热料筒中均匀塑化，然后由螺杆或柱塞推挤熔料到闭合的模具型腔中成型，进而得到塑料制品的方法。注塑成型的生产效率高，制品精度好，广泛地应用于对尺寸精度要求高，以及带嵌件的单个塑料制品生产。注塑成型的核心设备是注塑机和塑模。注塑机种类按塑化方式不同分为：螺杆式注塑机、柱塞式注塑机和螺杆塑化-柱塞式注塑机。各类注塑机的工作特性不同，并且在生产时完成的动作程序也可能不尽相同，但其成型的基本过程及原理是相同的。塑模作为赋予高分子材料制品几何形状的部件，其结构和型腔几何决定着注塑成型制品的生产效率、制品的几何结构和制品的部分性能。

决定注塑成型制品质量和生产效益的因素不仅有成型的核心设备，而且有原材料本性和注塑成型的工艺操作参数。认识、理解设备因素、材料因素和工艺操作因素与注塑成型制品质量控制之间的相互关系，掌握控制制品质量的方法，是学习高分子注塑成型实验的核心。通过本实验，可以帮助学生在感性认识的基础上，加深对书本知识的理解。

1. 实验目的

（1）了解螺杆式注塑机的结构、性能参数、操作规程，以及程控注塑机在注塑成型时工艺参数的设定、调整方法和有关注意事项。

（2）掌握注塑机的操作技能。

2. 实验原理

采用螺杆式注塑机进行实验。在塑料注塑成型中，注塑机需要按照一定的程序完成塑料的均匀塑化、熔体注塑、成型模具的启闭、注塑成型中的压力保持和成型制件的脱模等一系列操作。注塑机的这些操作有两种控制方式：人工控制的手动方式和计算机控制的程控方式，目前后者使用更为普遍。

1）注塑机的主要结构及作用

（1）注塑装置。

注塑装置一般由塑化部件（机筒、螺杆、喷嘴等）、料斗、计量装置、螺杆传动装置、注塑油缸和移动油缸等组成。注塑装置的主要作用是使塑料原料均匀塑化成熔融状态，并以足够的压力和速度将一定量的熔体注塑到成型模具的型腔中。

（2）合模装置（锁模装置）。

合模装置主要由模板、拉杆、合模机构、制件顶出装置和安全门组成。合模装置的主要作用是实现注塑成型模具的启闭，并保证其可靠地闭合。

（3）液压传动和电气控制系统。

液压系统和电气自动控制系统的主要作用是满足注塑机注塑成型工艺参数（压力、注塑速度、温度、时间）和动作程序所需的条件。

2）注塑机的动作过程

（1）闭模及锁紧。

注塑成型过程是周期性的操作过程，注塑机的成型周期一般是从模具闭合开始的。模具先在液压及电气自动控制系统处于高压状态下进行快速闭合，当动模与定模快要接触时，液压及电气自动控制系统自动转换成低压（即试合模压力）低速状态，在确认模内无异物存在时，再转换成高压状态并将模具锁紧。

（2）注塑装置前移及注塑。

确认模具锁紧之后，注塑装置前移，使喷嘴和模具贴合，然后液压系统驱动螺杆前移，在设定的压力、注塑速度条件下，将机筒内螺杆头部已均匀塑化和定量的熔体注入模具型腔中。此时螺杆头部作用于熔体上的压力称为注塑压力（Pa），又称一次压力，螺杆移动的速度称为注塑速度（cm/s）。

（3）压力保持（保压）。

注塑操作完成以后，在螺杆头部还保存有少量熔体。液压系统通过螺杆对这部分熔体继续施加压力，以填补因型腔内熔体冷却收缩产生的空间，保证制件密度，保压一直持续到浇口封闭为止。此时，螺杆作用于熔体上面的压力称为保压压力（Pa），又称二次压力，保压压力一般等于或者低于注塑压力。在保压过程中，仅有少量熔体补充注入模具型腔。保压过程以持续到浇口刚好封闭为宜，过早卸压，浇口未封闭，模腔中熔体会发生倒流，制件密度不足。保压过程过长或保压压力过大，会使浇口附近产生较大的内应力，也会增大制件的内应力，造成脱模困难。

（4）制件冷却。

塑料熔体经喷嘴注塑入模具型腔后即开始冷却。当保压进行到浇口封闭以后，保压压力即卸去，此时物料进一步冷却定型。冷却速度影响到聚合物的聚集态转变过程，最终会影响到制件成型质量和成型效率。制件在模具型腔中的冷却时间应以制件在开模顶出时具有足够的刚度，不致引起制件变形为限。过长的冷却时间不仅会延长生产周期，降低生产效率，而且会使制件产生过大的型芯包附力，造成脱模阻力增大。

（5）原料预塑化。

为了缩短成型周期，提高生产效率，当浇口冷却，保压过程结束时，注塑机螺杆在液压马达的驱动下开始转动，将来自料斗的粒状塑料向前输送。在机筒外加热和螺杆剪切热的共同作用下，使粒状塑料逐步均匀融化，最终成为熔融黏流态的流体，在螺杆的输送作用下存积于螺杆头部的机筒中，从而实现塑料原料的塑化。螺杆的转动一方面使塑料塑化并向其头部输送；另一方面也使存积在头部的塑料熔体产生压力，这个压力称为塑化压力（Pa）。由于这个压力的作用，使得螺杆向后退移，螺杆后移的距离反映出螺杆头部机筒中所存积的塑料熔体体积，注塑机螺杆的这个后退距离，即每次预塑化的熔体体积，也就是注塑熔体计量值是根据成型制件所需要的注塑量进行调节设定的。当螺杆转动而后退到设定的计量值时，在液压和电气控制系统的控制下就停止转动，完成塑料的预塑化和计量，即完成预塑化程序。注塑螺杆的尾部是与注塑油缸连接在一起的，在螺杆后退的过程中，螺杆要受到各种摩擦阻力及注塑油缸内液压油回流阻力的作用，注塑油缸内液压油回流阻力产生的压力称为螺杆背压（Pa）。注塑螺杆能否后退及后退的速度，取决于螺杆后退时受到的各种摩擦阻力和螺杆背压。塑料原料在预塑过程中的各种工艺参数（各部分的压力、温度等）是根据不同制件的塑料材料进行设定的。

（6）注塑装置后退、开模及制件顶出。

预塑程序完成后，注塑装置后退。为了避免喷嘴长时间与模具接触散热而形成凝料，应使喷嘴离开模具。当模腔内的成型制件冷却到具备一定刚度后，合模装置带动动模板开模，最后顶出制件，准备开始下一个成型周期。

3. 主要实验设备及材料

螺杆式注塑机，挤出成型实验得到的颗粒料（PP、ABS 等）。

4. 实验内容

（1）接通冷却水，对油冷器和料斗座进行冷却。

（2）接通电源（合闸），按拟定的工艺参数，设定料筒各段的加热温度，通电加热。

（3）将实验原料加入注塑机料斗中。

（4）熟悉操作控制屏各键的作用与调节方法，了解注塑压力与背压旋钮的调整，操作方式为手动。按拟定的工艺参数设定压力、速度和时间参数，并做好记录。

（5）待料筒加热温度达到设定值时，保持 30 min。

（6）首先采用手动方式动作，检查各动作程序是否正常，各运动部件动作有无异常现象，一旦发现异常现象，应马上停机，对异常现象进行处理。

（7）准备工作就绪后，关好前后安全门，保持操作方式为手动。操作时应集中精力观察控制屏按钮，以防误按，产生错误动作。

（8）开机，手动操作程序流程如图 5-8 所示。

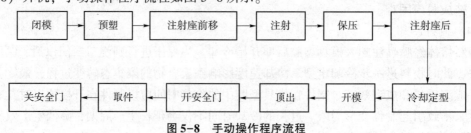

图 5-8　手动操作程序流程

（9）停机前，先关料斗闸门，将余料注塑完。停机后，清洁机台，断电，断水（油冷却器、料斗座）。

5. 实验报告要求

实验报告应包括下列内容。

（1）注塑机工作原理、设备结构、特点。

（2）实验的工艺条件拟定和实际操作条件记录表。

（3）实验步骤。

（4）注塑成型操作过程中的安全注意事项。

（5）解答思考题。

6. 思考题

（1）简要说明注塑机的基本组成、各部分的主要作用与要求。

（2）注塑机操作方式有几种？如何选择注塑机的操作方式？

（3）要缩短注塑机的成型加工周期，可以采取哪些措施？

（4）如何设定（调整）锁模和开模参数条件？

（5）设定（调整）注塑条件时，应考虑哪些因素？

5.5 高分子材料性能分析测试

5.5.1 高分子材料抗拉强度测试

1. 实验目的

（1）明确塑料抗拉强度、延伸率及拉伸弹性模量的物理意义。

（2）了解不同塑料拉伸实验的条件以及影响塑料拉伸性能的因素。

（3）掌握拉伸实验的基本操作，按国家标准 GB/T 1040.2—2022 测定注塑成型实验中完成的样件的抗拉强度、延伸率。

2. 实验原理

拉伸实验是最基本、用途最广泛的一种材料力学实验。其基本过程是在拉伸试验机上对试样施加载荷，直至其断裂，由此来测量试样所能承受的最大载荷及相应的形变。通过拉伸实验，可得到材料的抗拉强度、延伸率以及应力-应变曲线。

影响拉伸实验的因素主要有以下几方面。

（1）试样材料的组成，如化学成分、交联、增塑、结晶、取向及相对分子质量分布等。

（2）试样尺寸，如宽度、厚度等。通常试样尺寸大，其表面积大，气泡、杂质及局部应力集中等缺陷存在的概率就高，强度相对低。

（3）拉伸速度的大小直接影响材料分子的变形过程。拉伸速度大，材料分子来不及变形，则导致材料向脆而硬发展，会造成抗拉强度、模量提高，延伸率降低。

（4）环境温度和湿度提高，一般会使材料强度、模量减小，延伸率增大。升高温度和降低拉伸速度在一定程度上是等效的，增加湿度与增塑在一定程度上是等效的，但不同材料对各因素的依赖程度有所不同。

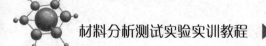
（5）试样在加工中易产生内应力，实验前对材料进行预处理，可消除局部的应力集中，从而对材料拉伸性能测试结果产生一定影响。

3. 主要实验设备及材料

1）实验设备

万能试验机，拉力实验夹具，千分尺，游标卡尺。

2）试样

（1）试样类型和尺寸。

Ⅰ型试样如图 5-9 所示。

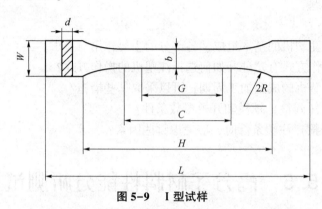

图 5-9　Ⅰ型试样

Ⅰ型试样的尺寸如表 5-1 所示。

表 5-1　Ⅰ型试样的尺寸　　　　　　　　　　　　　　　　　单位：mm

符号	名称	尺寸	公差	符号	名称	尺寸	公差
L	总长（最小）	150	—	W	端部宽度	20	±0.2
H	夹具间距离	115	±5.0	d	厚度	4	—
C	中间平行部分长度	60	±5.0	b	中间平行部分宽度	10	±0.2
G	标距或有效部分	50	±5.0	R	半径（最小）	60	—

Ⅱ型试样如图 5-10 所示。

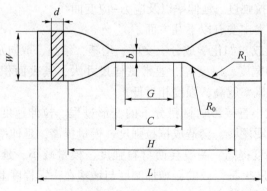

图 5-10　Ⅱ型试样

Ⅱ型试样的尺寸如表 5-2 所示。

表 5-2　Ⅱ型试样的尺寸　　　　　　　　　　单位：mm

符号	名称	尺寸	公差	符号	名称	尺寸	公差
L	总长（最小）	115	—	d	厚度	2	—
H	夹具间距离	80	±5	b	中间平行部分宽度	6	±0.4
C	中间平行部分长度	33	±2	R_0	小半径	14	±1
G	标距或有效部分	25	±1	R_1	大半径	25	±2
W	端部宽度	25	±1	—	—	—	—

Ⅲ型试样如图 5-11 所示。

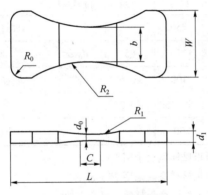

图 5-11　Ⅲ型试样

Ⅲ型试样的尺寸如表 5-3 所示。

表 5-3　Ⅲ型试样的尺寸　　　　　　　　　　单位：mm

符号	名称	尺寸	符号	名称	尺寸	公差
L	总长（最小）	110	R_2	侧面半径	75	
C	中间平行部分长度	9.5	d_1	端部厚度	6.5	±0.2
d_0	中间平行部分厚度	3.2	W	端部宽度	45	—
R	端部半径	6.5	b	中间平行部分宽度	25	±0.2
R_1	表面半径	75	—	—	—	—

Ⅳ型试样如图 5-12 所示。

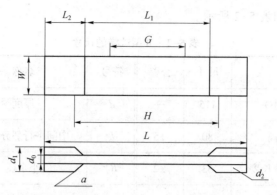

图 5-12   Ⅳ型试样

Ⅳ型试样的尺寸如表 5-4 所示。

表 5-4   Ⅳ型试样的尺寸   单位：mm

符号	名称	尺寸	公差	符号	名称	尺寸	公差
L	总长（最小）	250	—	L_1	加强片间长度	150	±5
H	夹具间距离	170	±5	d_0	厚度	2~10	—
G	标距或有效部分	100	±0.5	d_1	加强片厚度	3~10	—
W[①]	宽度	25 或 50	±0.5	a[②]	加强片角度	5°~30°	—
L_2	加强片最小长度	50	—	d_2[③]	加强片	—	—

注：①纱布增强的热固性塑料板试样宽度采用 50 mm。
②玻璃纤维增强的热固性塑料板试样宽度采用 25 mm。
③除有争议的材料外，对于玻璃纤维增强材料，可省去加强片。

（2）试样选择及实验速度。

①试样选择如表 5-5 所示。

表 5-5   试样选择

试样材料	试样类型	试样制备方法	试样最佳厚度/mm	实验速度
硬质热塑性塑料、硬质热塑性增强塑料	Ⅰ型	注塑成型 压制成型	4	B、C、D、E、F
硬质热塑性塑料板、硬质热固性塑料板（包括层压板）		机械加工	4	A、B、C、D、E、F、G
软质热塑性塑料板、硬质热固性塑料板（包括层压板）	Ⅱ型	注塑成型 压制成型 板材机械加工 板材冲切加工	2	F、G、H、I
热固性塑料，包括经填充和纤维增强的塑料	Ⅲ型	注塑成型 压制成型	—	C
热固性增强塑料板	Ⅳ型	机械加工	—	B、C、D

②实验速度设有以下 9 种。

速度 A：1 mm/min±50%。

速度 B：2 mm/min±20%。

速度 C：5 mm/min±20%。

速度 D：10 mm/min±20%。

速度 E：20 mm/min±10%。

速度 F：50 mm/min±10%。

速度 G：100 mm/min±10%。

速度 H：200 mm/min±10%。

速度 I：500 mm/min±10%。

（3）试样数量：每组不少于 5 个。

3）实验环境

（1）温度：（25±2）℃。

（2）湿度：（65±5）%。

4. 实验内容

（1）检查设备运转情况及速度转换是否正常、可靠。

（2）根据材料的强度和试样的种类、大小，选择合适的砝码的数量。

（3）打开记录仪，调好零点，用标准砝码校正力值读数。

（4）测量试样中间平直部分的宽度和厚度，精确至 0.01 mm，Ⅱ型试样中间平直部分的宽度精确至 0.05 mm。每个试样测量三点，取算术平均值。

（5）测量延伸率时，应在试样平行部分画出标线，此标线对测量结果无影响。

（6）调试试验机的速度为所要求的速度。

（7）将试样夹持在夹具上，使试样纵轴与上、下夹具的中心连线重合，且松紧要适宜。

（8）打开试验机进行实验并记录数值。

（9）试样断裂时，记录载荷和标距伸长。试样出现屈服时，记录屈服载荷。测量模量时，记录载荷和相应形变值。

（10）试样断裂在标距之外，此试样作废，另取试样重做。

（11）实验中用记录仪记录拉伸载荷–形变曲线，经变换可得应力–应变曲线。

（12）处理实验结果，写出实验报告并进行相关问题的讨论。

5. 实验报告要求

（1）计算抗拉强度、屈服强度，计算式如下：

$$\sigma_b = \frac{P}{bd} \tag{5-5}$$

式中：σ_b——抗拉强度或屈服强度，MPa；

　　　P——最大载荷或屈服载荷，N；

　　　b——试样宽度，mm；

　　　d——试样厚度，mm。

实验结果以每组试样测定的算术平均值表示，取三位有效数字。

（2）计算延伸率，计算式如下：

$$\delta = \frac{L-L_0}{L_0} \times 100\% \tag{5-6}$$

式中：δ——延伸率；

  L——试样断裂时标线间距离，mm；

  L_0——试样原始标距，mm。

（3）若要求计算标准偏差 S，则计算式如下：

$$S = \sqrt{\frac{\sum x - \bar{x}}{n-1}} \tag{5-7}$$

式中：x——单个测定值；

  $\bar{x}$——组测定值的算术平均值；

  n——测定值的个数。

（4）列表记录与计算。

①拉伸速度。

②试样编号。

③试样尺寸包括宽度、厚度、截面积和平行部分原始长度。

④断裂最大载荷和屈服时的载荷。

⑤断裂时试样长度。

⑥抗拉强度和屈服强度。

⑦延伸率。

6. 思考题

（1）影响抗拉强度的因素有哪些？如何影响？

（2）由应力-应变曲线如何判断材料的性能？

5.5.2 高分子材料悬臂梁冲击韧性测试（悬臂梁法）

1. 实验目的

掌握用悬臂梁式冲击试验机测定高分子材料的冲击韧性的原理、方法，以及数据的计算和处理方法。

2. 实验原理

由已知能量的摆锤一次冲击垂直固定成悬臂梁的试样，测量试样破坏时所消耗的能量，以试样冲断时，缺口处单位宽度上所消耗的能量来衡量材料的冲击韧性。

悬臂梁冲击试验机符合国家标准 GB/T 1843—2008，其测量装置原理是：当把摆锤从铅锤位置旋转到支锤轴上后，此时预扬角为 γ，具有一定的位能，如任其自由落下，则此位能转化成动能，将试样冲断。冲断试样后，摆锤以剩下的能量升到某一高度，升角为 β，根据能量守恒关系，可写出下式：

$$WL(1-\cos\gamma) = WL(1-\cos\beta) + A + A_\gamma + A_\beta + \frac{1}{2}mv^2 \tag{5-8}$$

式中：W——冲击锤所受重力，kgf；

L——冲击摆锤的长度，cm；

γ——冲击锤的预扬角，(°)；

β——冲击锤冲断试样后的升角，(°)；

A——冲断试样所消耗的能量，kgf·cm；

A_γ、A_β——摆锤在 $\gamma \sim \beta$ 角区段内克服空气阻力和摩擦阻力所消耗的能量，kgf·cm；

$\frac{1}{2}mv^2$——试样冲断飞出时所具有的动能，kgf·cm。

A_γ、A_β 可忽略不计或以后进行能量损失修正，$\frac{1}{2}mv^2$ 对非脆性材料也可忽略不计或以后进行抛掷试样自由端所消耗的能量修正。简化式（5-8），可得

$$A = WL(\cos\beta - \cos\gamma) \tag{5-9}$$

WL 是冲击摆锤力矩，为冲击常数。以 XJU-22 型悬臂梁冲击试验机为例，γ 为冲击前摆锤的预扬角，为 160°，因此只要测出冲断试样后的升角 β，即可根据公式计算出试样冲断时所消耗的能量，或根据升角把刻度盘读数换算为冲击消耗能，直接读出消耗能。XJU-22 型悬臂梁冲击试验机就是根据此原理设计的，刻度盘上有三种能量级刻度：用 5.5 J 摆锤，读 0～5.5 J 刻度；用 11 J 摆锤，读 0～11 J 刻度；用 22 J 摆锤，读 0～22 J 刻度。

试样冲击韧性计算式如下：

$$\alpha = \frac{A_k - A_x}{b} \tag{5-10}$$

式中：α——冲击韧性，J/m；

A_k——刻度盘上读出的冲击消耗能，J；

A_x——能量损失修正值，J；

b——试样厚度，m。

能量损失修正值的计算式如下：

$$A_x = A_0 \cdot \frac{\alpha + \beta}{\alpha + \beta_0} = A_0 \cdot \frac{160 + \beta}{160 + \beta_0} \tag{5-11}$$

式中：A_0——空击能量损失值；

β_0——空击能量损失角；

β——冲断试样后的升角。

从刻度盘上读出的冲击消耗能 A_k，减去能量损失修正值 A_x，就是真正冲断试样所消耗的能量，简称冲断能，缺口处单位厚度的冲断能即为冲击韧性。

试样要求如下。

（1）试样形状及尺寸（见图 5-13）。

（2）试样必须带缺口。

（3）板材加工的试样，当板材厚度 d 为 4～12.7 mm 时，板材厚度为试样厚度；当板材厚度超过 12.7 mm 时，需单面加工到 12.7 mm，缺口均加工在板材的侧面。

（4）模塑成型的试样，厚度 d = 12.7 mm，缺口加工在较窄的侧面上，保证缺口处试样

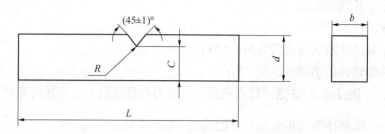

$L=63.5$ mm；$d=(12.7\pm0.15)$mm；$b=4\sim12.7$ mm，$R=(0.25\pm0.025)$mm，$C=(10.16\pm0.05)$mm。

图 5-13　试样形状及尺寸

的剩余宽度为（10.16±0.05）mm。

（5）试样表面应平整，无气泡、裂纹分层、明显杂质和加工损伤等缺陷。

（6）对于各向异性的板材，需从板材的纵横两个方向各取一组试样，每组试样不少于 5 个。

3. 主要实验设备及材料

XJU-22 型悬臂梁冲击试验机，待测试样。

4. 实验内容

（1）制取试样。将板材在万能制样机上按试样尺寸要求加工并打缺口，用量具测量各部尺寸，检查外观。符合要求时，记录缺口处试样厚度和宽度，读数精确到 0.05 mm。模塑试条若无缺口，也需在万能制样机上开缺口。

（2）选择适宜的摆锤，使试样冲断所需要的能量在摆锤总能量的 10%~80% 区间内。

（3）检查摆锤铅锤位置。检查被动指针与主动指针靠紧时，指针指示位置应与 0° 角度重合（用目视）。

（4）求空击能量损失值 A_0。将摆锤置于预扬角位置，释放摆锤后，由被动指针读出摆锤的空击能量损失值 A_0 和相应的空击能量损失角 β_0。

（5）夹持试样。松开旋转手轮，在右侧摆锤打击缺口的方向上用对中样板将试样夹紧。注意对中并保证垂直，用适宜的力旋转手轮，使试样夹紧。

（6）冲击实验。将摆锤从预扬角位置释放，读出试样冲击消耗能 A_k 和升角 β，并根据 β 和空击实验所得 A_0 和 β_0 求得能量损失修正值 A_x。

5. 实验报告要求

（1）计算试样冲击韧性。

（2）计算同组试样冲击韧性的算术平均值 x。

（3）计算试样冲击韧性的标准偏差 S，计算式如下：

$$S=\sqrt{\frac{\sum(x_i-\bar{x})^2}{n-1}} \tag{5-12}$$

式中：x_i——每个试样的冲击韧性；

　　　$\bar{x}$——全组试样冲击韧性的算术平均值；

　　　n——试样个数。

（4）列表记录与计算。

①试样编号。

②缺口处厚度、宽度。

③空击能量损失值 A_0 和空击能量损失角 β_0。

④冲击消耗能 A_k。

⑤冲击后升角 β。

⑥能量损失修正值 A_x。

⑦冲击韧性。

6. 思考题

（1）冲击过程中，哪些因素消耗了摆锤的能量？

（2）试样上的缺口起什么作用？

（3）试样厚度变化及缺口形成方法不同时，对实验结果有何影响？

5.5.3　高分子材料简支梁冲击韧性测试

1. 实验目的

（1）掌握用简支梁试验机测定塑料冲击韧性的原理、方法和数据的处理方法。

（2）掌握简支梁冲击试验机的使用方法。

2. 主要实验设备及材料

1）实验设备

XJJ-50 型简支梁冲击试验机。

该机设计原理同前面讲的 XJU-22 型悬臂梁冲击试验机，设有三种能量级刻度：用7.5 J 摆锤，读 0~7.5 J 刻度；用 15 J 摆锤，读 0~15 J 刻度；用 25 J 摆锤，读 0~25 J 刻度；用 50 J 摆锤，读 0~50 J 刻度。

本方法按国家标准 GB/T 1043.2—2018 进行，使用简支梁冲击试验机，对试样施加冲击弯曲载荷，使试样破裂，以试样单位截面积所消耗的功来衡量塑料材料的冲击韧性。

2）试样

简支梁冲击实验的试样可用模具经压塑或注塑成型，也可用压塑或注塑成型的板材经机械加工制得。试样为矩形截面的长条形，分有缺口和无缺口两种试样，其中，包括四种不同的试样类型和三种不同的缺口类型，具体如表 5-6、表 5-7 和图 5-14、图 5-15、图 5-16 所示。

表 5-6　不同试样类型的尺寸　　　　　　　单位：mm

试样类型	长度 L	宽度 b	厚度 d	支撑线间距离
Ⅰ	80±2	10±0.5	4±0.2	60
Ⅱ	50±1	6±0.2	4±0.2	40
Ⅲ	120±2	15±0.5	10±0.5	70
Ⅳ	125±2	13±0.5	13±0.5	95

表5-7　不同试样类型的缺口类型　　　　　　　　　　　　单位：mm

试样类型	缺口类型	缺口剩余厚度 d_k	缺口底部圆弧半径 r	缺口宽度 n
Ⅰ~Ⅳ	A	0.8d	0.25±0.05	—
	B		1.0±0.05	
Ⅰ，Ⅲ	C	2/3d	≤0.1	2±0.2
Ⅱ	C			0.8±0.1

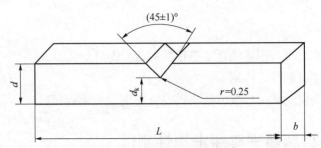

L—试样长度；d—试样厚度；r—缺口底部半径；b—试样宽度；d_k—试样缺口剩余厚度。

图5-14　A型缺口试样

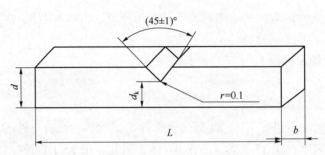

L—试样长度；d—试样厚度；r—缺口底部半径；b—试样宽度；d_k—试样缺口剩余厚度。

图5-15　B型缺口试样

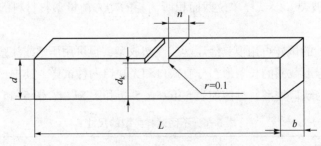

L—试样长度；d—试样厚度；r—缺口底部半径；b—试样宽度；d_k—试样缺口剩余厚度；n—缺口宽度。

图5-16　C型缺口试样

　　试样的缺口可在铣床、刨床或其他专用缺口加工机床上加工，如果受试材料的产品标准没有规定，一般不用带模塑缺口的试样，因为模塑缺口试样和经机械加工的试样所得试样结果不能相比。由于A型缺口对多数材料所得数据的分散性小和重复性好，因此把A型缺口作为首选缺口，并把Ⅰ型试样作为首选试样，此外实验方法还规定厚度小于3 mm的试样不可用于冲击实验。

3）实验条件

（1）设备条件。冲击速度：3.8 m/s；摆锤预扬角：160°；摆锤中心到试样中心的距离：380 mm；钳口圆角半径：1 mm；冲击刀刃夹角：30°；冲击刀刃圆角半径：2 mm。

（2）环境条件。热塑性塑料测试温度为（25±2）℃，热固性塑料为（25±5）℃，相对湿度为（65±5）%。

3. 实验内容

（1）测量试样尺寸。用卡尺测量试样中部（或缺口处）宽度 b 和厚度 d，精确至 0.05 mm，测三点取平均值。

（2）选择能量级。根据试样预估计冲击韧性范围选择摆锤，实验消耗的能量在摆锤总能量的10%~85%范围内有效。如符合这一能量范围的不只一个摆锤，应该用最大能量的摆锤。

（3）调节能量度盘指针零点，使它在摆锤处于起始位置时与主动指针接触，进行空击实验，保证总摩擦损失在0.5%以内。

（4）安装试样。将试样宽面垂直紧贴支承面，缺口面或未加工面背向摆锤，用定位块将试样中部（或缺口）位置与摆锤对准。

（5）冲击试样。将摆锤抬起并锁住，平稳释放摆锤，由被动指针读出试样冲击消耗能 A_k。全部试样冲击完毕后，结束实验。

4. 实验报告要求

（1）计算无缺口试样简支梁冲击韧性 $\alpha(\mathrm{kJ/m^2})$，计算式如下：

$$\alpha = \frac{A}{bd} \times 10^3 \tag{5-13}$$

式中：A——试样的冲击消耗能，J；

   b——试样宽度，mm；

   d——试样厚度，mm。

（2）计算缺口试样简支梁冲击韧性 $\alpha_k(\mathrm{kJ/m^2})$，计算式如下：

$$\alpha_k = \frac{A_k}{bd_k} \times 10^3 \tag{5-14}$$

式中：A_k——缺口试样的冲击消耗能，J；

   d_k——缺口试样缺口处剩余厚度，mm。

（3）报告应包括以下内容。

①材料名称。

②试样制备方法、数量。

③试验机型号及所用能量级。

④实验温度。

⑤列表计算试样尺寸 b、d，冲击消耗能 A_k，冲击韧性 α 及其算术平均值和标准偏差。

5. 思考题

（1）为什么不同厚度试样的冲击韧性值不能相互比较？

（2）分析试样断口形态和冲击强度的关系。

5.5.4　高分子材料硬度测试

1. 实验目的

（1）掌握邵氏硬度计的使用方法。

（2）熟悉测试高分子材料硬度的操作规程，并能够分析影响测试结果的因素。

2. 实验原理

利用邵氏硬度计，在标准的弹簧压力下和规定的时间内，将规定形状的压针压入试样的深度转换为硬度值。

3. 主要实验设备及材料

邵氏硬度计，橡胶皮两块（厚度大于 6 mm）。

4. 实验内容

（1）安放硬度计，$T=(23\pm5)$℃，稳定 1 h。

（2）将试样放置于平台上，将硬度压针平稳无冲击地压在试样上 1 s 内并读数。

（3）每个试样测三个点，取平均值。

> **注　意**
>
> （1）测量时应注意指针的位置是否在零点。
> （2）试样的硬度不能超出仪器的量程。

5. 思考题

影响邵氏硬度计测试的因素有哪些?

5.5.5　高分子材料熔融指数的测定

1. 实验目的

（1）了解熔融指数仪的结构和使用方法。

（2）掌握高聚物熔融指数的测量原理。

2. 实验原理

对高聚物的流动性进行评价，可采用不同的参数，在工业生产和科学研究中，常采用熔融指数，它的定义为：在一定温度、一定压力下，熔融高聚物在 10 min 内从标准毛细管中流出的质量值。熔融指数的单位以 $g/10$ min 表示，符号为 MI。

对于同一种高聚物，在相同的条件下，熔融指数越大，则流动性越好。对于不同的聚合物，测定条件不同时，不能用熔融指数的大小来比较它们的流动性好坏；测定条件相同时，用熔融指数的大小比较它们的流动性也缺乏明确的意义。因此，只把它作为一种衡量聚合物流动性的参照指标。由于熔融指数概念、测量方法和仪器构造简单，因此在工业上获得广泛应用，作为检验聚合物产品的一种质量指标。

3. 主要实验设备及材料

熔融指数仪是一种毛细管式的在低切变速率下工作的仪器，其基本结构包括试样挤出系统和加热控制系统。试样挤出系统如图 5-17 所示，主要由活塞杆、料筒、活塞头、毛细管等组成。料筒与活塞头直径之差（间隙）要求为（0.075±0.012 5）mm。毛细管外径应稍小于料筒内径，以便它能在料筒孔中自由落到料筒底部，毛细管高度为（8.00 ± 0.025）mm，中心孔径为（2.095 ± 0.005）mm。加热控制系统由控温热电偶、控温定值电桥、放大器、继电器及加热器等组成。

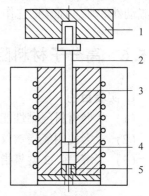

1—砝码；2—活塞杆；3—料筒；
4—活塞头；5—毛细管。

图 5-17　试样挤出系统

4. 实验内容

（1）升温。将控温按钮设定到所需温度值数，使炉温升到准确的预选温度。

（2）称样。根据试样熔融指数的大小，称取适量干燥的试样，熔融指数与试样关系如表 5-8 所示。

表 5-8　熔融指数与试样关系

熔融指数范围/[g·(10 min)$^{-1}$]	试样质量/g	切除样条的间隙时间/min
0.1~1.0	2.5~3	6.00
1.0~3.5	3~5	3.00
3.5~10	5~8	1.00
10~25	4~8	0.50

（3）料筒预热。温度达到规定温度后，将料筒、毛细管、活塞杆放入炉体中恒温 6~8 min，并检测切料刀是否正常。

（4）装料。往料筒中装入称好的试样，每次约 4 g。装料时，应用料棒压实物料，以防产生气泡，然后将活塞杆插入料筒，杆顶部装上选定的载荷砝码，试样即从毛细管挤出。

（5）取样。取样前，应用切料刀将毛细管中流出的物料头截去，然后立即开始用秒表计时。计时时间可在 5~10 min 内选取。分别截取 5 个挤出段，待冷却后分别称量。含有气泡的切割段应齐去。如果实筒中物料不够截取 5 个挤出段，可重新加料，重复上述步骤。

（6）计算。从截取的 5 个挤出段的平均质量 m（g）和切割一段所需时间 t（s），按下式计算熔融指数：

$$MI190/2160 = m \times 600/t$$

MI190/2160 表示在 190 ℃、2 160 g 条件下测得的熔融指数。

> **注　意**
>
> （1）整个取样过程要在活塞杆刻线以下进行。测定完毕后，余料应趁热挤出，以防凝结。
>
> （2）活塞杆、料筒、毛细管要趁热用清洁布清理干净，切忌用粗砂纸等摩擦，以防损坏料筒内壁。

5. 思考题

为何对于不同的聚合物，测定条件相同与不同时，都不能用熔融指数的大小来比较它们的流动性好坏，而只把它作为一种衡量流动性的参照指标?

5.5.6　高分子材料阻燃性能测试

1. 实验目的

（1）掌握材料阻燃性能的评价方法。

（2）学会使用氧指数仪测定高分子材料的燃烧性，并能够对测试结果进行分析。

（3）了解 HC-2 型氧指数测定仪（见图 5-18）的结构和工作原理。

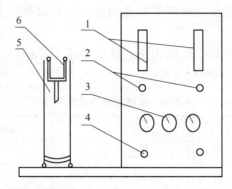

1—转子流量计；2—流量调节阀；3—N$_2$ 和 O$_2$ 压力表；4—稳压阀；5—玻璃套筒；6—试样架。

图 5-18　HC-2 型氧指数测定仪

2. 实验原理

本实验通过测定聚合物的氧指数来评价材料的阻燃性能。所谓氧指数，是指材料引燃后能保持燃烧 50 mm 或燃烧时间为 3 min 所需要的氧氮混合气体中最低氧体积分数。

3. 主要实验设备及材料

HC-2 型氧指数测定仪，塑料（PVC）。

4. 实验内容

（1）制备标准试样 10 根。试样标准长 70~150 mm，宽(6.5±0.5)mm，厚(3±0.5)mm，具体尺寸如表 5-9 所示，测量其尺寸并记录。在试样一端 50 mm 处划线，将另一端插入燃烧柱内的试样夹中。

表 5-9　试样具体尺寸　　　　　　　　　　　　　　　单位：mm

型号	塑料类型	宽	厚	长
A	自撑型	6.5±0.5	3±0.5	70~150
B	兼有自撑型和柔软型	6.5±0.5	2.0±0.5	70~150
C	泡沫型	12.5±0.5	12.5±0.5	125~150
D	薄片和膜	52±0.5	原厚	140±5

（2）选定燃烧柱内的流速为(4±1)cm/s，开启氧氮钢瓶阀门，调节阀压力为 0.2～0.3 MPa。调节仪器稳压阀，仪器压力表指示(0.1±0.01)MPa。调节微量调节阀，得到稳定流速的氧氮气，流速通过转子流量计指示，并调到工作位置。此时检查仪器压力表指示是否

在 0.1 MPa 处，否则应调到规定压力。N$_2$ 和 O$_2$ 压力表应不大于 0.03 MPa 或不显示压力，若超过此压力，则应检查燃烧柱内是否有结碳、气路堵塞现象，系统充气 30 s。

（3）根据资料或经验选定实验所需最初氧气浓度。如果不了解，可在空气中点燃试样。如果燃烧很快，氧气最终浓度选定为 18%；如果试样在空气中点燃后离火马上熄灭，则根据情况选择氧气浓度为 25% 或更高。

（4）系统冲洗后，用丙丁烷或天然气点燃试样，火焰长度 6~25 mm。点燃上端后，立即撤掉火源。

（5）计时并注意观察。如果试样燃烧 3 min 以上或燃烧 50 mm 以上，说明氧气的浓度太高，必须降低；相反，则必须提高氧气的浓度。如果所测试样正好在 3 min 或 50 mm 时熄灭，这时氧气的体积分数则为该试样的氧指数。重复三次，取其平均值，取小数点后一位。

氧指数计算式如下：

$$[OI] = \frac{[O_2]}{[O_2]+[N_2]} \tag{5-15}$$

式中：$[OI]$——氧指数；

$[O_2]$——测定浓度下氧气的体积流量，L/min；

$[N_2]$——测定浓度下氮气的体积流量，L/min。

5. 实验报告要求

在试样报告中，对实验材料的种类、来源、尺寸、测量氧指数的燃烧长度（mm）或燃烧时间（min）、氧指数的各个值及平均值、点火源、燃烧时熔滴碳化、弯曲等详细记录。

6. 思考题

（1）氧指数的定义是什么？

（2）HC-2 型氧指数测定仪可用于测定哪些材料？

（3）试样表面有毛刺对测试结果有什么影响？为什么？

第6章 无机非金属材料分析测试综合实训

张家界天门山玻璃栈道（见图6-1）悬于天门山山顶西线，长60 m，宽1.6 m，最高处海拔1 430 m。玻璃栈道是由钢化玻璃制造的，凌空高架在悬崖峭壁上。玻璃栈道的钢化玻璃载重安全系数已经堪比传统的钢筋混凝土，游客不用担心安全问题。经过本章的学习，我们将对玻璃等无机非金属材料的性质及测试方法有更多的了解。

图6-1 张家界天门山玻璃栈道

6.1 实训守则

同4.1节实训守则。

6.2 实训目的与任务

6.2.1 实训目的

开设无机非金属材料实训课，其宗旨是使学生受到科学家和工程师素质的基本训练。现在，传统无机非金属材料很多，新型无机非金属材料不断增加，这就确定了无机非金属材料实训课的两个特点：许多传统实验要继续开展，学生要掌握这些实验技能；新实验的原理和方法陆续出现，并处于不断完善和不断进步之中，学生要掌握或了解其中的一些实验。

无机非金属材料分析测试综合实训课的目的是通过实践操作和理论学习，使学生掌握无机非金属材料的基本性质、测试方法和分析技术，培养学生综合分析和解决问题的能力。通过实训课程的学习，学生可以掌握无机非金属材料的试样制备、试样测试和数据分析等实验技术，了解无机非金属材料在工程、环境等领域的应用，培养学生的实验操作能力和科学研究方法，为他们今后从事相关领域的工作打下坚实的实践基础。

6.2.2 实训任务

1. 完善本专业的知识结构

无机非金属材料实训课的任务可以概括为对学生进行实验思路、实验设计技术和方法的培养；对学生进行工程、创新能力培养；对学生进行理论联系实际和主动精神的培养。通过实践操作和理论学习的结合，学生可以更深入地理解和掌握无机非金属材料的特性和测试方法，提高对材料性能的评价和分析能力。这些知识和技能的全面提升，将有助于学生在今后的工作和研究中更好地应用和发展相关的专业知识，从而完善本专业的知识结构。

2. 培养和提高能力

无机非金属材料实训课程的主要任务是通过基础知识的学习和实际操作训练，使学生初步掌握无机非金属材料实验的主要方法和操作要点，培养学生理论联系实际、分析问题和解决问题的能力。

6.3 差热分析实验

1. 实验目的

（1）了解差热分析的基本原理及仪器装置。

（2）学习使用差热分析鉴定未知矿物。

2. 实验原理

差热分析的基本原理是在程序控制温度下，将试样与参比物在相同条件下加热或冷却，测量试样与参比物之间的温差与温度的关系，从而给出材料结构变化的相关信息。例如，黏土矿物及其夹杂的部分矿物差热曲线如图 6-2 所示。物质在加热过程中，由于脱水、分解或相变等物理化学变化，经常会产生吸热或放热效应。差热分析就是通过精确测定物质加热（或冷却）过程中伴随物理化学变化的同时产生热效应的大小以及产生热效应时所对应的温度，来达到对物质进行定性或定量分析的目的。

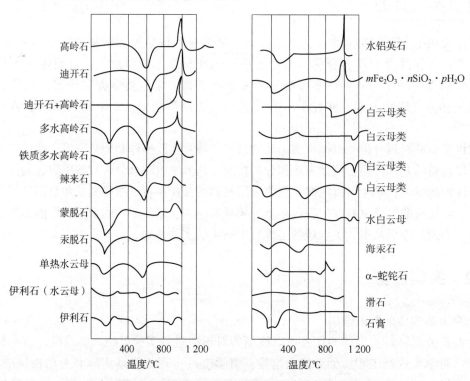

图 6-2 黏土矿物及其夹杂的部分矿物差热曲线

3. 主要实验设备及材料

差热分析仪由仪器主体、温度控制器和温差热电势测量部件组成，仪器主体结构示意如图 6-3 所示。试样热电偶与参比热电偶组成差热电偶，其把材质相同的两个热电偶的相同极连接在一起，另外两个极作为差热电偶的输出极输出温差热电势。

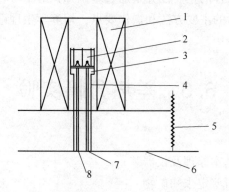

1—电炉；2—试样池；3—试样座；4—试样座支撑杆；5—升降机构；6—底板；7—参比热电偶；8—试样热电偶。

图 6-3 差热分析仪主体结构示意

4. 实验内容

（1）检查仪器的连接情况。

（2）手摇升降机构，使电炉下降至暴露试样池座。

（3）接通电源，用手轻轻触摸热电偶端，如果温差热电势测量显示仪表数字正向变大则为放热效应，数字负向变大则为吸热效应。

（4）将试样池放在试样座上，使热电偶端点位于池孔中央。将试样（石膏）放在数字正向变大热电偶端对应的试样座内，将中性物质（α-Al_2O_3）放在另一个试样座内，试样装填密度应该相同。

（5）手摇升降机构，使电炉上升，使试样池位于电炉中部。

（6）根据空白曲线的升温速率（一般大约为 10 ℃/min）升温。每隔 5～10 ℃记录温差热电势和温度，记录温差热电势最大时的温度（差热曲线峰顶或谷底温度）形状，石膏试样升温至 300 ℃即可。

（7）实验完毕，按下"停止"按钮，关闭电源。

5. 实验报告要求

以表 6-1 的形式记录原始数据，以原始数据减去空白实验数据得出校正后的检流计读数，并以校正后检流计读数为纵坐标，温度为横坐标，绘制出差热曲线，示例如图 6-4 所示。

表 6-1　原始数据记录表

温度/℃	温差热电势/μV	空白温差热电势/μV	校正后温差热电势//μV

注：空白实验是指试样座内都装中性物质，对仪器的系统误差进行校正时所做的实验，其实验数据由实验室提供。

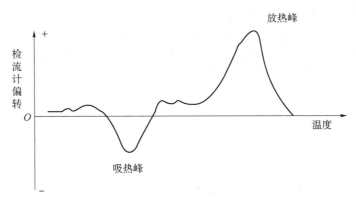

图 6-4　差热曲线示例

如果所测的矿物是未知矿物，则与标准图谱比较，即可鉴定该矿物。

6.4 陶瓷工艺综合性实验

1. 实验目的

（1）了解有关陶瓷设计制作的基本知识。

（2）了解石膏的材料特性，掌握其使用方法。

（3）熟悉和了解泥浆性能对陶瓷生产工艺的影响。

（4）掌握泥浆黏度的测试方法。

（5）掌握注浆成型的方法步骤。

2. 实验原理

注浆成型是利用石膏模的吸水性，将具有流动性的泥浆注入石膏模内，使泥浆分散地黏附在模型上，形成和模型相同形状的坯泥层，并随时间的延长而逐渐增厚，当达到一定厚度时，经干燥收缩而与模壁脱离，然后脱模取出，制成坯体。

1）注浆成型的方法

（1）基本注浆方法。

①空心注浆（单面注浆）。

该方法用的石膏模没有型芯，操作时，泥浆注满模型经过一定时间后，模型内壁黏附着具有一定厚度的坯体，然后将多余泥浆倒出，坯体形状在模型内固定下来，如图6-5所示。这种方法适用于浇注小型薄壁的产品，如陶瓷坩埚、花瓶、管件、杯、壶等。空心注浆所用泥浆密度较小，一般为 1.65~1.8 g/cm³，否则倒浆后坯体表面会有泥缕和不光滑现象。

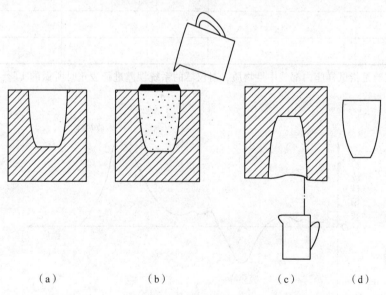

（a）　　　　　　　（b）　　　　　　　（c）　　　　　　（d）

图 6-5　空心注浆

（a）空石膏模；（b）注浆；（c）倒浆；（d）坯体

其他参数如下：流动性一般为 10~15 s；稠化度不宜过大，一般为 1.1~1.4；细度一般比双面注浆的要细，万孔筛筛余 0.5%~1%。

②实心注浆（双面注浆）。

实心注浆是将泥浆注入两石膏模面之间（模型与模芯）的空穴中，由于泥浆中的水分不断减少，因此注浆时必须陆续补充泥浆，直到穴中的泥浆全部变成坯时为止。显然，坯体厚度与形状由模型与模芯之间的空穴形状和尺寸来决定，因此没有多余的泥浆倒出。该方法适用于制造两面有花纹以及尺寸大且外形比较复杂的制品，如盅、鱼盘、瓷板等。实心浇注鱼盘过程如图6-6所示。

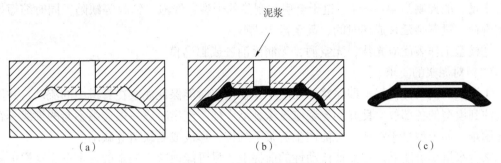

泥浆

（a）　　　　　　　　（b）　　　　　　　　（c）

图6-6　实心浇注鱼盘过程

（a）装配好的模型；（b）浇注及补浆；（c）坯体

实心注浆常用较浓的泥浆，一般密度在 1.8 g/cm³ 以上，以缩短吸浆时间；稠化度为 1.5~2.2；细度可粗些，万孔筛筛余 1%~2%。

（2）强化注浆方法。

为缩短注浆时间，提高注件质量，在上述两种基本注浆方法的基础上，形成了一些新的注浆方法，这些方法统称为强化注浆方法。强化注浆方法主要有以下几种。

①压力注浆。

压力注浆采用加大泥浆压力的方法来加速水分扩散，从而加速吸浆速度。压力注浆需要提高盛浆桶的位置，利用泥浆本身的重力从模型底部进浆，也可利用压缩空气将泥浆注入模型内。根据泥浆压力大小，压力注浆可分为微压注浆、低压注浆、中压注浆、高压注浆。微压注浆的压力一般在 0.05 MPa 以下；低压注浆的压力为 0.05~0.15 MPa；中压注浆的压力为 0.15~0.20 MPa；大于 0.20 MPa 的可称为高压注浆，此时就必须采用高强度的树脂模具。

②真空注浆。

真空注浆是用专门设备在石膏的外面抽真空，或把加固后的石膏模放在真空室中负压操作，这样却可加速坯体形成，提高坯体致密度和强度。

③离心注浆。

离心注浆是使模型在旋转情况下注浆，泥浆受离心力的作用紧靠模型形成致密的坯体。泥浆中的气泡由于比较轻，在模型旋转时，多集中在中间，最后破裂排出，因此也可提高吸浆速度与制品的品质。但这种方法所用泥浆中的固体颗粒尺寸不能相差过大，否则粗颗粒会集中在坯体表面，细颗粒容易集中在模型内部，造成坯体组织不均匀，干燥收缩后容易变形。

④热浆注浆。

热浆注浆是在模型两端设置电极，当泥浆注满后，接上交流电，利用泥浆中的电解质的导电性加热泥浆，把泥浆升温至 50 ℃左右，可降低泥浆黏度，加快吸浆速度。

2）注浆成型对石膏模型及泥浆的要求

注浆成型的关键是要有高质量的石膏模型和性能良好的泥浆。

（1）对石膏模型的要求。

①模型设计合理，易于脱模。各部位吸水性均匀，能保证坯体各部位干燥收缩一致，即坯体的致密度一致。

②模型的孔隙不大，吸水性好，其孔隙度要求为 30%~40%，使用时石膏模不宜太干，其含水量一般控制为 4%~6%。过干会引起制品的干裂、气泡、针眼等缺陷，同时缩短模型使用寿命；过湿会延长成坯时间，甚至难于成型。

③模型工作表面应光洁，无空洞，无润滑油迹或肥皂膜。

（2）对泥浆的要求。

①泥浆的流动性良好，即泥浆的黏度小，在使用时能保证泥浆在管道中的流动，并能充分流注到模型的各部位。良好的泥浆应该像乳酪一样，流出时成一根连绵不断的细线，否则浇注困难。如模型过于复杂，可能产生流浆不到位、形成成品缺角等缺陷。

②含水量尽可能低。在保证流动性的前提下，尽可能地减少泥浆的含水量，这样可减少注浆时间，增加坯体强度，降低干燥收缩率，缩短生产周期，延长石膏模型使用寿命。一般泥浆含水量控制为 30%~35%，密度为 1.65~1.9 g/cm³。

③稳定性好。泥浆中不会沉淀出任何组分（如石英、长石等），泥浆各部分能长期保持一致，使注件组织均匀。

④过滤性（渗透性）要好，即泥浆中水分能顺利通过附着在模型壁上的泥层而被模型吸收。可通过调整泥浆中瘠性原料与塑性原料的含量来调整过滤性。

⑤具有适当的触变性。泥浆经过一定时间存放后黏度变化不宜过大，这样的泥浆便于输送和储存，同时又要求脱模后的坯体不至于受到轻微振动而软塌。注浆用泥浆触变性太大，则易稠化，不便浇注；触变性太小，则生坯易软塌。

⑥泥浆中空气含量尽可能少。泥浆中通常混入了一定数量的空气，使注件中有一定数量的气孔。对于比较稠厚的泥浆，这种现象更为显著。为避免气泡产生和提高泥浆流动性，生产上常采用真空脱泡处理。

⑦形成的坯体要有足够的强度。

⑧注浆成形后，坯体容易脱模。

3）稀释剂的种类与选用

一般来说，泥浆含水量越低，流动性越差，而注浆工艺要求泥浆含水量尽可能低而流动性又要足够好，即需制备流动性足够好的浓泥浆。生产上为获得这种浓泥浆，采取的措施是加入稀释剂。

泥浆是黏土悬浮于水中的分散系统，是具有一定结构特点的悬浮体和胶体系统。泥浆流动时，存在着内摩擦力，其大小一般用黏度的大小来反映，黏度越大则流动度越小。流动着的泥浆静置后，常会凝聚沉积稠化。在黏土-水系统中，黏土粒子带负电，在水中能吸附正离子形成胶体。一般天然黏土粒子上吸附着各种盐的正离子：Ca^{2+}，Mg^{2+}，Fe^{3+}，Al^{3+}，其中 Ca^{2+} 最多。在黏土-水系统中，黏土粒子还大量吸附 H^+。在未加电解质时，由于 H^+ 半径小，电荷密度大，与带负电的黏土粒子作用力也大，易进入胶体吸附层，中和黏土粒子的大部分电荷，使相邻同号电荷粒子间的排斥力减小，致使黏土粒子易于凝聚，降低流动性。Ca^{2+}、Al^{3+}等高价离子由于其电价高及黏土粒子间的静电引力大，易进入胶体吸附层，同样降低泥浆流动性。如加入电解质，电解质的阳离子解离程度大，且所带水膜厚，而与黏土粒子间的静电引力不很大，大部分仅能进入胶体的扩散层，使扩散层加厚，电动电位增大，黏土粒子间排斥力增大，从而提高泥浆的流动性，即电解质起到了稀释作用。

泥浆的最大稀释度（最低黏度）应与其电动电位的最大值相适应。若加入过量的电解质，泥浆中这种电解质的阳离子浓度过高，会有较多的阳离子进入胶体的吸附层，中和黏土胶体的负电荷，从而使扩散层变薄，电动电位下降，黏土胶体不易移动，使泥浆黏度增加，流动性下降，因此电解质的加入应适量。

用于稀释泥浆的电解质必须具备以下三个条件。

（1）具有水化能力强的一价阳离子，如 Na^+。

（2）能直接解离或水解而提供足够的 OH^-，使分散系统呈碱性。

（3）能与黏土中有害离子发生交换反应，生成难溶的盐类或稳定的络合物。

实际生产中，常用的电解质有以下三类。

（1）无机电解质，如水玻璃、碳酸钠、六偏磷酸钠$[(NaPO_3)_6]$，焦磷酸钠（$Na_4P_2O_7 \cdot 10H_2O$）等，用量一般为干料的 $0.3\% \sim 0.5\%$。

（2）有机酸盐类，如腐植酸钠、单宁酸钠、柠檬酸钠、松香皂等，用量一般为干料的 $0.2\% \sim 0.6\%$；

（3）聚合电解质，如聚丙烯酸盐、羧甲基纤维素等。

3. 实验内容

1）石膏浆调制

（1）石膏的特性。

石膏是模型制作的主要原料，一般为白色粉状晶体，也有灰色和淡红-黄色（含杂质时）等结晶体，属于单斜晶系，其主要成分是硫酸钙，按其中结晶水的多少又分为二水石膏和无水石膏。陶瓷工业制模生产一般应用二水石膏，就是利用二水石膏经过 180 ℃左右的低温煅烧失去部分结晶水后成为干粉状，又可吸收水而硬化的特点。除天然石膏外，还有人工合成石膏。一般石膏调水搅拌均匀的凝固时间为 $2 \sim 3$ min，发热反应时间为 $5 \sim 8$ min，冷却后即成结实坚固的物体。

理论上讲，石膏与水搅拌时进行化学反应需要的水量为原料的 18.6%。在模型制作过程中，实际加水量比此数值大得多，其目的是获得一定流动性的石膏浆以便浇注，同时获得表面光滑的模型。多余的水分在干燥后留下很多毛细气孔，使石膏模型具有吸水性。

吸水率是石膏模型一个重要的参数，它直接影响注浆时的成坯速度。陶瓷用石膏模的吸水率一般为 $38\% \sim 48\%$。

石膏粉应放置在干燥的地方，使用时不要溅到水或车削下来的石膏。石膏袋子要干净，严防使用过的石膏残渣或其他杂物混入袋中。

（2）石膏浆的调制步骤。

①准备好盆和石膏粉。

②在盆中先加入适量的水，再慢慢把石膏粉沿盆边撒入水中。一定要按照顺序先加水，

再加石膏。

③直到石膏粉冒出水面，不再自然吸水沉陷，稍等片刻，用搅拌棒搅拌，要快速有力，用力均匀，将混合物搅成糊状即可。

④石膏在调制时的比例如下。一般车制用石膏浆，水：石膏=1：1.2~1.4；削制用石膏浆，水：石膏=1：1.2；模型翻制用石膏浆，水：石膏=1：1.4~1.8。

⑤注意挑除石膏浆里的硬块和杂质。

2）模型翻制操作

常用的材料和工具有竹刀、钢锯条、锯条刀、直尺三角板、毛笔、油毛毡、脱模剂等。

（1）清理工作台，把石膏模型清理干净。根据预先做好的计划，用铅笔轻轻在模型表面画上分模线，这是非常重要的一步。原则是在能开模的基础上，分块越少越好。

（2）一般造型先翻制大块模，用泥垫底，并围好造型，依据分模线，用竹刀抹平泥面，泥面应该在分模线下面一点的距离。

（3）在石膏模型上均匀涂抹脱模剂，注意各个部位必须均匀涂抹，不能遗漏。

（4）用模板或油毛毡围出模具的外缘，离造型最大径距离要合适，一般300 mm高度的模型，模型边缘厚度在40 mm左右。注意，模板或油毛毡不能有缝隙，应该用泥巴填塞。

（5）在石膏模型上涂抹脱模剂，用夹子或绳子扎紧。按照造型要求预留注浆口，可用泥团捏制成圆台状使用。

（6）调制石膏浆，缓缓注入围好的空腔内，直至淹没模型，并加至合适厚度，待石膏稍稍凝固后，拆掉模板或油毛毡，用钢锯条把模具外边修平。

（7）在模具边上开牙口，可以用梯形、三角形、圆形等，刻好修平，要求上宽下窄，以便用另一块模具打开。

（8）每块模具倒完后，都要及时用钢锯条刮平。

（9）模具翻制完成后，放置一段时间，等石膏发热反应冷却后，可开模取出模型。如不容易打开，可以用轻敲、水冲泡等方法打开。打开后的模具必须用水冲洗掉内壁所沾的脱模剂，放入烘房烘干待用，烘干温度不得高于60 ℃，以免模具粉化报废。

3）注浆成型操作

注浆成型主要是利用石膏模具吸收水分的特性，使泥浆吸附在模具壁上而形成均匀的泥层，在一定时间内达到所需的厚度，再倾倒出多余的泥浆，留在模具中的其他泥层中的水分继续被石膏模具吸收而逐渐硬化，经干燥并产生体积收缩与模具脱离，最后获得完好的粗坯。

（1）化泥浆。把烘干的瓷泥按比例与水混合，一般含水率为39%左右，需陈放一天以上，使瓷泥充分吸收水分，再加入0.3%左右的腐植酸钠或水玻璃，搅拌化浆，要做到浆内无泥块、杂质，注意不可随意加水。

（2）把烘干的石膏模具用皮带或绳子绑好，放置在平整的台子上，注浆口朝上，用注浆桶缓缓注入泥浆。注意模具合缝处不能跑浆，万一出现这种情况，要及时使用泥团堵塞。

（3）随时添浆，不可使泥浆下沉过多，以免造成器物上下厚薄不均匀。

（4）泥浆在模具中吸附到一定厚度（一般为3~5 mm）时就可倒浆，倒浆要缓慢，切不可急倒，以免剥离模具上吸附的泥层。倒浆时可轻轻转动模具，以免出现口部厚薄不一致的现象。

（5）倒完浆后，除大底造型和不便倒转的造型外，一般可以把模具倒置放在台子上，称为空浆，倒置 5 min 左右。

（6）放置一定时间后，一般看模具注浆口与坯体分离 0.5~1 mm 时，即可逆合模顺序开模，小心取出坯体。

（7）修整泥坯注浆口部，切割掉多余的部分，刮平合模线。

（8）把泥坯放在托板或平台上，入烘房烘干或自然干燥。

4）泥浆黏度性能检测

（1）操作步骤。

①原料经细磨后，称取 400 g 分别装入两只塑料杯中，加入适量水，用搅拌机充分搅拌至泥浆开始呈微流动为止，记录加水量。

②在两只烧杯中分别加入不同的电解质，从 2 mL 开始，每隔 2 mL 加入一次，直至 16 mL，加入电解质后，用搅拌机搅拌相同时间并搅拌均匀。

③调整好仪器至水平位置，将选择好的转子装上旋转黏度计，黏度较大时用直径较小的转子，将其插入搅拌好的泥浆杯中，直至转子液面标志和液体面相平为止。

④打开电动机开关，使转子在液体中旋转，经多次旋转（20~30 s），待指针稳定，按下指针控制杆，使指针停在读数窗内，读数。如果指针所指数值过高或过低，可变换转子和转速，务必使读数在 30~90 之间为佳。

（2）记录与计算。黏度的计算公式如下：

$$\eta = \alpha K \tag{6-1}$$

式中：η——黏度；

　　　α——黏度计指针所指读数；

　　　K——黏度计系数表上的特定系数。

（3）注意事项。

整个制作模具的过程要求胆大心细，必须牢记涂抹脱模剂、开牙口、刮平。要求模具整体光滑，表面平整，内部光洁，不允许有飞棱和毛边；烘石膏模的温度不超过 60 ℃；泥浆内不能混入杂物；注浆时，不宜注得过急；坯体内部表面要平整光滑，不允许有泥块等明显缺陷；割下来的注浆口等泥屑不能直接放入注浆桶。

4. 思考题

（1）注浆料制备过程中为什么需加入稀释剂？

（2）干修坯过程中需注意哪些问题？

（3）简述不同电解质对泥浆黏度的影响机理。

6.5　水泥工艺综合性实验

6.5.1　体积安定性测试

1. 实验目的

检验水泥硬化后体积变化是否均匀，是否因变化而引起膨胀、裂缝或翘曲现象。

2. 实验原理

（1）饼法：观察水泥净浆试饼煮后的外形变化。

（2）雷氏夹法：检测水泥净浆在雷氏夹中沸煮后的膨胀值。

3. 主要实验设备及材料

沸煮箱，雷氏夹（见图6-7），雷氏夹膨胀值检测仪（见图6-8）。

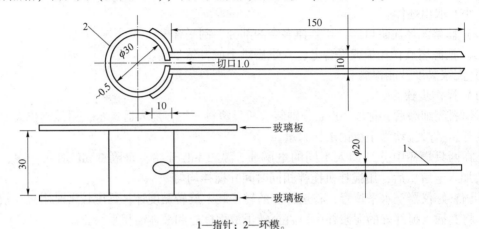

1—指针；2—环模。

图6-7 雷氏夹

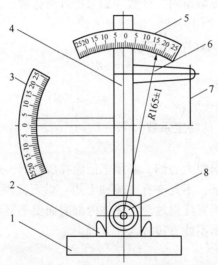

1—底座；2—模子座；3—测弹性标尺；4—立柱；5—测膨胀值标尺；6—悬臂；7—悬丝；8—弹簧顶钮。

图6-8 雷氏夹膨胀值检测仪

4. 实验内容

（1）称取水泥试样400 g，以标准稠度用水量，按标准稠度检测时拌和净浆的方法制成净浆，从其中取出约150 g，分成两等份，使成球形，放在涂过油的玻璃板上。轻轻振动玻璃板，并用湿布擦过的小刀由边缘向饼的中央抹动，做成直径70~80 mm、中心厚约10 mm、边缘渐薄、表面光滑的试饼。接着将试饼放入养护箱内，自成型起，养护(24±2)h。

（2）同时将预先准备好的雷氏夹放在已稍擦油的玻璃板上，并立刻将已制好的标准稠度净浆装满试模，装模时一只手轻轻扶持试模，另一只手用宽约10 mm的拌和刀插捣15次左右，然后抹平，盖上稍涂油的玻璃板，接着立刻将试模移至养护箱内养护(24±2)h。

（3）脱去玻璃板取下试件：当采用饼法时先检查试饼是否完整，在试饼无缺陷的情况下，将试饼放在沸煮箱的水中篦板上，然后在(30±5)min内加热至沸，并恒沸3 h±5 min；当用雷氏夹法时，先测量试件指针尖端间的距离（A），精确到0.5 mm，接着将试件放入水中篦板上，指针朝上，试件之间互不交叉，然后在（30±5）min内加热至沸，并恒沸3 h±5 min。

（4）沸煮结束，即放掉箱中的热水，待冷却至室温，取出试件。

5. 实验报告要求

目测试件，若未发现裂缝，再用直尺检查也没有弯曲时，为安定性合格，反之为不合格。当两个试饼有矛盾时，安定性为不合格。若为雷氏夹法，测量试件指针尖端间的距离（C），记录至小数点后一位，当两个试件沸后增加距离（$C-A$）的平均值不大于5.0 mm时，即安定性合格，当两个试件的（$C-A$）值相差超过4 mm时，应用同一试样立即重做一次实验。再如此，则认为该水泥不合格。表6-2所示为水泥安定性判别标准。

表6-2 水泥安定性判别标准

水泥编号	雷氏夹号	沸前指尖距离 A/mm	沸后指尖距离 C/mm	增加距离（$C-A$）/mm	平均值/mm	两个结果差值（$C-A$）/mm	结果判别
A	1	12.0	15.0	3.0	3.2	0.5	合格
	2	11.0	14.5	3.5			
B	1	11.0	14.0	3.0	4.8	3.5	合格
	2	11.5	18.0	6.5			
C	1	12.0	14.0	2.0	4.5	5.0	重做
	2	12.0	19.0	7.0			
D	1	12.5	18.0	5.5	5.8	—	不合格
	2	11.0	17.0	6.0			

6. 思考题

（1）在测定水泥的标准稠度用水量中应注意哪些事项？

（2）如果所测的硅酸盐水泥初凝时间小于45 min或者终凝时间大于6.5 h，应如何调整水泥生产的配料？

6.5.2 胶砂强度测试

1. 实验目的

通过水泥胶砂强度测试，对水泥胶砂的强度参数进行了解，探究不同制备条件下水泥胶砂的强度变化规律。

2. 实验原理

在标准的条件下，用标准的水泥胶砂配比制成标准的胶砂试件，用标准的实验设备进行抗折和抗压实验。

3. 主要实验设备及材料

（1）双叶片式搅拌机：搅拌叶和搅拌锅作相反方向转动。锅的内径为195 mm，叶片转速为137 r/min，锅转速为64 r/min。

（2）胶砂振动台（见图6-9）：台面为360 mm×360 mm，装有卡具，振动频率为每分钟2 800~3 000次，台面放空试模时中心振幅为0.85 mm×0.05 mm。装有制动器，能使电动机停后5 s内停止转动。

（3）下料漏斗（见图6-10）：由漏斗和套模组成。套模与试模匹配，漏斗可将拌和物同时漏入三联试模的每个模内。

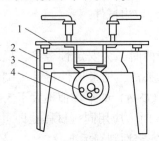

1—台面；2—弹簧；3—偏重轮；4—电动机。

图6-9　胶砂振动台

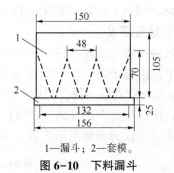

1—漏斗；2—套模。

图6-10　下料漏斗

（4）试模（见图6-11）：可装卸的三联模，由隔板、端板、底座组成。组装后内壁各接触面应相互垂直。

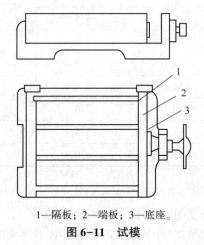

1—隔板；2—端板；3—底座。

图6-11　试模

（5）抗折试验机（见图6-12）。

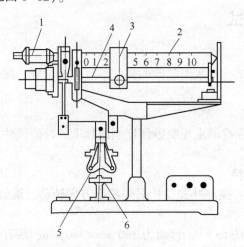

1—平衡铊；2—大杠杆；3—游动砝码；4—丝杆；5—抗折夹具；6—手轮。

图6-12　抗折试验机

（6）抗压试验机及抗压夹具：抗压试验机以 200~300 kN 为宜。抗压夹具由硬质钢材制成，加压板长（62.5±0.1）mm，宽不小于 40 mm，加压面必须磨平。

（7）刮平刀：断面为正三角形，有效长度为 26 mm。

4. 实验内容

1）试件成型

（1）将试模擦净，四周模板与底座的接触面上应涂黄干油，紧密装配，防止漏浆，内壁均匀刷一薄层机油。

（2）标准砂应符合国家标准 GB/T 176—2017 的质量要求。水泥与标准砂的质量比为 1∶2.5。水灰比按水泥品种而定：硅酸盐水泥、普通水泥、矿渣水泥为 0.44；火山灰水泥、粉煤灰水泥为 0.46。

（3）每成型三条试体需称量水泥 540 g，标准砂 1 350 g。拌和用水量为：硅酸盐水泥、普通水泥和矿渣水泥各为 238 mL；火山灰水泥和粉煤灰水泥各为 248 mL。

（4）搅拌胶砂时，先将称好的水泥与标准砂倒入锅内，开动搅拌机。拌和 5 s 后徐徐加水，30 s 内加完。自开动机器起搅拌 3 min 停车，将黏在叶片上的胶砂刮下，取下搅拌锅。

（5）在搅拌胶砂的同时，将试模及下料漏斗卡紧在振动台面中心，将搅拌好的全部胶砂均匀地装入下料漏斗中，开动振动台，胶砂通过漏斗流入试模的下料时间为 20~40 s，振动 2 min 后停车。下料时间如在 20~40 s 以外须调整漏斗下料口宽度，或用小刀划动胶砂以加速下料。

（6）振动完毕，取下试模，用刮平刀轻轻刮去高出试模的胶砂并抹平，接着在试件上编号，编号时应将试模中的三条试件分在两个以上的龄期内。

（7）检验前或更换水泥品种时，应将搅拌锅、叶片和下料漏斗等用湿布抹擦干净。

2）养护

（1）试体编号后，将试模放入养护箱养护，养护温度应为（20±3）℃，相对湿度大于 90%。箱内篦板必须水平，养护（24±3）h 后取出脱模，脱模时应防止试件损伤，硬化较慢的水泥允许延期脱模，但须记录脱模时间。

（2）试件脱模后即放入水槽中养护，养护温度应为（20±2）℃，试件之间应留有间隙，水面至少高出试体 2 cm，养护水每周换一次。

3）强度测试

（1）抗折强度的测试。

①各龄期必须在规定的时间 3 d±2 h、7 d±3 h、28 d±3 h 内取出三条试件，先进行抗折强度测试。测试前须擦去试件表面的水分和砂粒，清除夹具上圆柱表面粘着的杂物。试件放入抗折夹具内，应使试件侧面与圆柱接触。

②测试前，首先接通电源，按下游动砝码上的按钮，用手推动游动砝码，左移，使游动砝码上游标的零线对准标尺的零线。

③将试件放入夹具内，以夹具上的对准板对准，转动夹具下面的手轮，使下拉架上的加荷辊与试体接触，并继续转动一定角度，使大杠杆有一定扬角。

④按起动按钮，电动机立即转动丝杆推动游动砝码右移，机器开始加荷。大杠杆逐渐下

沉，在大杠杆接近水平时，试体断裂，大杠杆下落，处于大杠杆右面端头的限位开关撞板推动限位开关，断开电动机电源，电动机立即停转。此时便可从游标的刻线与标尺，读出试体抗折强度值或破坏载荷值。

⑤实验结果。

按下式计算抗折强度值（精确至 0.01 MPa）：

$$R_f = \frac{1.5 F_f L}{b^3}$$

式中：R_f——抗折强度，MPa；

　　　F_f——折断时施加于棱柱体中部的破坏载荷，N；

　　　L——支撑圆柱中心距（100 mm）；

　　　b——棱柱体正方形截面的边长（40 mm）。

（2）抗压强度的测试。

①进行抗折实验后的两个断块应立即用来进行抗压实验，抗压实验须用抗压夹具进行，试件受压面为 4.0 cm×6.25 cm。实验前应清除试件的受压面与加压板间的砂粒或杂物，实验时以试件的侧面作为受压面，并使夹具对准压力板中心。

②旋转压力机手轮，使压力机上承压板距抗压夹具顶面略有空隙。按动压力机的启动按钮使电动机开始工作，同时将送油阀打开，油罐上升使抗压夹具中的试件也上升。

③当上升到上承板与抗压夹具接触后试样受力，读数指示器的主动指针发生偏转（即试件所承受的压力值）会带动从动指针发生偏转，当试件不能再承受压力时，主动指针回退，从动指针会停留在破坏载荷的位置上，可读出破坏载荷值。这时迅速将送油阀关闭，并迅速将回油阀打开。

④压力机加荷速度为 50 N/s，在接近破坏时应严格控制。

⑤实验结果。

按下式计算抗压强度值（精确至 0.1 MPa）：

$$R_c = \frac{F_c}{A}$$

式中：R_c——抗压强度，MPa；

　　　F_c——破坏载荷，N；

　　　A——受压面积（40 mm×40 mm）。

5. 实验报告要求

抗折强度测试结果取三块试件的平均值并取整数，当三个强度值中有一个超过平均值的±10%时，应予剔除，以其余两个数值的平均值作为抗折强度测试结果，如有两个试件的强度值超过平均值的±10%时，应重做实验。

在六个抗压强度结果中剔除最大、最小的两个数值，以剩下四个数值的平均值作为抗压强度测试结果。如不足六个时，取平均值，不足四个时，应重做实验。

最后对实验结果进行对比分析。

6. 思考题

怎样对抗折强度、抗压强度的数据进行取舍？

6.5.3 试样的各项性能测试

1. 线变化率测试

1) 定义

（1）烘干线变化率：试样在（110±5）℃下烘干后，长度不可逆变化的量，以试样烘干前后长度变化的百分率来表示。

（2）烧后线变化率：试样在规定温度下加热并保温一定时间，长度不可逆变化的量，以试样烧后长度变化的百分率表示。

2) 设备

高温加热炉，电热干燥箱，游标卡尺（分度值为 0.05 mm）。

3) 实验步骤

（1）每组试样不得少于三块。

（2）在试样两端面相互垂直的中心线上，距边棱 5~10 mm 处的四个位置，对称地测量试样长度，精确至 0.01 mm。将试样烘干，在相同位置再次测量试样长度。

（3）试样加热。以成型面为底面，放入加热炉内的均热区，试样间距不小于 20 mm，试样与炉壁之间距离不小于 70 mm。试样放在同材质的垫砖上，按一定速率升温，低于实验温度 50 ℃时为 4~6 ℃/min，低于实验温度 50 ℃至实验温度为 1~2 ℃/min，保温 3 h。

（4）测量。试样随炉冷却至室温，在步骤（2）所述位置再次测量试样长度。

4) 结果计算

（1）烘干线变化率计算式如下：

$$\Delta L_d = \frac{L_1 - L_0}{L_0} \times 100\% \qquad (6-2)$$

式中：ΔL_d——试样烘干线变化率；

L_1——烘干后试样长度，mm；

L_0——烘干前试样长度，mm。

（2）烧后线变化率计算式如下：

$$\Delta L_h = \frac{L_2 - L_0}{L_0} \times 100\% \qquad (6-3)$$

式中：ΔL_h——试样烧后线变化率；

L_2——焙烧后试样长度，mm；

L_0——烘干前试样长度，mm。

（3）数据处理。列出每个试样的线变化单值和一组试样的算术平均值，线收缩以-号表示，线膨胀以+号表示。若试样中所有的长度变化值的代数符号不同，则不能取平均值，报告每个测量点的线变化率单值，线变化率计算至小数点后一位。

2. 常温抗折强度测试

1) 定义

常温抗折强度：在常温下，试样受到弯曲载荷的作用而断裂时的极限应力，单位为 MPa。

2）原理

在三点弯曲装置上，以规定的加荷速率对规定尺寸的试样施加张应力，直至试样断裂为止。

3）设备

抗折试验机，游标卡尺（分度值为 0.05 mm）。

4）实验步骤

（1）每组试样不得少于三块。

（2）测量试样中部的宽度和高度，精确到 0.1 mm。

（3）以试样成型侧面作为承压面，将试样置于抗折夹具的支承辊上，调整加压辊，置于支撑辊中央并垂直于试样长轴。

（4）以一定的速率对试样均匀加荷，直至其断裂为止。

5）结果计算

（1）常温抗折强度计算式如下：

$$R_r = \frac{3}{2} \cdot \frac{FL}{bh^2} \tag{6-4}$$

式中：R_r——试样的常温抗折强度，MPa；

F——试样断裂时的最大载荷，N；

L——支撑辊间的距离，mm；

b——试样中部的宽度，mm；

h——试样中部的高度，mm。

（2）数据处理。结果计算至小数点后一位。

3. 常温耐压强度测试

1）定义

常温耐压强度：在常温下，试样受到压力载荷的作用而破坏时的极限应力，单位为 MPa。

2）原理

在加压装置中，以规定的加荷速率对规定尺寸的试样施加压应力，直至试样破坏为止。

3）设备

压力试验机，游标卡尺（分度值为 0.05 mm）。

4）实验步骤

（1）每组试样不得少于三块，可用常温抗折强度实验后的半截试样。

（2）测量试样上、下承压面的宽度，精确至 0.1 mm。

（3）将试样受压面置于压板中心，以一定的速率对试样均匀加压，直至试样破坏为止。记录试验机此时指示的最大载荷。

5）结果计算

（1）常压耐压强度计算式如下：

$$C_s = \frac{F}{a \cdot b} \tag{6-5}$$

式中：C_s——试样的常温耐压强度，MPa；

a——加压板的宽度，mm；

　　　　b——试样的宽度，mm。

（2）数据处理结果计算至小数点后一位。

4. 显气孔率和体积密度测试

1）定义

（1）显气孔率：多孔材料中所有开口气孔的体积与总体积之比值。

（2）体积密度：多孔材料的质量与总体积之比值，单位为 g/cm^3。

2）原理

称量试样的干燥质量，再用液体静力称量法检测试样体积，计算出显气孔率、体积密度。

3）设备

电热干燥箱，抽真空装置，带溢流管的容器，干燥器，天平，游标卡尺。

4）实验步骤

（1）每组试样不得少于三块，体积为 $100 \sim 200\ cm^3$，其最长边和最短边之比不应超过 $2:1$。

（2）干燥试样的称量。先把试样表面黏附的细碎颗粒刷净，在电热干燥箱中于（110±5）℃下烘干 2 h，于干燥箱中自然冷却至室温，称量每个试样的质量，记为 m_1，精确至 0.01 g。

（3）试样浸渍。将试样放入容器内，置于抽真空装置中，抽真空至剩余压力小于 2.5 kPa，保持恒压 5 min，然后在 5 min 内缓慢注入浸渍液，直至试样完全淹没。在真空下再保持 30 min（用硅酸盐水泥为结合剂的浇注料须保持 70 min），使试样充分饱和。

（4）饱和试样表观质量检测。将饱和试样迅速移至带溢流管的容器中，吊在天平的挂钩上，待浸渍液完全淹没试样并于液面平静后，称量饱和试样在液体中的悬浮质量，记为 m_2，精确至 0.01 g。

（5）饱和试样质量检测。从浸渍液中取出试样，用饱和了浸液的棉毛巾，小心地擦去试样表面多余的液滴，不得把气孔中的液体吸出。立即称量饱和试样在空气中的质量，记为 m_3，精确至 0.01 g。

5）结果计算

（1）显气孔率计算式如下：

$$P_{a}=\frac{m_3-m_1}{m_3-m_2}\times100\% \tag{6-6}$$

式中：P_a——试样的显气孔率；

　　　　m_1——干燥试样的质量，g；

　　　　m_2——饱和试样的表观质量，g；

　　　　m_3——饱和试样在空气中的质量，g。

（2）体积密度计算式如下：

$$D_{b}=\frac{m_1 D_e}{m_3-m_2} \tag{6-7}$$

式中：D_b——试样的体积密度，g/cm^3；

D_e——在实验温度下，浸渍液体的密度，g/cm^3。

（3）数据处理。以平均值为实验结果，显气孔率计算至整数，体积密度计算至小数点后两位。

5. 耐火度测试

1）定义

耐火度：耐火材料在无荷重时抵抗高温作用而不熔化的性质称为耐火度。

2）原理

将已知耐火度的标准测温锥与被测材料的实验锥一起栽在锥台上，在规定的条件下加热并进行对比实验，以同时弯倒的标准测温锥号来表示实验锥的耐火度。

3）设备

耐火度实验炉，实验锥成型模具，标准测温锥、锥台和耐火泥，玛瑙研钵，实验筛。

4）实验步骤

（1）实验锥的制备。从已成型的耐火浇注料试样中心部位取总质量为 150~200 g 的实验料，粉碎至 2 mm 以下。混合均匀后，用四分法缩至 30 g，用玛瑙研钵研磨，随磨随筛至全部通过 180 μm 筛孔，通过 90 μm 筛孔的量不得大于 50%，加水或小于 0.5% 的有机结合剂成型。

（2）实验锥台的制备。选用的实验用标准测温锥，应包括相当于实验锥的估计耐火度的标准测温锥两支，以及高一号和低一号的标准测温锥各一支。按规定的顺序相互间隔栽在预制的锥台上。栽锥时必须使标准测温锥的标号锥面和实验锥的相应锥面对准锥台的中心，并使该面相对的棱向外倾斜与锥台面成（82+1）°的夹角。锥插入锥台孔穴中的深度为 2~3 mm，用耐火泥固定在锥台上。

（3）将锥台放在实验炉内耐火支柱上，在 1~1.5 h 内，把炉温升至比试样估计耐火度低 100~200 ℃ 的温度，转动锥台，按 2.5 ℃/min 的速率升温，观察测温锥变化状况，直到实验结束。

5）结果判定

实验锥与标准测温锥的尖端如同时弯倒至锥台面时，以标准测温锥标号来表示实验锥耐火度；如介于相邻标准测温锥之间，则用两个标准测温锥标号来表示实验锥耐火度。

6. 抗热震性测试

1）定义

（1）抗热震性：耐火制品对温度急剧变化所产生破损的抵抗性能。

（2）水急冷法：试样经受急热后，以 5~35 ℃ 流动的水作为冷却介质急剧冷却的方法。

（3）空气急冷法：试样经受急热后，以常温下 0.1 MPa 压缩空气作为冷却介质急剧冷却的方法。该方法适用于碱性、硅质、熔铸、总气孔率大于 45% 的耐火制品，以及与水相互作用或水急冷法热震次数少难以判定抗热震性优劣的耐火制品。

2）原理

在规定的实验温度和冷却介质条件下，一定形状和尺寸的试样在经受急冷急热的温度变化后，通过测量其受热端面破损程度，来确定耐火制品的抗热震稳定性。

3）设备

抗热震性测试炉，流动水槽，试样夹持器，吹气装置，三点弯曲应力实验装置，电热鼓风干燥箱（0~300 ℃），方格网。

4）实验步骤

（1）试样干燥。试样应于（110±5）℃或允许的较高的温度下干燥至恒温。

（2）装样。将试样装在试样夹持器上，试样间距不小于 10 mm，且试样不得叠放。要保证试样 50 mm 长一段能够经受急冷急热。在试样夹持部分，试样与试样间必须用厚度大于 10 mm 的隔热材料填充。用方格网测量试样受热端面的方格数。

（3）试样急热过程。将加热炉加热到（1 100±10）℃保温 15 min，迅速将试样移入炉膛内。受热端面距离炉门内侧应为（50±5）mm，距发热体表面应不小于 30 mm。用隔热材料及时堵塞试样与炉门的间隙。试样入炉后，炉温降低不大于 50 ℃，并于 5 min 内恢复至 1 100 ℃。试样在 1 100 ℃下保持 20 min。

（4）试样急冷过程。

①水冷。试样急热后，迅速将其受热端浸入 5~35 ℃流动的水中 50 mm 深，距水槽底不小于 20 mm，调节水流量，使流入和流出水槽的水的温升不大于 10 ℃。试样在水槽中急剧冷却 3 min 后立即取出，在空气中放置时间不短于 5 min。试样急冷时关闭炉门，使炉温保持在（1 100±10）℃以内。将试样受热端迅速移入炉内，反复进行此过程，直至实验结束。

②空冷。将干燥后的试样放入预加热至 250~300 ℃的电热鼓风干燥箱，至少保持 2 h。将加热炉预加热至（950±10）℃保温 15 min，迅速将试样移入炉膛内。立即关闭炉门，炉温降低应不大于 50 ℃。从第一块试样放入，5 min 内恢复至（950±10）℃。试样在此温度下保持 30 min，且应以一个平面放置，不得叠放。试样与试样、试样与炉壁间隙不得大于 10 mm。用衬有石棉的铁钳和托板将试样从炉内取出，迅速以一个平面紧靠定位销放在钢板上，使喷嘴正对着试样喷吹面的对角线交点，用压缩空气吹 5 min。喷嘴前的压力始终为 0.1 MPa，喷嘴距离试样喷吹面中心约 100 mm。试样经压缩空气流急剧冷却 5 min 后，立即取出，以喷吹面作为张力面，进行三点弯曲应力实验，均匀加荷，最大弯曲应力为 0.3 MPa。当试样经受住了 0.3 MPa 的三点弯曲应力，炉温恢复至实验温度时，即可将试样迅速移入炉内，反复进行此过程，直至实验结束。

5）结果处理

（1）水冷。在急冷过程中，试样受热端面破损一半时，该次急冷急热循环作为有效计算。

（2）空冷。若试样在弯曲应力实验时断裂或在急冷时爆裂，则将无法再进行三点弯曲实验时的那次作为有效计算。

若试样在急热过程中爆裂，则无法再进行三点弯曲实验时的那次不作为有效计算。

试样经受住了 30 次急冷急热循环，也可终止实验。

7. 荷重软化温度测试

1）定义

（1）荷重软化温度：耐火制品在规定升温条件下，承受恒定压载荷产生形变的温度。

（2）最大膨胀值 T_0：试样膨胀到最大值时的温度。

（3）$X\%$ 变形温度 T_X：试样从膨胀最大值压缩了原始高度的某一百分数（X）时的温度。当 $X=0.6$ 时，即 $T_{0.6}$，称为开始软化温度。

（4）溃败或破裂温度 T_b：试样突然溃败或破裂时的温度。

2) 原理

在恒定的荷重和升温速率下，圆柱体试样受荷重和高温的共同作用产生变形，检测其规定变形程度的相应温度。

3) 设备

荷重软化温度测试炉，电热干燥箱，游标卡尺（分度值为 0.02 mm）。

4) 实验步骤

（1）制样。圆柱体试样直径为 36 mm，高为 50 mm，保证试样的高度方向为制品成型时的加压方向，试样不应有因制样而造成的缺边、裂纹等缺陷或水化现象。

（2）干燥。试样应于 (110±5)℃ 或允许的较高的温度下干燥至恒重。

（3）装样。将试样放入炉内均温区的中心，并在试样的上、下两底面与压棒和支撑棒之间垫加厚约为 10 mm、直径约为 50 mm 的垫片。压棒、垫片、试样、支撑棒及加荷机械系统应垂直、平稳地同轴安装，不得偏斜。将冷却水连通，调整好变形测量装置，将位移计调至 1.0 mm，打开计算机。

（4）加热。当加热温度≤1 000 ℃时，加热速率设为 5~10 ℃/min；当加热温度>1 000 ℃时，加热速率设为 4~5 ℃/ min。

5) 结果计算

计算机自动记录并绘出温度与变形曲线，并根据所测变形百分数自动采集温度，自动关机。等炉温降至 100 ℃ 以下时，关闭冷却水。

8. 热膨胀测试

1) 定义

（1）热膨胀：制品在加热过程中的长度变化，其表示方法可分为线膨胀率和线膨胀系数。

（2）线膨胀率：由室温至实验温度间试样长度的相对变化率，用百分数表示。

（3）线膨胀系数：由室温至实验温度间，平均每升高 1 ℃，试样长度的相对变化率，用 10^{-6}/℃ 表示。

2) 原理

在保证材料能吸收足够热量的升温速率下，加热到指定的实验温度，检测材料随温度变化的长度变化量。

3) 设备

热膨胀仪，电热干燥箱，游标卡尺（分度值为 0.02 mm）。

4) 实验步骤

（1）试样直径为 10 mm，长度为 50 mm，试样两端平整且互相平等，并与其轴线垂直。

（2）干燥。在 (110±5)℃ 下烘干，然后在干燥箱中冷却至室温。

（3）测量试样。精确至 0.02 mm，并记录室温。

（4）装样。将试样放入装样管内，热电偶的热端位于试样长度的中心，使试样处于炉内装样区。

（5）加热。从室温开始，按 4~5 ℃/min 的升温速率加热，直至实验最终温度。从 50 ℃ 开始，每隔 50 ℃ 记录一次试样的长度变化，直至实验最终温度为止。

5) 结果计算

（1）线膨胀率计算式如下：

$$\rho = \frac{(L_t - L_0) + A_k(t)}{L_0} \times 100\% \qquad (6-8)$$

式中：ρ——试样的线膨胀率；

L_0——试样在室温下的长度，mm；

L_t——试样加热至实验室温 t 时的长度，mm；

$A_k(t)$——在温度 t 时仪器的校正值，mm。

（2）线膨胀系数计算式如下：

$$\alpha = \frac{\rho}{(t - t_0) \times 100} \qquad (6-9)$$

式中：α——试样的线膨胀系数，$10^{-6}/℃$；

t_0——室温，℃；

t——实验温度，℃。

（3）数据处理。线膨胀率计算至小数点后两位，线膨胀系数计算至小数点后一位。

9. 高温抗折强度测试

1）目的和要求

（1）了解高温抗折强度的实验原理和标准实验方法。

（2）了解不同耐火制品的高温抗折强度差别的主要因素。

2）实验原理

高温抗折强度是在高温下，试样受弯至破坏时所受的最大应力。它的测定是以一定的升温速率加热规定尺寸的长方体试样到实验温度，保温至试样达到规定的温度分布，然后以一定的加荷速率对置于三点弯曲装置上的试样施加载荷，直至试样断裂为此。本实验按国家标准 GB/T 3002—2017 进行。

3）设备

（1）高温抗折试验机：采用以二硅化钼发热元件加热的试验机。

（2）加荷装置：具有足够折断试样的力，并按规定的加荷速率对试样均匀加荷，并记录或指示其断裂时的载荷。

（3）弯曲装置：三个刀口互相平行，上刀口位于两个下刀口中间，两个下刀口在一个水平面上，两个下刀口的距离为（100±2）mm，刀口长度至少比试样宽 5 mm。

4）试样制备

（1）数量。对于定形制品，每组试样应为六个，由三块制品上各切取两块组成；对于不定形材料，每组试样不少于三个。

（2）形状尺寸。定形制品切取的试样尺寸为（25±2）mm×（25±2）mm×（125~130）mm，不定形材料制成的试样尺寸为（40±2）mm×（40±2）mm×（150~160）mm。

（3）制样。在制品上切取试样时，应保留垂直于成型加压方向的一个原砖面作为试样的压力面并标明符号；不定形制品则以成型时的侧面作为试样的受压面。

5）实验步骤

（1）测量试样。用游标卡尺测量试样中部的宽度和高度，精确至 0.1 mm。

（2）开炉加热。将试样放入炉中的均温带，按室温~1 000 ℃时速率为 8~10 ℃/min，1 000 ℃~实验温度时速率为 4~5 ℃/min，保温一定时间。

（3）加荷。将试样置于下刀口上，使上刀口在试样的压力面中部垂直均匀地加荷直至断裂，记录最大载荷。

6）结果计算

（1）高温抗折强度计算式如下：

$$R_e = 3/2 \times FL/bh^2 \qquad (6-10)$$

式中：R_e——高温抗折强度，MPa；

F——试样断裂时的最大载荷，N；

L——下刀口中间的距离，mm；

b——试样中部的宽度，mm；

h——试样中部的高度，mm。

（2）高温抗折强度计算至整数。

10. 氧化性能测试

1）实验原理

（1）对于含氧化抑制剂的含碳耐火材料，将试样置于炉内，在氧化气体中按规定的加热速率加热至实验温度，并在该温度下保持一定时间，冷却至室温后切成两半，测量其脱碳层厚度。

（2）对于不含氧化抑制剂的含碳耐火材料，首先将试样进行碳化，测定残存含碳量，称量碳化后的质量，然后置于炉内，在氧化气体中按规定的加热速率加热至实验温度，并在该温度下保持一定时间，冷却至室温后，称量氧化后的质量，利用所测数值，计算其失碳率。

2）实验过程

（1）含氧化抑制剂的含碳耐火材料的抗氧化性实验过程如下。开机后，进行参数设定，设定试样尺寸和控温参数后，将试样放在垫片上，置于炉内均温区；装好试样后关闭炉门，将空压机、流量计和刚玉管依次相连；将刚玉管从炉门上的预留孔水平插入炉内距炉膛后壁约 50 mm 处；运行程序并打开主回路，开始自动升温，并以 4 L/min 的流量向炉内通空气；实验结束后，关闭主回路的电源并停止通空气，保存实验报告；当试样随炉冷却至约 100 ℃时取出试样，并置于干燥器中冷却，冷却至室温后，将试样切成两半，并测量脱碳层的厚度。

（2）不含氧化抑制剂的含碳耐火材料的抗氧化性实验过程如下。首先进行碳化试样实验，将试样装入碳化盒后置于炉中，升温至规定温度并保持一定时间，冷却后测量残存含碳量，其计算式如下：

$$c = (m_1 - m_2)/m \times 100\% \qquad (6-11)$$

式中：c——残存含碳量；

m_1——烧灼前试样与坩埚的质量，g；

m_2——烧灼后试样与坩埚的质量，g；

m——试样质量，g。

其次进行氧化试样实验，实验过程与含氧化抑制剂的含碳耐火材料的抗氧化性实验过程相同。实验结束后，将试样从炉中取出，在 1 h 内称量其质量。

3）结果计算

（1）对于含氧化抑制剂的含碳耐火材料计算其脱碳层厚度，其计算式如下：

$$L = \frac{(l_1 + l_2 + l_3 + l_4) + (l_1' + l_2' + l_3' + l_4')}{8} \qquad (6-12)$$

式中：L ——脱碳层厚度，mm；

l_1、l_2、l_3、l_4 ——自试样一个切面四边测量的脱碳层厚度，mm；

l_1'、l_2'、l_3'、l_4' ——自试样另一个切面四边测量的脱碳层厚度，mm。

> **注 意**
>
> 试样的抗氧化性以两个试样脱碳层厚度的平均值来表示。

（2）对于不含氧化抑制剂的含碳耐火材料计算其脱碳率，其计算式如下：

$$c_1 = \frac{m_1 - m_2}{m_1 c} \times 100\% \qquad (6-13)$$

式中：c_1——失碳率；

m_1——试样碳化后的质量，单位为 g；

m_2——试样氧化后的质量，单位为 g；

c——试样的残存含碳量。

> **注 意**
>
> 实验砖（制品）的抗氧化性以两个试样失碳率的平均值来表示。

参考文献

[1] 周玉. 材料分析方法 [M]. 北京：机械工业出版社，2020.

[2] 王富耻. 材料现代分析测试方法 [M]. 北京：北京理工大学出版社，2018.

[3] 潘清林. 材料现代分析测试实验教程 [M]. 北京：冶金工业出版社，2011.

[4] 葛利玲. 材料科学与工程基础实验教程 [M]. 北京：机械工业出版社，2020.

[5] 仵海东. 金属材料工程实验教程 [M]. 北京：冶金工业出版社，2017.

[6] 周小平，金属材料及热处理实验教程 [M]. 武汉：华中科技大学出版社，2006.

[7] 那顺桑，金属材料工程专业实验教程 [M]. 北京：冶金工业出版社，2004.

[8] 周春华. 高分子材料与工程专业实验 [M]. 北京：化学工业出版社，2017.

[9] 冯立明，牛玉超，张殿平. 涂装工艺与设备 [M]. 北京：化学工业出版社，2004.

[10] 伍洪标. 无机非金属材料实验 [M]. 2 版. 北京：化学工业出版社，2010.

[11] 王吉会，郑俊萍，刘家臣，等. 材料力学性能 [M]. 天津：天津大学出版社，2006.

[12] 廖晓玲. 材料现代测试技术 [M]. 北京：冶金工业出版社，2010.